# CINEMA 4D 动态图形设计

## 从入门到实战

阮 婷 王润波 崔博文 编著

化学工业出版社

·北京·

本书系统性地介绍了基于三维设计软件 CINEMA 4D 的动态图形设计。入门篇的前两章分别为动态图形设计概述与 CINEMA 4D 软件基础概览；基础篇就动态图形基础元素与建模结合、空间认知与灯光联系，以及时间动态与运动图形相关的三个方面进行讲解；而后进阶篇依次通过对色彩与材质、摄像机与跟踪、元素变化与进阶、运动表现与动力学四个章节进行进一步讲解；最后综合篇的两章对渲染与动态图形全局设计进行了综合性分析。从入门到基础，再到进阶，最后到综合，循序渐进、由浅入深地对动态图形设计的各个环节进行了分步式模块解析。

每一章的撰写都遵循从理论到实践、从功能解析到案例演示、从创意设计分析到逻辑要点概述三条思路，力求使读者通过理论了解相关知识体系，掌握软件功能与制作方法，通过典型案例的解析，快速掌握设计逻辑与要点，理解动态图形设计的创意思维方式。由于篇幅所限，书中部分配图为缩小版，读者可扫描二维码获取高清版。另外，为了便于读者进行实战操作，本书精选了 7 个案例工程文件，可登录 http://download.cip.com.cn/ 免费下载使用。

本书可作为初学者的入门参考用书，也可作为高等院校数字媒体、动画设计、视觉传达、广告设计及其他艺术设计类专业的教学用书。

**图书在版编目（CIP）数据**

CINEMA 4D 动态图形设计从入门到实战 / 阮婷，王润波，崔博文编著. -- 北京 ：化学工业出版社，2019. 7（2023.2 重印）

ISBN 978-7-122-34317-8

Ⅰ. ① C… Ⅱ. ①阮… ②王… ③崔… Ⅲ. ①三维动画软件 Ⅳ. ① TP391.414

中国版本图书馆 CIP 数据核字（2019）第 069521 号

责任编辑：张　阳　　　　装帧设计：张　辉
责任校对：宋　玮

出版发行：化学工业出版社（北京市东城区青年湖南街 13 号　邮政编码 100011）
印　装：北京缤索印刷有限公司
787mm × 1092mm　1 / 16　印张 11½　字数 270 千字　2023 年 2 月北京第 1 版第 4 次印刷

购书咨询：010-64518888　　　　售后服务：010-64518899
网　址：http: // www.cip.com.cn
凡购买本书，如有缺损质量问题，本社销售中心负责调换。

定　价：69.80 元

# 前言
# Foreword

动态图形设计是一个既传统又新兴的领域，其知识体系的完善和实践方式的优化尚处于变化之中。随着前沿科技的日益进步和体验成果的逐渐拓展，我们对该领域形成了一些更深层次的理解，实践出了更实用层面的经验。

艺术学科的软件技术学习不单是教授工具的使用，更需要掌握创作能力。三岁幼儿便能提笔涂鸦，但受过完整教育的画家更能展现出个人想法。软件工具如同画笔，了解功能、掌握工具是不够的，只有理解创作产生背后的技术逻辑和方法路径，才能展示新颖的创意理念，这是符合软件学习的更高效的学习方式与思维培养模式。本书兼顾技术性与艺术性，重视艺术创意与技术逻辑的结合，从原理出发，融入案例实际分析，从动态图形理论到实践，能够帮助读者由简入繁地践行动态视觉设计的学习之路。

创意设计需要考量的点许多，设计主题是什么、目标人群是谁、有哪些同类作品，使用什么样的设计策略、定位、风格；会调用哪些头脑中的思维模式，是逻辑抽象思维，还是形象思维，是发散的创意，还是突发的灵感，抑或是逆向思维、立体思维、横向思维，等等，这是成为一个设计师需要了解和学习的。

本书的创作团队力求结构合理、工作高效。全书由湖北大学动画与数字艺术媒体专业教师阮婷主稿，浙江电视台专业从事三维特效与后期制作的一线创作者王润波设计师与崔博文设计师为本书提供了案例制作，具有较高的代表性。在此，由衷感谢在本书撰写过程中提供悉心帮助的张阳编辑。

这本基于CINEMA 4D动态图形设计创作的图书，写给该领域的初学者、希望了解动态图形设计领域的入门者、对动态图形设计感兴趣的爱好者。如果你是技术能力的掌握者，可以从书中掌握一些理论、规律以及领域架构；如果你是一个了解知识而希望实践的练习者，你也可以从书中拓展一些技巧、方法以及设计思路；如果你是一个理论与实践兼备的资深学者或者设计师，欢迎向我们提出建议与指导，这将是我们新的动力和方向。

需要特别说明的是，由于篇幅有限，书中部分配图为缩小版，读者可扫描二维码获取高清版。另外，为了便于读者进行实战操作，本书第3、4、5、9、11章分别提供了1个或3个案例工程文件，读者可登录http://download.cip.com.cn/，在配书资源中免费下载、使用。

限于篇幅、时间以及作者的学识水平，书中内容难免有所缺憾，望专业人士及读者朋友予以指正。

编著者

2019年3月

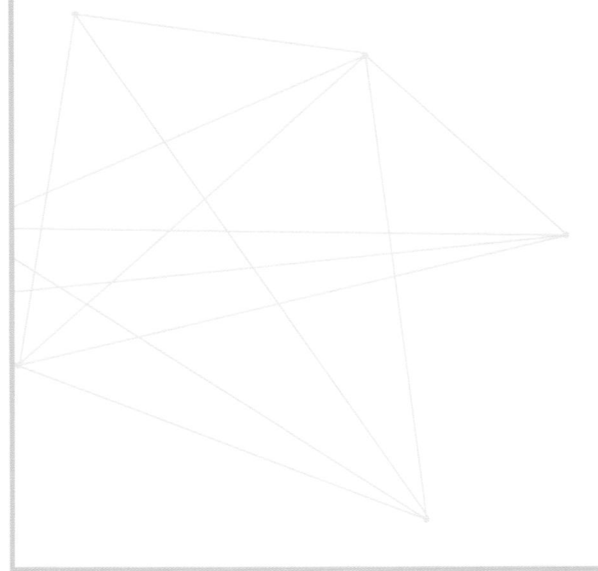

目录

Contents

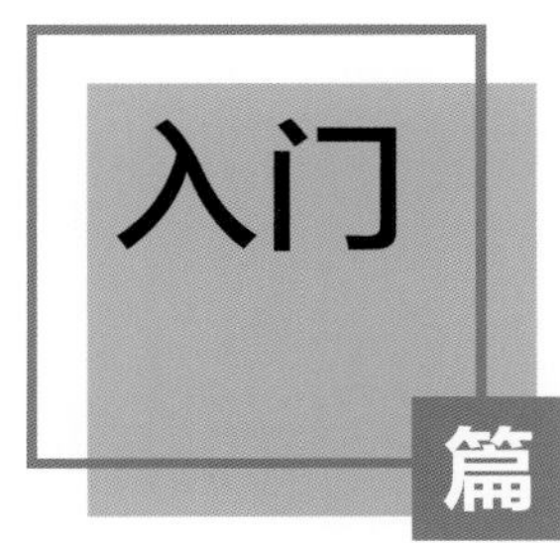


1 chapter

## 动态图形设计概述

1.1 什么是动态图形 …… 2
1.1.1 概念与起源 …… 2
1.1.2 动态图形与动画 …… 3
1.1.3 动态图形与视觉特效 …… 3

1.2 动态图形设计的发展 …… 4
1.2.1 早期的萌芽与探索 …… 5
1.2.2 近现代的成型与发展 …… 5
1.2.3 当代的变化与思索 …… 5

1.3 动态图形设计师的使用工具 …… 7
1.3.1 传统艺术材料 …… 7
1.3.2 三维设计软件CINEMA 4D …… 7
1.3.3 其他可供选择的工具 …… 7

2 chapter

## 了解CINEMA 4D

2.1 CINEMA 4D软件结构设置 …… 8
2.2 CINEMA 4D基本工作流程 …… 10
2.3 CINEMA 4D的基本操作 …… 10
2.3.1 视图控制 …… 10
2.3.2 物体控制 …… 11
2.3.3 捕捉控制 …… 13
2.3.4 界面控制 …… 13
2.3.5 选择控制 …… 15
2.3.6 工程控制 …… 16

# 基础篇

chapter

## 基础元素


3.1 设计元素 …………………………… 18
3.1.1 图形与图像 ………………… 18
3.1.2 文字 ……………………… 18
3.1.3 声音 ……………………… 19

3.2 CINEMA 4D基础建模 ……… 19
3.2.1 参数化对象 ………………… 19
3.2.2 样条 ……………………… 24
3.2.3 NURBS ……………………… 26
3.2.4 造型工具组 ………………… 33
3.2.5 变形工具组 ………………… 40
3.2.6 雕刻 ……………………… 43

3.3 基础元素建模思路 …………… 44
3.4 综合案例——
2019新年海报 ………………… 47


4 chapter

## 空间认知


4.1 空间认知 ………………………… 54
4.2 CINEMA 4D的三维空间 …… 55
4.3 CINEMA 4D的灯光 …………… 56
4.3.1 常见的灯光类型与参数 …… 56
4.3.2 常见的布光方法与步骤 …… 65

4.4 常见布光方法 …………………… 66


5 chapter

## 时间动态


5.1 时间特性 ………………………… 72
5.2 CINEMA 4D动画 ……………… 73
5.2.1 动画界面 …………………… 73
5.2.2 时间轴 ……………………… 73
5.2.3 关键帧设置 ………………… 74

5.3 CINEMA 4D运动图形与
效果器 ……………………………… 75
5.3.1 运动图形MoGraph ………… 75
5.3.2 效果器 ……………………… 84
5.4 运动图形综合案例
——think ………………………… 91

# 进阶篇

6 chapter

## 色彩与材质


6.1 色彩特性 ........ 97

6.2 CINEMA 4D 材质基础 ........ 99

6.2.1 材质与表现 ........ 99

6.2.2 材质编辑器 ........ 99

6.2.3 纹理标签 ........ 106

6.3 材质示例 ........ 107


7 chapter

## 摄像机与跟踪


7.1 摄像与镜头 ........ 109

7.2 CINEMA 4D 摄像机 ........ 110

7.2.1 摄像机及基本属性 ........ 110

7.2.2 摄像机反求与运动跟踪 ........ 114

7.3 摄像机运动案例——融媒大直播 ........ 116


8 chapter

## 元素变化与进阶


8.1 初始与变化 ........ 119

8.2 编辑对象与编辑样条 ........ 120

8.2.1 编辑对象 ........ 120

8.2.2 编辑样条 ........ 124

8.3 标签TAGS ........ 125

8.3.1 标签系统 ........ 125

8.3.2 CINEMA 4D标签 ........ 126

8.4 建模综合案例——重游碑谷 ........ 131

9 chapter

## 运动表现与动力学


9.1 运动属性 ........ 134

9.2 CINEMA 4D动力学功能 ........ 136

9.2.1 刚体与柔体 ........ 136

9.2.2 粒子与力场 ........ 141

9.2.3 动力学——辅助器 ........ 144

9.2.4 动力学——毛发 ........ 145

9.2.5 动力学——布料 ........ 150

9.3 动力学综合案例——浮灯 ........ 152

chapter

## 渲染与输出


10.1 什么是渲染 …………………… 157

10.2 CINEMA 4D渲染输出 …… 157

10.2.1 渲染工具组 ………………… 157

10.2.2 编辑渲染设置 …………… 159

10.2.3 图片查看器 ………………… 165

10.3 常用的辅助渲染器 ………… 166


11 chapter

## 动态图形全局设计


11.1 信息流程设计 ………………… 168

11.2 CINEMA 4D拓展 ………… 169

11.3 综合案例——福 …………… 170

参考文献 ………………………… 176

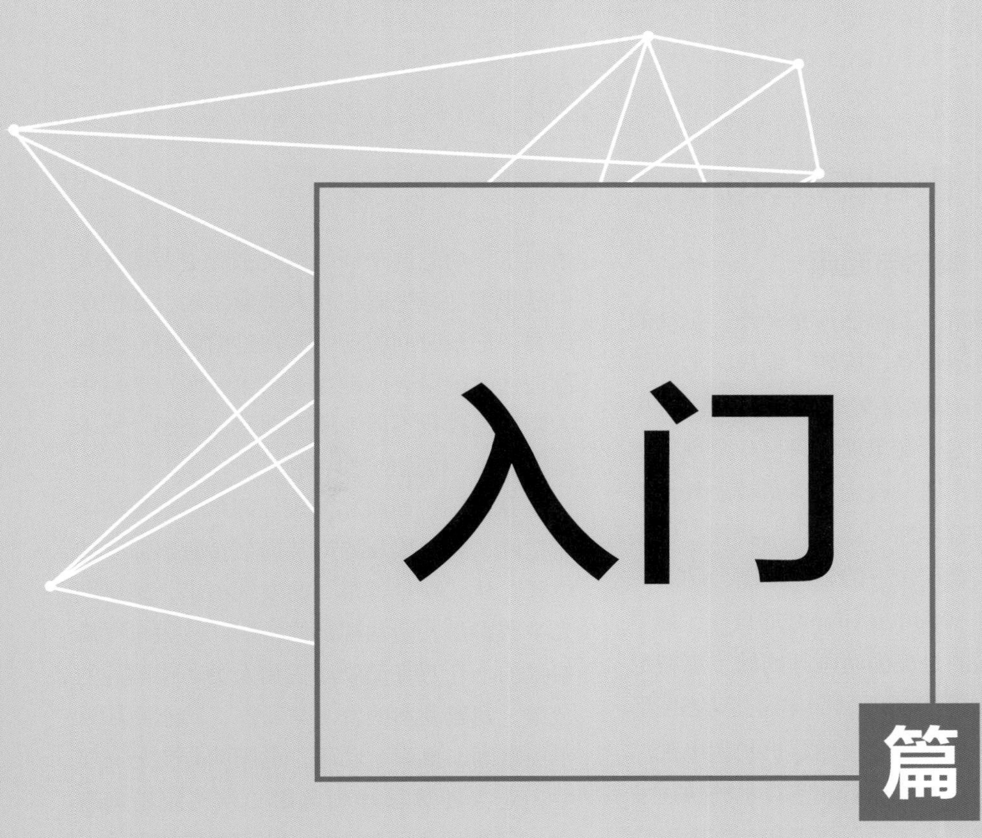

# 入门篇

# 动态图形设计概述

## 1.1｜什么是动态图形

### ■ 1.1.1 概念与起源

简单来理解，动态图形是动态、运动的视觉元素，包括移动、旋转、缩放、形变等变化的图形图像以及文本，通常还伴有声音。事实上，这个简单理解只是一个现实范畴的物理过程，即没有定义清楚较之其他媒体形式不同的特异性，或者说唯我性，也没有表述清楚大众认知下的领域范围。动态图形这个词来自于Motion Graphy的直译，最早提出这个说法的是美国动画师约翰·惠特尼（John Whitney）。他于1960年建立动态图形股份有限公司，专门使用计算机制作电视广告和电影片头，而后随着数字技术的快速发展，世界范围内的动画创作者和动态图形设计师都受到了深远影响，逐渐加入这个行业，慢慢开辟出了动态图形设计领域。一般情况下，动态这个词的意义来源更多地被人们联想到动画先驱。从人类诞生起，我们便致力于记录时间流逝中存在过的美好，这种创造性的记录天性诞生了艺术，而在艺术中人们更是孜孜不倦地期望塑造动态感，述求意义表达，传递情感共鸣。

从法国拉斯科和西班牙阿尔塔米拉的洞窟壁画，到古埃及墙壁装饰与希腊器皿上的纹样，从“视觉暂留”的发现提出，到早期光学留影盘、活动视镜的发明，从迈布里奇拍摄的十几万张记录动物和人类动作照片的合集，到赛璐珞的发明与量产，动态图形从平面壁画、摄影、动画、电影的分支与交叉中，走入计算机动画电影，从传统走向现代，又从现代回溯传统，从实践诉诸理论，又从理论指导实践，如图1-1-1所示。

动态图形的实际操作对象可以是任何视

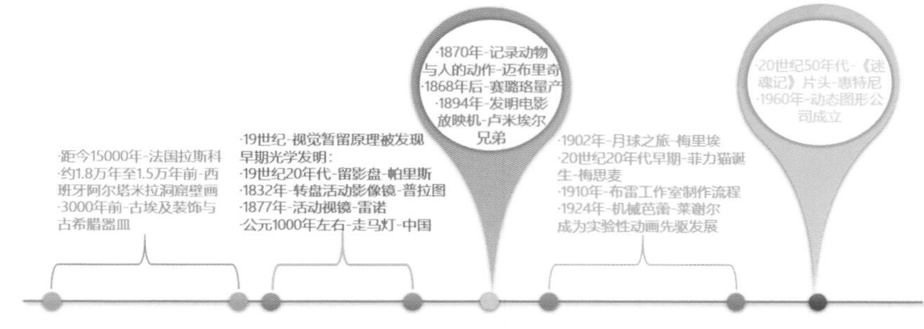


图1-1-1

觉元素，包括文字、图像、纹理、材质、图形、点、线条等，操作目标在于将这些视觉元素“动态化”，这个动态化包括物理意义上的运动、移动、旋转、弹跳、爆炸、闪烁等，也包括自身的形变、性质改变、与其他元素的碰撞、与空间力场的交互等，所以动态化是一个基于时间、空间上的运动状态；而将视觉元素进行动态化的结果在于信息的诠释与审美的传达，也是最终目的，所以我们可以将动态图形理解为“有意味的视觉元素进行有节奏的动态传达”。

### 1.1.2 动态图形与动画

动画是什么？一般意义上，在大众眼中，给屏幕上的卡通人物配上音，让它们动起来演一场嬉戏打闹就是动画；而动画还是有所不同，与动态图形相比，动画的故事、角色、情感给人带来了更完整的体验，我们在观看动画时，会被《小蝌蚪找妈妈》中的温馨所吸引、感染，会被《阿凡提》中的幽默逗得会心一笑，会因《三个和尚》里的诙谐乐得捧腹大笑，会被《大圣归来》里的气势深深震撼，我们会暂时相信这些都是真实的，我们被这些故事打动，融入角色，产生情感共鸣。因而在区分动态图形与动画之时，我们有两个关键：

一是前文谈到的被创作出来的目的性，动画在于寓意、故事、意义的诠释，以及情感、体验、观影愉悦的传达；而动态图形在于形式、信息、元素的表达，以及视觉、节奏、韵律审美的传递；二是，动画早期来自绘画图像连续不间断的运动播放，是在模拟、记录世界，是写实图像，是情感的表达；而动态图形则倾向于平面设计图形的规则变化，是创作与创造，是脑海中的图景，是视觉信息的设计表达。图1-1-2、图1-1-3分别为水墨动画《小蝌蚪找妈妈》的画面和水墨粒子效果的动态图形设计。

图1-1-2

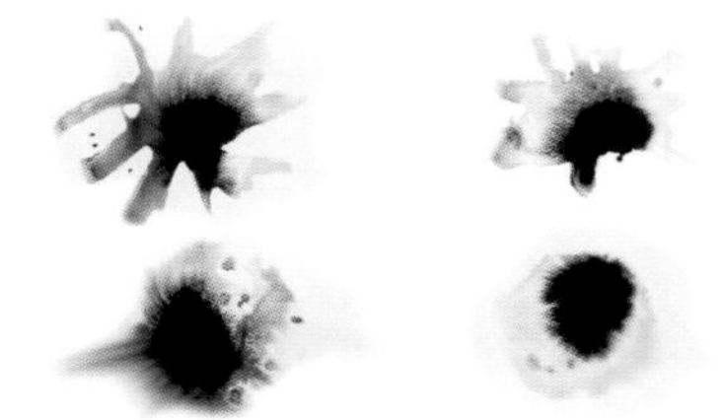

图1-1-3

需要注意的是，我们辨析一个概念具有两面性，而不是二元对立，并不是绝对地表明一个动态图形设计不能含有角色，或者带有情绪，与传递叙事，动态图形的鲜明特异性在于其对视觉形式的动态传达。

### 1.1.3 动态图形与视觉特效

通常情况下，我们了解的视觉特效，来自虚拟视觉元素与实际拍摄视频合成的电影，它们融为一体地呈现出来，使观众更在意其真实感，而愿意相信这种“虚拟真实”。视觉特效师的目的在于真实，让视觉元素为影视服务，我们有时会去困惑《寻龙诀》里那些磅礴的场景是在哪里拍摄的，是不是真有这样的奇观之地，有时又会感慨《流浪地球》这种明知不合理的星系变动是否真的存在，会真情实感地喜欢《捉妖记》里可爱的胡巴，这都来自于视觉特效追求真实的本源目的，在这个层面上，动态图形追求的却更纯粹，它是信息的视觉元素传递，它往往会在电影的片头以独立视觉元素的形式动态呈现。

动态图形设计可以说属于广义范畴下

的视觉特效领域，但又因为其独特性而成为一种广泛的形式，它与动画和视觉特效既有重合交集，也有各自领域，并不完全相同却又相互关联，不能做绝对的对立区分，而动画与视觉特效又分别来自静态绘画关键帧与平面设计静帧，因而动态图形设计是一个交叉领域的、属性多元的概念，如图1-1-4所示。

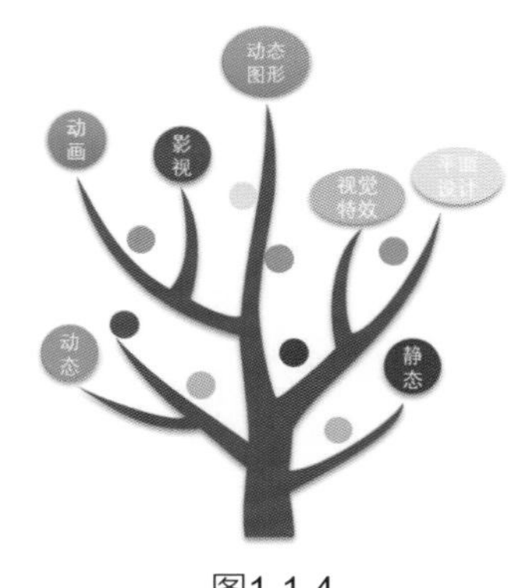


图1-1-4

## 1.2 | 动态图形设计的发展

现代动态图形设计起源的标志可以认为在20世纪50年代，欧美众多先锋艺术家和设计师开创与探索前路，他们创造了各式各样的动态图形设计风格，直到今天仍影响深远；对于国内来说，到20世纪的头十年，现代动态图形设计才在国内的电影、电视领域，以及互联网互动设计领域开始流行，并快速随着国内经济与文化环境的双重繁荣而逐渐成型并活跃发展；再到20世纪10年代至今，动态图形设计在电影、电视、网络、公共空间等各个领域创新发展，快速追赶国际乃至与之持平，甚至在个别领域，比如网络领域产生了领先国际化态势的发展（图1-2-1）。

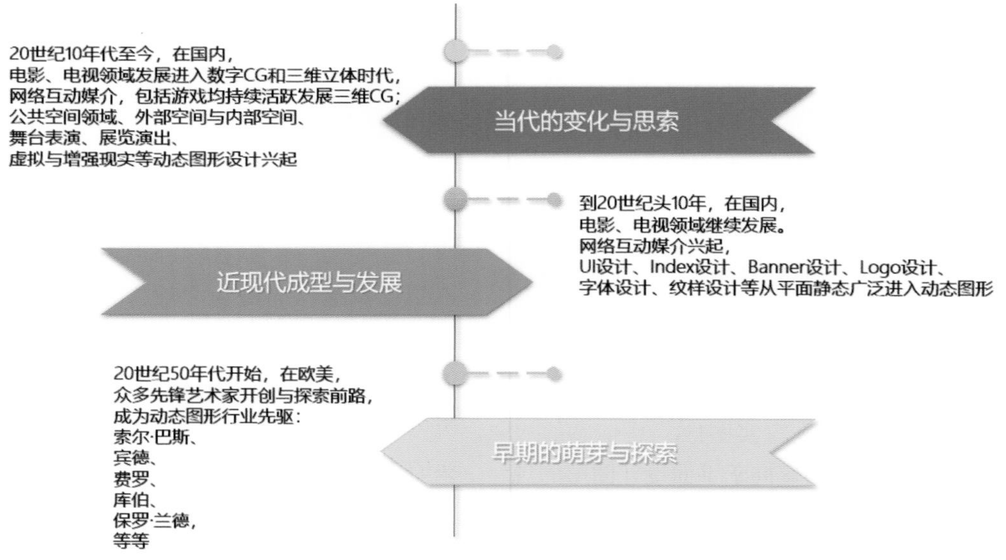


图1-2-1

## ■ 1.2.1 早期的萌芽与探索

20世纪50年代以来，欧美的动态图形在萌芽中探索，电影片头逐渐发展成为商业动态图形的一种制作形式：设计电影片头，呈现电影内容，为观众在脑海搭建起对电影氛围的印象，释放情感基调的预期。而早期电影片头的萌芽与发展，也各自衍生出各种不同的动态图形风格。

美国平面设计大师索尔·巴斯为希区柯克、斯科塞斯、库布里克等众多导演设计片头，他把片头推向了一个新的高度：呈现人物形象、展示电影逻辑框架、延伸故事概观；而后，在20世纪60年代，美国设计师宾德为《007》系列电影设计抽象风格画面片头，同样成为整个经典系列的标志，直到今天仍然保持着这种风格；同时期，古巴电影制作人费罗为《发条橙》等电影设计了快剪技巧性风格，将快速剪辑、手绘动画、设计文字叠加、分屏蒙太奇、大特写镜头等技巧性手法综合运用，成为后来MTV风格的推动者；再到20世纪90年代，库伯为导演大卫·芬奇的电影《七宗罪》制作的开场片头，将随意涂鸦的手绘字符图形融入圣经虚无的画面，营造出一种诡谲神秘的氛围，更传递出电影诠释的某种信息。图1-2-2所示为

图1-2-2

索尔·巴斯所设计的海报。

在几乎同一时期的20世纪60年代，动态图形设计出现在电视节目包装、广告制作、电视台标识、展演开场、音乐视频设计等方面，例如当时保罗·兰德设计的台标：美国国家广播公司NBC的孔雀符号、哥伦比亚广播公司CBS的眼睛符号、美国广播公司ABC的圆圈符号，还有ABC公司的《每周电影》栏目片头，引起了广泛的关注，成为现代数字动态图形的先驱，大力推动了市场，吸引更多艺术家与设计师投身其中，亲自参与创造行业。

## ■ 1.2.2 近现代的成型与发展

进入本世纪以来，电影与电视的数字化技术发展在整个世界范围内依旧活跃，数字CG和数字三维立体的呈现将盘踞了多年的平面二维设计推向了三维立体时代；与此同时，网络的迅速普及，将世界从大众传播时代推入信息互联新阶段，网络中的动态图形，几乎是动态交互内容的主要媒介，从制作层面看，它存在于各种UI设计、Index设计、Banner设计、Logo设计、字体设计、纹样动态设计之中，日渐发展成型，循序渐进地塑造出当代的全球化动态视觉语言，而在网络广告、音乐视频、游戏设计甚至手机界面等领域的动态图形设计也更自然、真实地融入我们的日常生活中，成为一种活跃、自由的发展态势。

在网络媒介领域，其互动、自主式、点对点、非连续性结构的信息组织方式成为特征，或者说是特色标志。在这一过程中，被动的观众成为了主动参与者，他们新的行为方式和思维方式必然反过来影响动态图形的内容呈现方式，如键盘敲击、鼠标点击、语音命令、触摸屏幕、手势互动都将会特定地影响原本系统中各种元素的改变，发展出新的形式。

## ■ 1.2.3 当代的变化与思索

直到今天，随着数字技术的持续更新发

展、计算机制作表现力的不断提升，动态图形设计在电影或电视制作、游戏设计乃至网络节目包装设计、广告、动画音乐视频、网络品牌标识、演出或者展览宣传等领域，仍然沿袭着快速而活跃发展的生命力。图1-2-3为Nike品牌广告动态LOGO设计。在国内，随着经济、文化尤其互联网的爆炸式发展，更是激发了蓬勃的创作热情，国内电视网络体制的改革，更是自上而下地推进了这种市场热情。

动态图形设计拓展了公共空间领域的多维层次，有意识、有设计地将三维显实环境与虚拟三维、数字立体投影等形式上的信息内容有序传达，做到了设计感、目的性和动态美感的完整展示与有效呈现。比如影视领域中由湖南卫视所开启的水果标识品牌形象风潮，湖南卫视因其台标的形色被趣称为芒果台，旗下的视频网站更是直接起名为芒果TV，因而围绕这样一个可爱青春的形象打造了其一系列动态图形设计风格，而后随之而来的浙江蓝莓台、上海东方番茄卫视、江苏荔枝台、爱奇艺的奇异果等也打造出动态图形标志，灵动活力，富有朝气；比如现代大型购物娱乐活动空间在节假日期间的多屏动态图形设计，将外立大型屏幕、内部信息导航屏与手机App相互结合，打造出沉浸式消费与娱乐；再比如中心城市地标式建筑的外部空间的动态图形设计，博物馆或艺术展览馆的全屏或者宽屏数字展览、舞台沉浸式表演的环幕的动态图形设计，等等，可以说动态图形设计在当代，在电影、电视、互动网络媒介、公共空间、私人领域等都在发生着活跃变化和创新。图1-2-4所示为Adobe公司25周年庆上的海报设计。

图1-2-3

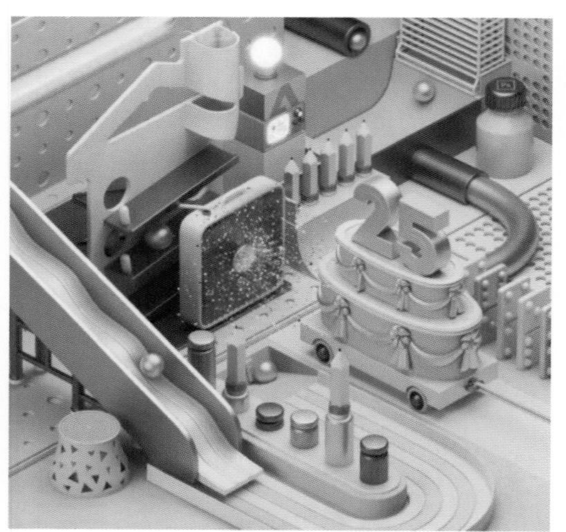


图1-2-4

## 1.3 | 动态图形设计师的使用工具

### 1.3.1 传统艺术材料

如今，我们提到动态图形设计，往往会想到直接打开计算机，在各种五彩缤纷的设计制作软件图标中挑来选去。事实上，我们也可以回溯传统，结合传统艺术材料，拓宽风格，使动态图形从中受益，比如我们前文提及的水墨粒子效果，从玄妙而悠久的中国水墨山水画和书法艺术中汲取精髓，完成传统文化的创新发展与创意转化，创造出与众不同的动态图形效果。

碳素美工钢笔下的工笔画风格、铅笔绘制的素描风格，乃至炭笔、粉笔、蜡笔、水粉等的绘画风格的借鉴，更进一步的黏土、硅胶、木制、新型橡皮泥，甚至颜料、油画油墨的应用，以及玩具定格动画风格，都可以拿来拓展思路，成为我们设计时可以选择的有趣风格。

### 1.3.2 三维设计软件CINEMA 4D

在整个设计行业内，三维设计占据了举足轻重的地位，Autodesk公司旗下的3dsmax在游戏设计方面、建筑设计领域、广告制作行业应用较为广泛；Maya同为Autodesk旗下的三维软件，非常全能，尤其在动画电影长片、专业电影特效中最为常用；而Maxon公司旗下的CINEMA 4D，因为其运动图形等模块的特殊设计，令其在视频设计、包装设计制作上非常具有优势，加上其高速计算能力，尤其适宜做一些产品创意类的视频，很适合个人设计师、独立艺术家、小工作室团队等使用，也非常适合动态图形设计的初学者学习。

### 1.3.3 其他可供选择的工具

设计完成一个动态图形作品，前期需要思考清楚大致步骤，想要得到一个有意思、有创意的动态图形设计作品，有时也需要结合其他工具共同进行：是否需要使用Photoshop或者Illustrator等平面处理软件绘制的图形图像元素，完成三维动态图形元素后是否需要使用After Effects等后期特效合成软件合成，需不需要用Premiere等剪辑软件进行编辑，是不是还需要配合Audition等声音处理的音频软件进行设计，等等（图1-3-1）。

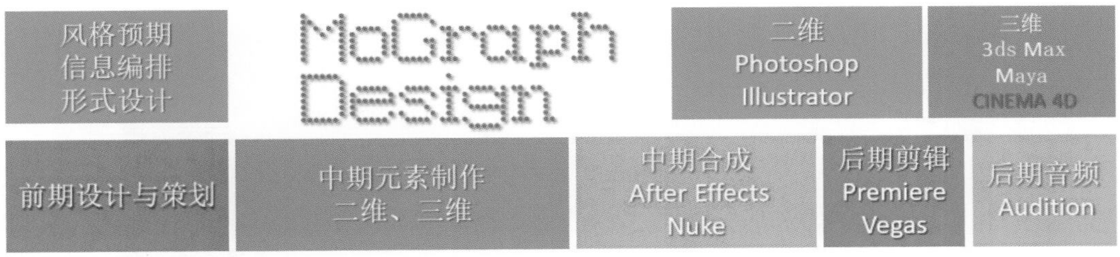

图1-3-1

# 了解CINEMA 4D

## 2.1 | CINEMA 4D软件结构设置

CINEMA 4D由德国Maxon Computer研发，是具有高运算速度和各种模块功能的三维设计软件。其默认初始界面设置如图2-1-1所示，由标题栏、菜单栏、工具栏、编辑模式工具栏、视图窗口、对象/内容浏览器/构造窗口、属性/层面板、时间轴、材质面板、坐标窗口以及提示栏构成。

其中，具体结构设置如下。

### 标题栏

位于界面最顶端，显示软件的版本号以及当前工程文件的名称信息。

### 菜单栏

主菜单位于标题栏下，其他面板和窗口最上方也有子菜单栏，用于功能分类集合；主菜单里几乎包含了软件绝大部分的功能，按照相关功能分类分为文件、编辑、创建、选择、工具、网格、捕捉、动画、模拟、渲染、雕刻、运动跟踪、运动图形、角色、流水线、插件、脚本、窗口、帮助。

### 工具栏

工具栏位于菜单栏下方，包含部分常用的工具组合：

编辑常用的撤销与重做，快捷键分别为Ctrl+Z与Ctrl+Y。

选择工具组与视图工具组，分别为实时选择工具、移动工具、缩放

图2-1-1

工具、旋转工具和显示当前所选工具，其中右下角带有黑色小三角的图标可以将下拉菜单打开以便快捷选择该组其他工具，如实时选择工具下的框选等多种选择工具。

坐标类工具，分别为锁定/解锁X/Y/Z以及全局/对象坐标系统切换工具，默认状态下X/Y/Z为激活状态，单击关闭后对该轴向操作无效。

渲染相关工具，分别为渲染当前活动视图、渲染活动场景到图片查看器以及渲染设置窗口。

建模相关工具组，分别为参数化对象、参数化样条、NURBS生成器、造型工具组以及变形器工具组。

物理选项工具组、摄像机创建工具组以及灯光创建工具组。

## 编辑模式工具栏

编辑模式工具栏有时也简称模式栏，从上往下依次为：

对象转换为可编辑多边形，快捷键为C。

对象模式，整体对象的选择模式，转化为多边形后也可用于从点线面等模式将对象整体选中。

使用纹理模式。

使用工作平面模式。

使用点模式，只有当参数化对象转化为多边形对象时可激活。

使用线模式，激活同点模式。

使用面模式，激活同点模式，在点、线、面模式之间用快捷键Enter切换。

启用轴心修改，将轴心设置在需要设置的位置。

启用微调。

关闭视窗独显。

捕捉工具，像吸附一样捕捉需要捕捉的对象。

锁定工作平面。

平直工作平面，调整工作平面的朝向。

## 视图窗口

视图窗口是用于观察创作效果的主要观察窗口，也叫显示器窗口，默认时为单独的45°角的透视视图，点击鼠标中键可切换视图为四视图，其余分别为顶视图、前视图以及侧视图。

视图上的菜单栏均与视图显示相关，具体为 查看 摄像机 显示 选项 过滤 面板 ProRender 。

查看：大部分为显示的可选对象。

摄像机：选择摄像机和视图的方向，比如透视、平行、前、左、右、特殊的鸟瞰视图等。

显示：选择显示的模式，比如光影着色线条模式等，按快捷键N激活。

选项：关于显示的一些功能性选项，比如立体视图等。

过滤：选择不显示的对象过滤掉。

面板：显示视图的切换与布局。

ProRender：渲染显示功能。

## 对象/场次/内容浏览器/构造窗口

该窗口位于软件界面右上方，对象窗口集中显示视图窗口中的编辑对象，父子级关系，显示/隐藏状态和标签；场次显示动画编辑场次；内容浏览器帮助用户管理场景、图像、材质、程序着色器、模型、预置文件等；构造窗口显示对象由点构造的参数。

## 属性/层面板

两者位于软件界面右下方，属性栏显示所选对象的所有参数属性的编辑；层用于管理场景中的多个对象分层关系。

### 材质面板

用于材质的创建、设置、编辑和管理。

### 坐标窗口

控制和编辑所选对象的常用坐标参数。

### 提示栏

显示光标所在区域、工具的提示、错误警告等信息。

## 2.2 | CINEMA 4D基本工作流程

CINEMA4D动态图形设计的基本工作流程主要分为五个步骤：思维与设计、建模、动画与摄机设置、材质与灯光以及渲染（图2-2-1）。

图2-2-1　基本工作流程

## 2.3 | CINEMA 4D的基本操作

### ■ 2.3.1 视图控制

任何一个三维软件都是以投影方式来显示图像的，从透视投影得到透视视图，从顶端投影得到顶视图。这看起来仿佛是观察者从观察视角来看，事实上，是光线从物体上方向下方投影得到的视图。我们视野范围内存在的这个三维空间就是我们手下的虚拟世界，我们就如同造梦师一般构建整个脑海中的梦想图景。

#### "造梦师"如何在三维场景世界中操控？

三维虚拟场景的整个视野就是我们的视图，通过单击鼠标中键可切换视图。

默认视图为三维透视视图，单击鼠标中键切换为常用的四视图，包括三维透视视图，二维视角的顶视图、右视图以及正视图，可以更准确直观地观察对象物体。

每个视图右上角的四个操作按钮 ：分别为平移视图、推拉视图、旋转视图以及切换视图。我们操控物体存在相对参照作用点，作用点以白色十字小图标标示。

平移视图的三种方法：①按住✥不放进行拖拽，实现上下左右的平移；②按住Alt+鼠标中键从不同视角平移；③按住键盘上的“1”，用鼠标拖拽视图进行操作。

推拉视图的三种方法：①按住↕不放进行拖拽，实现推拉；②按住Alt+鼠标右键远近推拉观察，在Z轴上前后移动；③按住键盘上的“2”，用鼠标拖拽视图进行操作。

旋转视图的三种方法：①按住⟳不放进行拖拽，实现旋转，点击右键则实现以画面原点为作用点的工作平面的旋转操作；②按住Alt+鼠标左键进行旋转观察；③按住键盘上的“3”，用鼠标拖拽视图进行操作。

切换视图的两种方法：①单击想要切换的视图上方的◻；②将鼠标移到视图上点击鼠标中键切换。

## 2.3.2 物体控制

我们在谈到操控物体时，默认场景中只存在一个完整对象，当存在多个对象时，用鼠标选定一个对象，选中对象会显示X/Y/Z三维坐标轴，以及黄色外框线，按快捷键Shift+V，在状态属性栏中会显示“所选范围框”“所选线框”等（图2-3-1）。

### 如何简单操控三维场景空间中的物体？

我们将基础操控工具分为移动、缩放以及旋转三种，即排列在工具栏中第二组工具（图2-3-2）。

当选中工具时，在默认界面色调下，工具呈现淡蓝色，同时第五个活动选项会标示出当

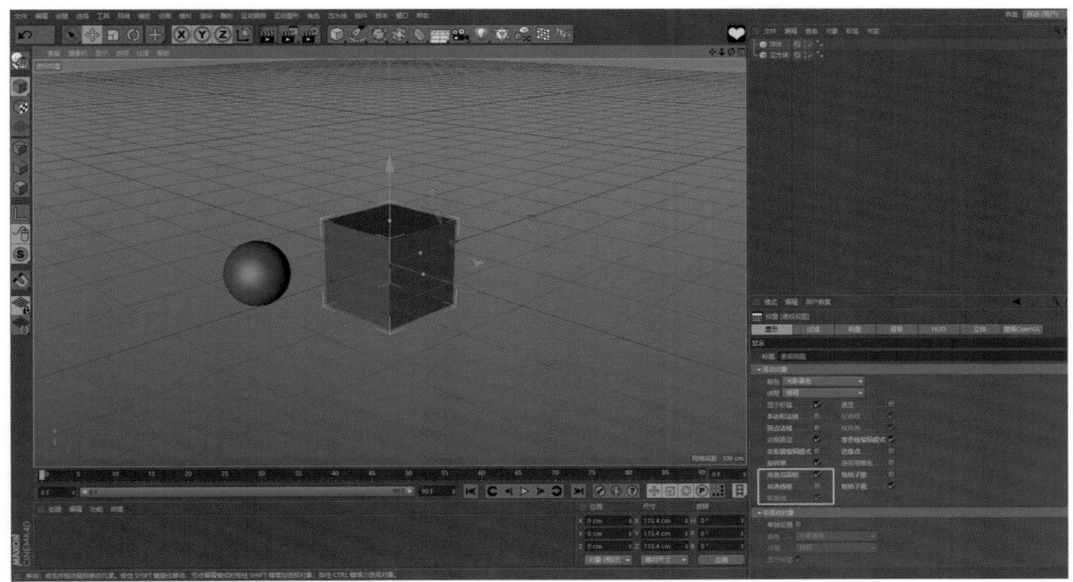

图2-3-1

图2-3-2

前所选的操作工具，如上图显示为移动工具，与此同时，按住鼠标拖拽第五个活动选项显示当前工具按钮，会作为历史记录显示使用过的功能，随着学习与使用的深入，历史记录所保留的功能会起到一定作用。

**移动工具**：快捷键E，被选中物体坐标轴上显示出小箭头（图2-3-3）。

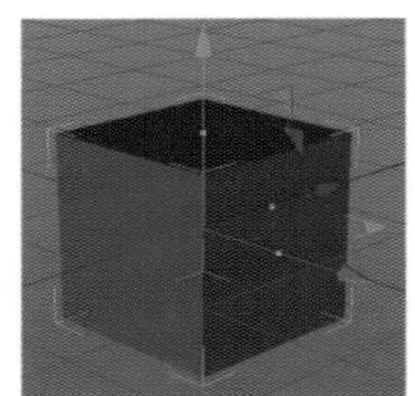

图2-3-3

**缩放工具**：快捷键T，被选中物体坐标轴上显示出小方块（图2-3-4）。

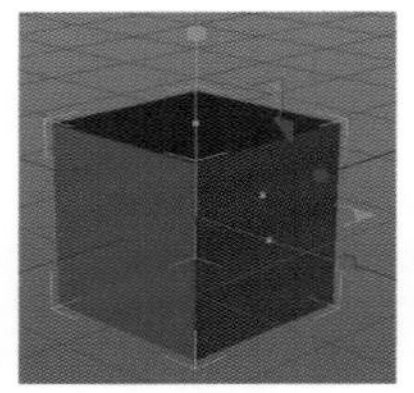

图2-3-4

**旋转工具**：快捷键R，被选中物体上显示环形经纬线围绕（图2-3-5）。

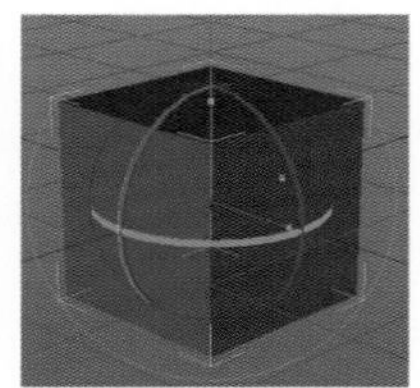

图2-3-5

移动工具分为轴向移动与任意移动。轴向移动指鼠标悬停于坐标轴某一轴上，该轴会显示为白色，沿轴向移动会按照X、Y、Z轴定向移动，同时会显示移动距离的具体数值；而任意移动即随意在空间中移动鼠标来控制物体位置。

缩放工具分为等比缩放与轴向缩放。等比缩放指选中任意坐标轴实现物体等比例放大或缩小；而轴向缩放指鼠标悬停于坐标轴黄色小点上选中并移动，此时将按照X、Y、Z轴向进行缩放。

旋转工具分为轴向旋转与任意旋转。轴向旋转指选中任意坐标轴实现按轴旋转，任意旋转指任意在空间中移动鼠标以自由旋转。

**选择工具**：实时选择工具，按住该按钮不放进行拖拽，会显示其他选择项：实时选择、框选、套索选择以及多边形选择，按住键盘上的空格键，会快速在实时选择工具与当前操作工具（比如移动/缩放/旋转）中来回切换。

**实时选择工具**：选择实时选择分为单独点选，以及按住鼠标不放进行拖动以同时选择多个物体，按住Shift可以加选，按住Shift再次点击选中对象可以取消选择。

**框选工具**：即框选一个或多个物体进行共同操作，框选对象多整齐排列，可以用矩形框定对象。

**套索选择**：即像画笔绘画一样自由绘画，可同时套选多个不规则排列的物体。

**多边形选择**：指像钢笔绘制线段一样，同时框定多个不规则排列的物体。

**操控物体时需要注意些什么呢？**

初次接触时，我们往往会出现一些误操作，比如当前工具为移动工具，习惯性地移动鼠标而不小心移动了物体在空间中的相对位置，此时，我们会用到工具栏第三组工具：X/Y/Z锁定工具以及坐标系统工具（图2-3-6）。

图2-3-6

**锁定工具：**默认锁定X、Y、Z轴，此时的操作不受任何限制，当开启时，淡蓝色的选择会变为灰色，并锁定被选中的轴向，如果当前工具为移动工具，当三个轴向都变为灰色而锁定 X Y Z 时，则目标物体无法被移动，从而防止误操作产生。

**坐标系统工具：**包括两种，全局坐标，即世界坐标，操作物体时，轴向永远固定不变；物体坐标，即对象坐标，会随着旋转等工具变化而改变自身坐标的相对朝向。

**其他还有什么工具?**

在主菜单的工具菜单栏，可以找到所有工具类型的集合（图2-3-7）。比如常用的引导线工具、删除已激活引导线工具、测量和移动工具以及环绕对象下的排列工具、居中工具、注释工具等。

## 2.3.3 捕捉控制

和众多三维软件一样，CINEMA 4D也有捕捉功能，在主菜单和模式工具栏中均可调用：选择主菜单>捕捉>启用捕捉，可以看到有不同的捕捉类型可供选择（图2-3-8），也可以按快捷键P直接激活。

此外，可以在模式工具栏中选用捕捉工具，下拉出菜单（图2-3-9），启用捕捉工具的快捷键为Shift+S。

作为工具类功能，捕捉的图标大多也是以橙色系为主，均以U型磁铁为象征。一般情况下，捕捉以对象坐标原点为基准，当坐标改变时，可以让对象以不同形态被捕捉，而当捕捉对象是以样条线绘制为主时，则往往以当前点为基准。

选择启用捕捉时，下方捕捉选项才能被激活，因而若要使用捕捉功能，第一步需要记得打开启用捕捉。在实际创作中，现实世界的物体往往需要水平或垂直于地面，因而在模拟建模时，往往也会启用量化捕捉，在“四视图”下绘制一些横平竖直的样条线或者引导线等，如图2-3-10所示。

不同捕捉对象使用不同的捕捉功能，如当捕捉对象为顶点时使用顶点捕捉，当捕捉对象为边时启用边捕捉。捕捉时，系统提示数值为0时，显示捕捉成功。在节点编辑模式下，按Shift加选，按Crtl减选。

图2-3-7

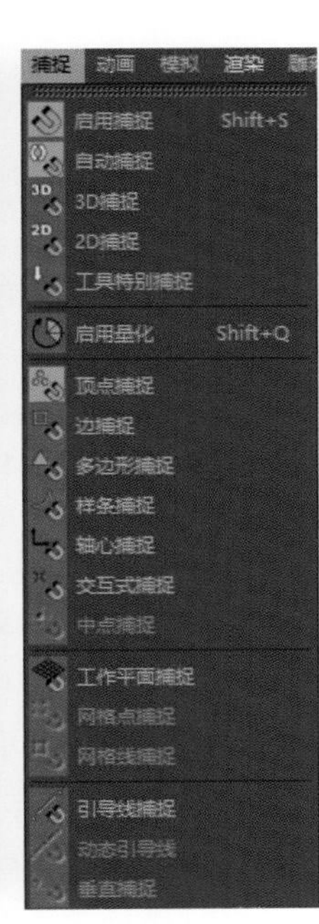

图2-3-8

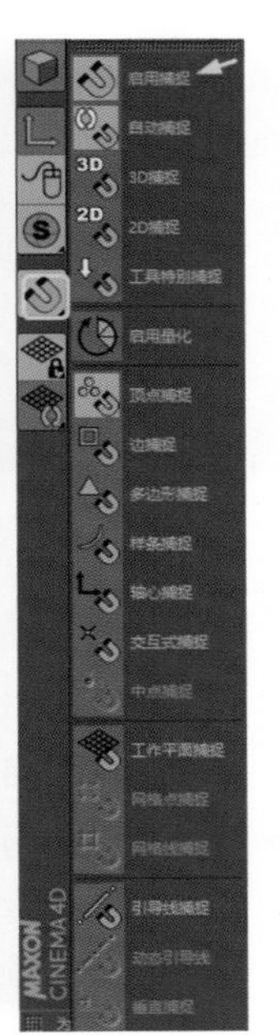

图2-3-9

## 2.3.4 界面控制

CINEMA 4D的默认启动界面控制起来非常人性化，可以随设计师的喜好来设定。一般情况下，最常用到的有自定义启动界面、自定义布局、自定义面板、自定义命令。

**启动界面有哪些可选择?**

在软件主菜单的最右上角 界面: 启动 可以切换默认的几个界面（图2-3-11）。

上半部分为启动界面，分别为动画、3D绘画、UV贴图编辑、模

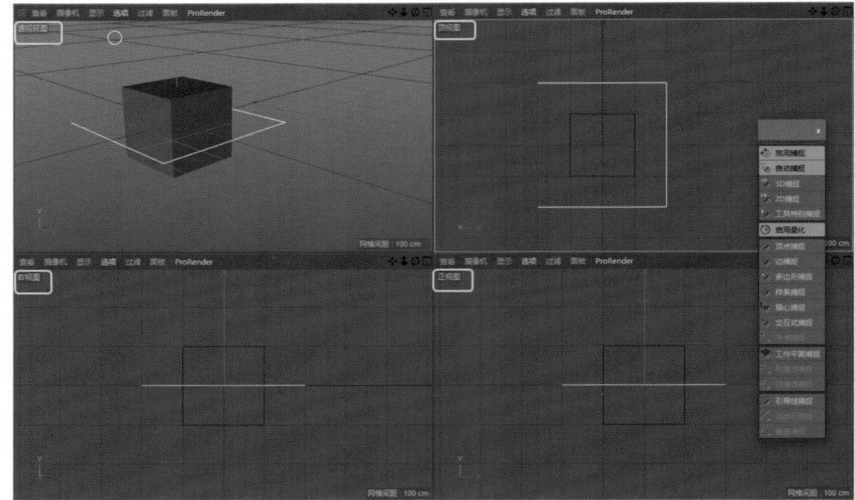

图2-3-10

图2-3-11

图2-3-12

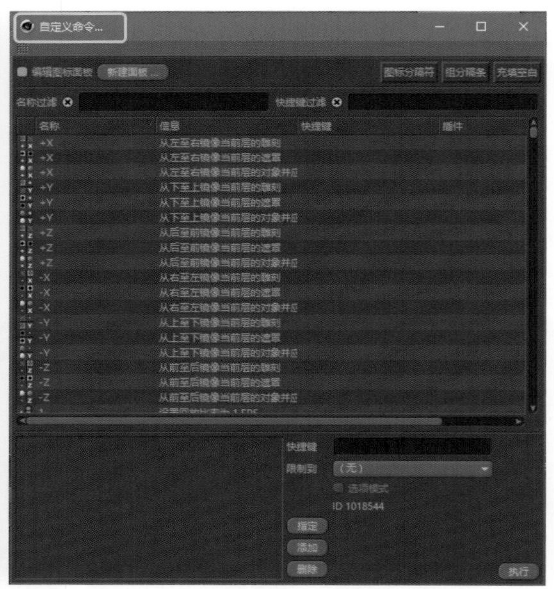

图2-3-13

型、运动跟踪、骨骼绑定、雕刻、标准、设计和用户启动界面。

下半部分为主菜单的设置，分别为Cinema 4D菜单、三维纹理绘制菜单以及用户自定义菜单设定。

### ▶▶ 如何自定义个人界面？

自定义个人界面主要涉及自定义布局，也就是我们所说的自定义启动界面。自定义布局中最常用的是界面上的快捷功能按键和常用面板选择，亦即自定义命令和自定义面板。启动方式为，在主菜单中选择窗口>自定义布局，如图2-3-12所示。可以将设定好的布局保存为启动布局，另存在电脑中用于加载，也可以锁定。在安装菜单下的labrary\layout可以找到保存好的布局，文件格式为.l4d。

布局的设定涉及自定义命令、新建窗口组、自定义面板，其中自定义命令如图2-3-13、图2-3-14所示。

**自定义命令的添加与删除**：选择常用的工具，如下图所示，以克隆功能为例，直接点选克隆图标拖入想放置的位置，临时会出现一个蓝框，放置后蓝框消失；可以配合自定义面板右上角的工具设置工具分组；如果想要去掉，点击自定义面板，此时软件界面上所有面板的功能快捷图标都被蓝框临时框选，选中想删除的图标后双击即可去掉。

**自定义面板的添加与放置**：选择，会出现一个新的空白面板，可以将功能快捷键拖上去，也可以选择面板最左侧位置，使其成为活动面板；想要在界面中放置任意活动面板，需要选择面板上方"亮白条"的位置，选中后用鼠标拖动，此时想要放置的相邻其他面板上方也会出现"亮白条"，拖动面板吸附放置即可；对于默认启动界面上的固定面板，可以选中蓝色部位后自由激活，也可以单击鼠标右键选择解锁面板，使固定面板成为活动面板，放置方式与上文活动面板的放置方式相同；关闭活动面板可以直接选择右上角关闭；对于默认启动界面上还有下拉黑色小三角的功能集合键来说，拖出菜单后保持鼠标按住不放移动到界面上方，会激活为亮白条，从而成为活动面板。

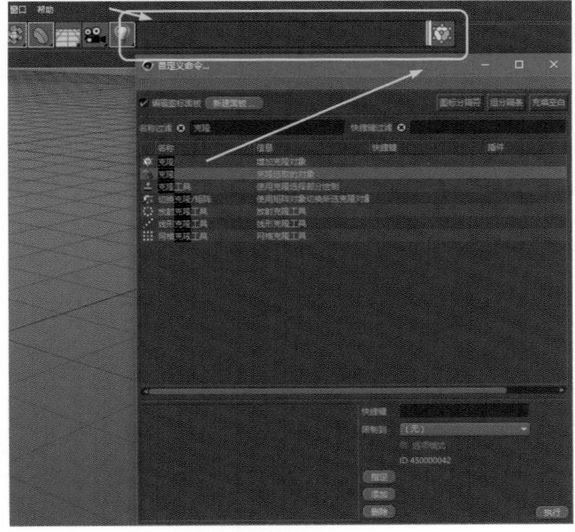

图2-3-14

设定好设计师自己使用起来得心应手的界面布局后，可以进行保存以备调用加载，或者保存为启动界面。

## 2.3.5 选择控制

选择主菜单>选择，如图2-3-15所示。

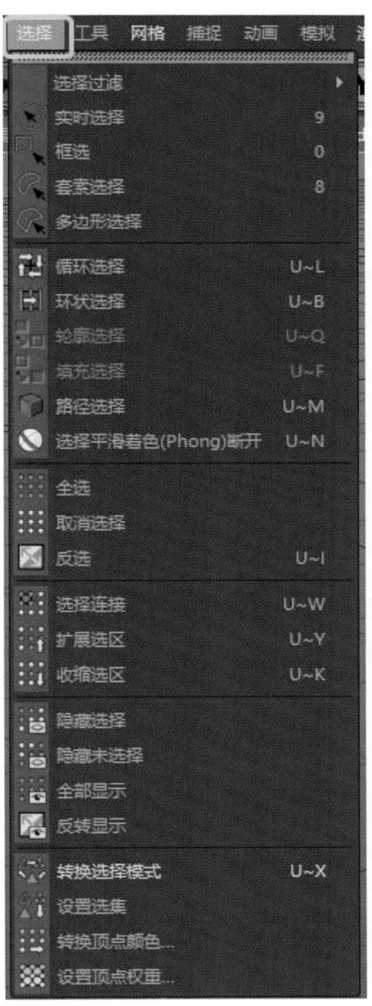


图2-3-15

**选择过滤**：用于选择想要过滤的显示对象，默认为勾选状态，点击后可取消勾选，此时未被勾选的对象被过滤而不显示在视图窗口，例如可以去掉变形器的勾选，从而不显示变形器的紫色外框。

除了前面提到过的常用选择工具，还有在建模中会用到的循环选择、环状选择、轮廓选择、填充选择、路径选择、选择平滑着色断开，灵活运用不同选择工具，可以快速选中想要群体操控的对象，加快制作速度，提高工作效率；同时还包括选区、显示与隐藏等相关功能。

**转换选择模式**：在选择点、边或面的状态下，该功能可转换三者间的选择状态，也可以直接使用快捷键Enter转换。

**设置选集**：在选择点、边或面的状态下，选择设置选集，在对象标签栏出现选集标签，即创建好一个选集。

**转换顶点颜色**：导入贴图文件选择转换，转换模式分为转换到顶点颜色、到顶点贴图、填充顶点颜色。

**设置顶点权重**：绝大多数情况下配合变形器使用，通过对点的权重设置来控制对象变形的程度和精度。

## 2.3.6 工程控制

**文件操作**：可以新建、恢复、关闭、保存、增量保存、导出等。

**系统设置**：在主菜单中选择编辑>设置，可以打开各项设置（快捷键Ctrl+E），如用户界面、配置文件、缓存文件的位置等（图2-3-16）。

**工程设置**：在主菜单中选择编辑>工程设置，可以打开工程设置（快捷键Ctrl+D），在工程设置中注意调整为国内通行的25FPS，在制作动力学对象时也常修改动力学选项下的重力参数（图2-3-17）。

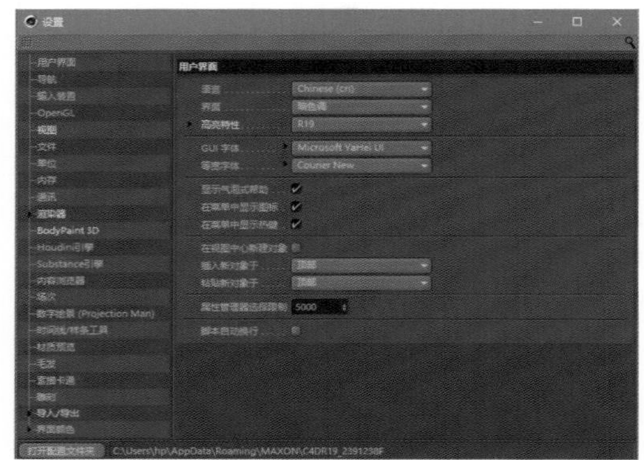

图2-3-16

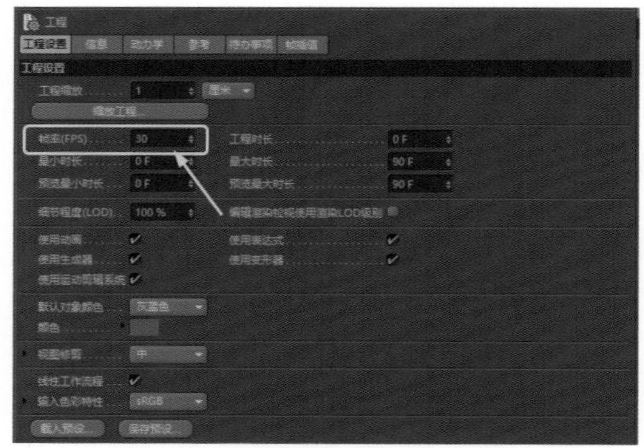

图2-3-17

# 基础

篇

# 基础元素

## 3.1 | 设计元素

我们所看见的视觉元素存在着无限可能，它的构成、组合以及排列千变万化。我们可以随心所欲地去创造、设计、协调这些视觉元素，从而创作出富有动感、韵律以及节奏的新颖作品。我们把构成这些作品的所有参与元素称为设计基础元素，除了常见的视觉元素图形、图像与文字之外，还有声音。

### 3.1.1 图形与图像

把两个很容易混淆的概念放在一起来说，可以方便我们更明晰地理解、区分以及学习。在我们所能看到的视觉元素里，无论是静态的还是动态的，都只与人类对视觉信息的感知产生联系，我们需要了解这些名词概念，用来帮助我们建立基本的技术逻辑理念，以便对如何进行动态图形设计、制作、生成以及传输做出明智的选择。

**图形**，通常我们强调它是对形的轮廓的一种描述。在设计领域，我们所说的图形（Graph）是可视元素的一个集合，是依据客观事物所制作、生成的主观存在。图形常常被用来特指矢量图（Vector Drawn），即一种由几何特性绘制的点、线集合。图形在计算机辅助设计中应用广泛，动态图形设计在CINEMA 4D擅长的运动图形风格、以AE制作的纯二维扁平风格等作品中非常常见，它具有非常良好的扩展性、可编辑性。在创作和修改矢量图的软件如Adobe Illustrator（AI）中，图形的使用最为广泛。

**图像**，往往重在对“象”的内外部分细节的刻画。在设计领域，图像（Image）同样是可视元素的集合，它是直接通过摄影摄像、扫描、绘制模拟客观存在，常常被用来特指位图（Bitmap），或者光栅图（Raster Image）、点阵图、像素图。它所包含的信息是由像素（Pixel）来度量的，而Pixel来源于Picture Elements。像素是数字或数码摄影图片或动态影像上的最小成分，通过计算机视频光学显示技术将信息解读为特定的颜色，因而对图像的描述与分辨率和色彩位数有关。图像可以描绘为不同的纹理、色调以及颜色，相邻像素控制相似颜色的细微变化数值，如我们所看到的服饰渐变、人脸高光、中间调以及阴影。分辨率与色彩位数越高，图像占用的存储空间越大，也越清晰明艳。

### 3.1.2 文字

**文字**作为一种常见的视觉设计元素，事实上也是图形、图像的一种，在绝大多数情况下是以图形的形式出现，即矢量图，它必须被光栅化为像素而存在于视频与图像的光栅矩阵中。文字在动态图形设计中是一个非常重要的元素，它直接点出一个作品的重要信息内容，无论是核心主题，还是辅助解释，同样一幅图像，有了文字的辅助便可以成为增色不少的海报、招贴画、广告宣传立牌等。

实际上，字体就是点和线条的组合，但当可辨识的符号组合被诠释出语言的固定意义，同时加上颜色、方向、大小、厚度、在空间的相互位置，传达出的风格便千差万别，飘逸的草书带有自由主义的风格，它所传递出的设计感与严谨端方的行楷便迥然不同。图3-1-1所示的是一种活泼可爱的字体。相同文字的不同设计主要在于字体形状的设计，同时涉及排版设计——选择、排列与组合文字的技巧，它往往被看做是包含了线条、形状、色彩而排列于空间中的组合，最常见的字体文件格式是TrueType，可识别的后缀为“.ttf”。

图3-1-1

### 3.1.3 声音

在动态图形设计中，我们一直强调图形、图像，声音却往往被人们所忽视。事实上，声音与音效处理可以决定一个作品的优劣好坏，它把控着“动态”的运动节奏。只有声音配合得恰到好处的作品，才能获得出众的效果。

声音的表现形式可以分为讲话人声、音乐或者声音特效。声音特效可以是录制大自然、现实日常生活中的声效，可以是模拟或者合成声音，也可以完全不是自然界中人类的“记忆声效”，比如让人听起来联想到消防车的声音等，即把视觉上看见的元素或转化或强化为听觉元素。一般来说，声音的影响参数有音高、振幅、音色、长度等，它们共同协作，为动态图形的设计创造出无限的可能性，赋予人们无边的想象力。

## 3.2 | CINEMA 4D基础建模

在我们创造的三维立体世界中，存在着无数的对象。在CINEMA 4D操作中，被称为对象的是我们操作的一切可见物体，而和基础建模相关的，主要分为参数化对象和可编辑化对象两种，这类似于“整体”和“零件构成的整体”两个概念。我们可以把它理解为面对对象的不同描述方式。对于图3-2-1的小方块来说，我们所看见的这个对象整体形成了一个参数化对象，它有整体的颜色、形状和大小等属性。而在CINEMA 4D或者说计算机存储中，系统可以有另一种描述它的方法。图3-2-2是一个有特定尺寸的画布，它可以记录这个小方块各个顶点的坐标，点、线以及面，也就是说这个整体被打散了，它局部的“零件”可以被修改。这个方法被称为面向对象（Object-oriented），当然这只是我们理解对象的一种方式。

对象对应着现实世界中的参照物体，也代表着存在于“造梦师”脑海图景世界中的理想模样。我们称创造最接近理想模型的过程为建模。建模的方法千变万化、不拘一格。在工具栏的第五组工具里，是基础建模的相关工具，分别为参数化对象、样条、NURBS、造型工具组及变形工具组（图3-2-3）。

### 3.2.1 参数化对象

参数化对象是以抽象的几何体为基本建模的原始“坯”。在CINEMA 4D的默认界

图3-2-1

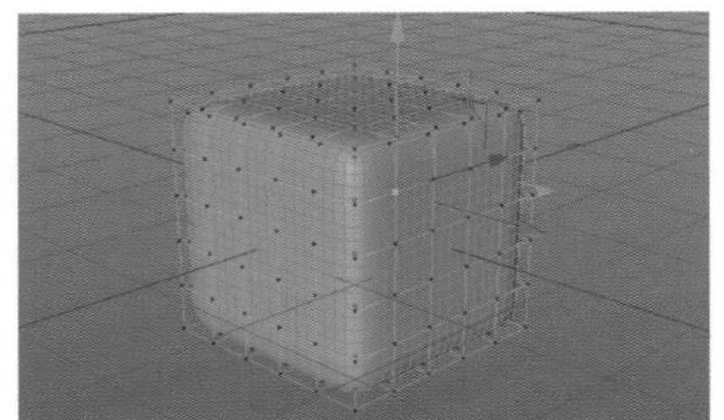

图3-2-2

图3-2-3

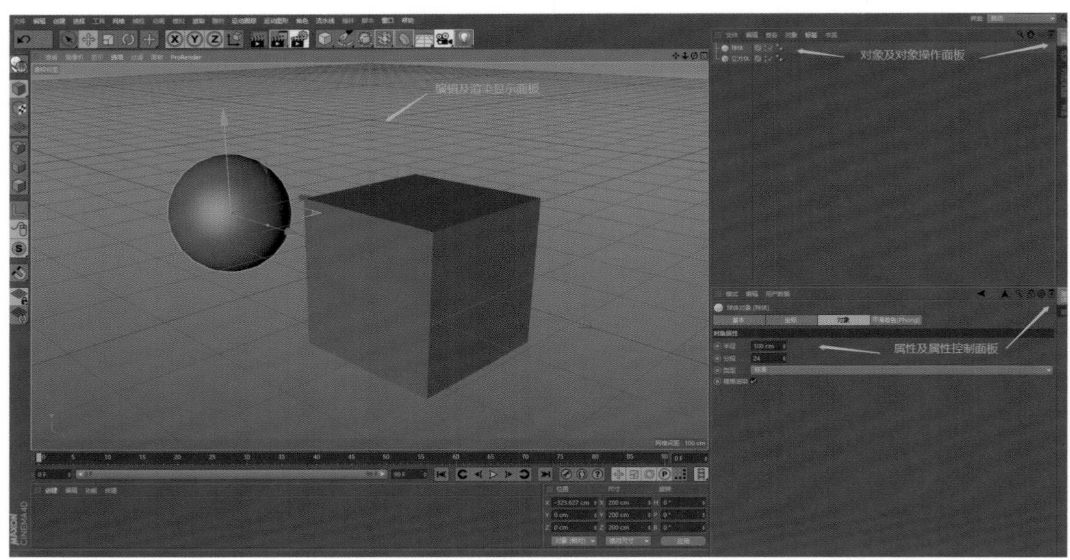


图3-2-4

面视图中，主要操作与控制区域在右侧两大区域，上部分为对象及对象操作面板，对象与场次、内容浏览器、构造共用一个面板；对象在面板中以父子根目录关系标示，场景中的所有对象或者元素都会在对象列表中罗列；参数化对象也叫参数化几何形体、参数化物体等，可以通过右侧下部分属性控制面板中的各项“参数”对模型细节等进行控制和把握（图3-2-4）。

在参数化对象中，CINEMA 4D中提供了多种基础模型，创建操作有两种：①长按键不放，展开对象选项卡，点击选择相应的几何体（图3-2-5）；②在主菜单中选择创建>对象>参数化几何体对象，选择相应的基础几何体（图3-2-6）。

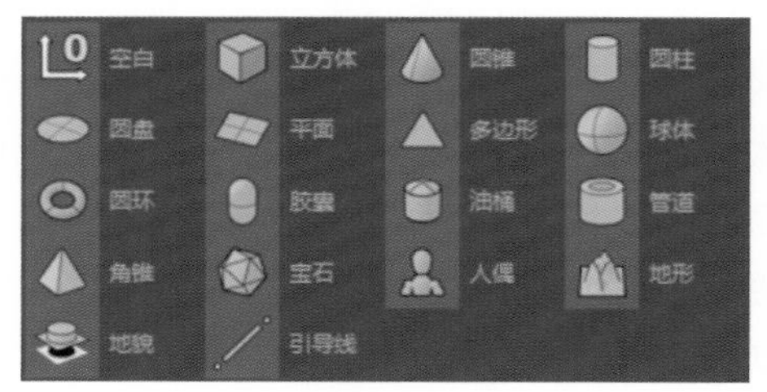


图3-2-5

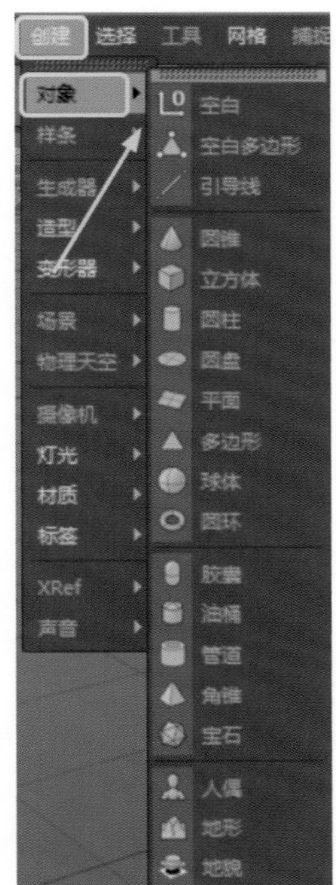

图3-2-6

▶▶▶ 面对五花八门的对象，如何进行操作与控制？它们是否有共性存在？

相似相同之处即为共性。当我们创建好对象之后就会发现，属性参数面板中，除了“对象”选项卡之外，“基本”“坐标”“平滑着色”等都是相同的，以创建立方体为例，在基本\基本属性下有如下选项。

**名称**：创建对象的名称，一般情况下默认不更改。在制作复杂工程时，可以在对象面板中，选择对象后按Enter回车直接修改（图3-2-7）。

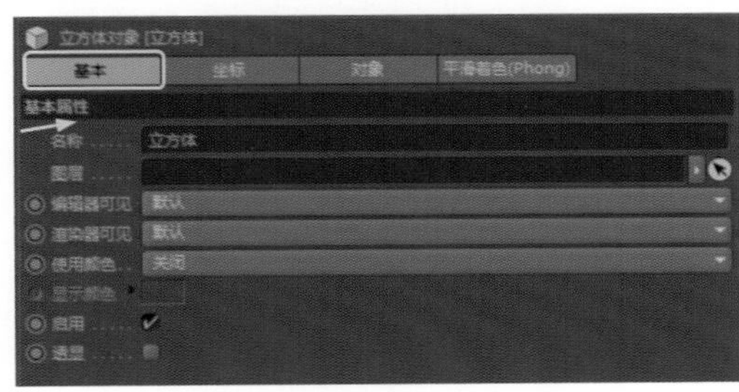

图3-2-7

**图层**：用于层的管理控制。

**编辑器可见**：指视图区域，分为默认/开启/关闭，分别代表默认开启该对象在编辑显示器可见、强制开启可见以及关闭可见，通常用来区分与观察视图区域中的多个三维物体，尤其是当它们相互之间发生遮挡之时。

**渲染器可见**：指渲染结果，分为默认/开启/关闭，分别代表默认开启该对象渲染结果可见、强制开启可见以及关闭可见，通常用来区分与观察渲染结果以显示多个三维物体，尤其是当它们相互之间发生遮挡之时。

**使用颜色**：在编辑器显示的颜色，与最终渲染结果无关，默认为灰色，开启后可自定义颜色。

**启用**：指该几何体对象是否启用，默认为勾选启用。

**透显**：指该几何体对象半透明显示，不影响渲染结果。在观察视图中存在多个相互遮挡的三维对象时，我们可以用透显来区分与观察。

操作时，对象面板中的快捷操作小技巧：①键指层设置与层管理；②键并列两个小点，上面为编辑器可见，下面为渲染器可见，默认为灰色，点击一下为绿色，表示强制可见，点击两下为红色，表示强制不可见，再点击则恢复默认的灰色，按住Alt键点击可同时控制上下两个小点，按Shift键点击则直接变为红色，表示强制不可见，按Shift+Alt键点击则直接控制两点一起变为红色，表示强制不可见；③键表示该对象为默认的启用状态，点击后变为，表示不启用状态，如图3-2-8所示。

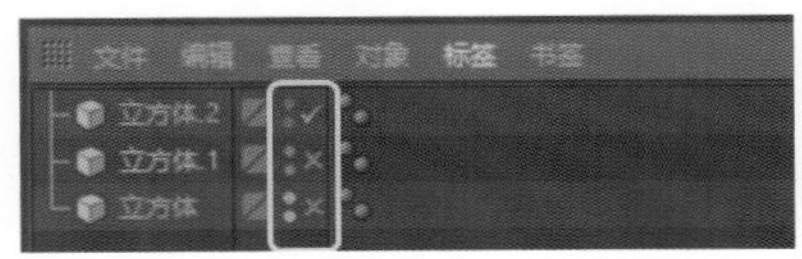

图3-2-8

**冻结变换**：冻结全部按钮可将位移、比例、旋转的参数全部归零，也可选择P/S/R某一属性单独冻结；解冻全部则可以恢复冻结之前的参数。

**坐标选项卡**：分为位置/缩放/旋转，基本对应这三个按钮的功能。当选择当前对象模型时，可以直接输入数值对参数进行精准控制，在数值框拖动鼠标，参数将发生变化，或者直接在视图中移动、缩放、旋转，参数也会发生相应变化；点击数值右侧小三角，默认参数以1为单位变化增减，按住Alt点击数值右侧的小三角则默认以0.1为单位变化增减，按住Shift点击则默认以10为单位变化增减。当数值被调整之后想要回到默认状态，只需要在小三角上单击鼠标右键即可，如图3-2-9所示。

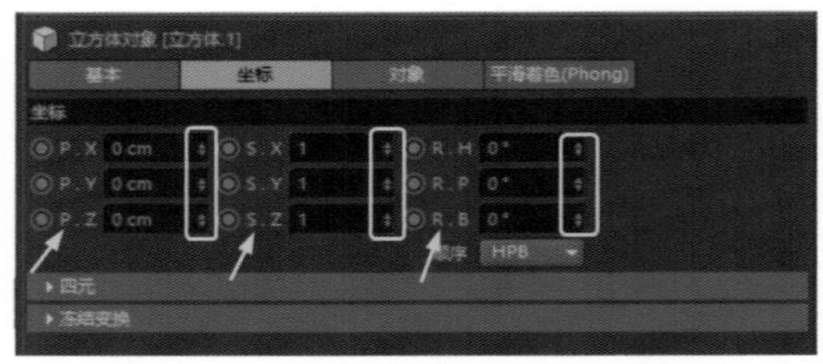


图3-2-9

**平滑着色选项卡**：平滑着色事实上是一个标签，让物体在场景中表面光滑地显示，如果没有这个标签，物体则是以线性不光滑显示的。

### ▶▶ 参数化几何体在共性之外，是否存在各自的特性？

对象选项卡中的几何体自身参数控制即其特性，这里以图3-2-10中最常见的立方体为例。

**尺寸.X/尺寸.Y/尺寸.Z**：默认立方体为边长200cm的正方体，通过调整这三个参数控制其长、宽、高。

**分段X/分段Y/分段Z**：用来增加立方体的分段数，以配合其他操作控制，如变形器扭曲等。分段越多，物体显得越柔软顺滑，计算量越大。如果分段数不够，变形器将难以对其产生变形效果；观察模型的分段数情况，需要打开编辑显示窗口中的显示>光影着色（线条），或者按快捷键N～B，即连续按N和B，而软件默认为光影着色模式（N～A）。

**分离表面**：勾选分离表面后再按C键，转换参数对象为多边形对象时，立方体会被

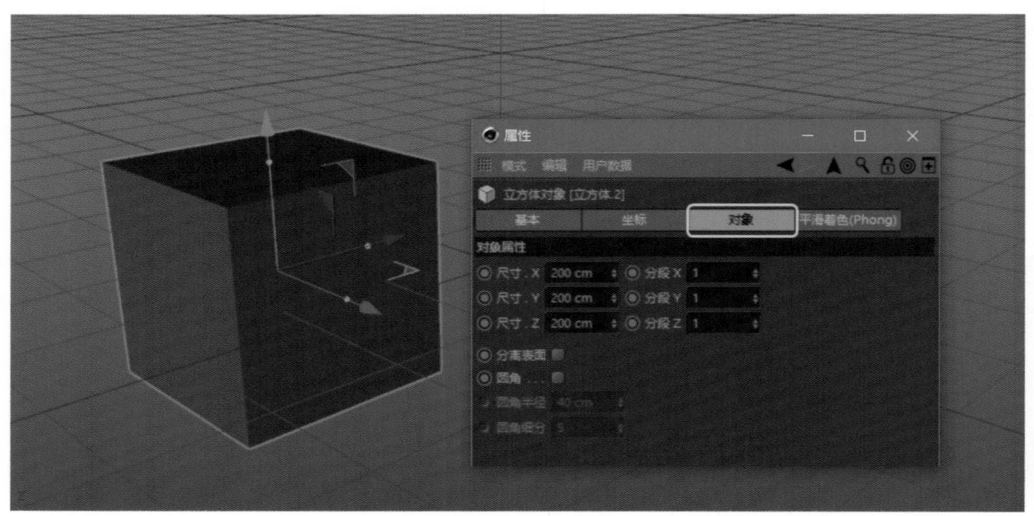


图3-2-10

拆分为6个平面，如图3-2-11所示。

**圆角**：勾选圆角后，可对正方体进行倒角，创建圆角立方体。通过圆角半径和圆角细分可以设置倒角大小和圆滑程度，也可直接在视图上调节黄色小点来进行设置，如图3-2-12所示。

在操作时，系统参数的调整与坐标选项卡参数数值的调整操作类似。另外，需要注意的是，移动对象坐标轴上小黄点改变的是对象自身参数，并不改变坐标里的缩放属性。按快捷键N会显示所有显示的选项卡界面，如图3-2-13所示。

对于其他参数化几何体的属性，在本书案例中均会有所涉及。

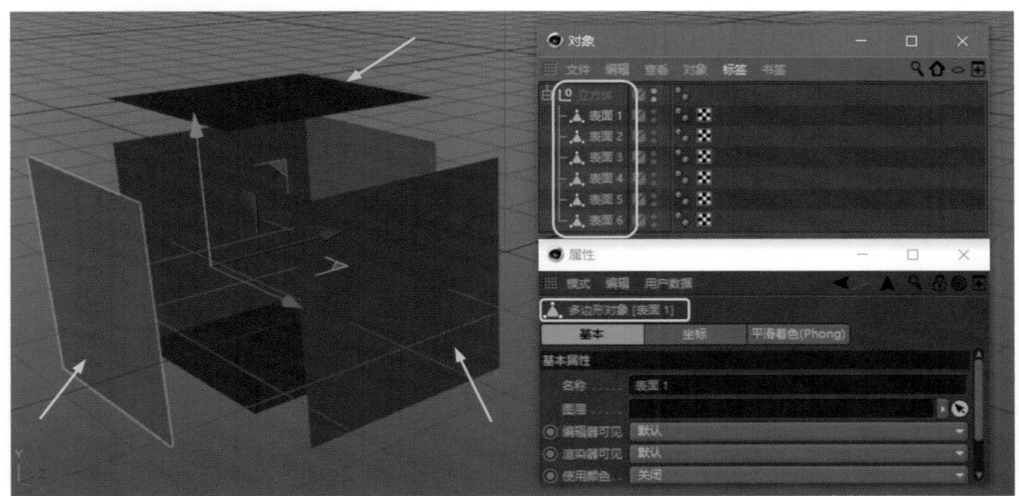


图3-2-11

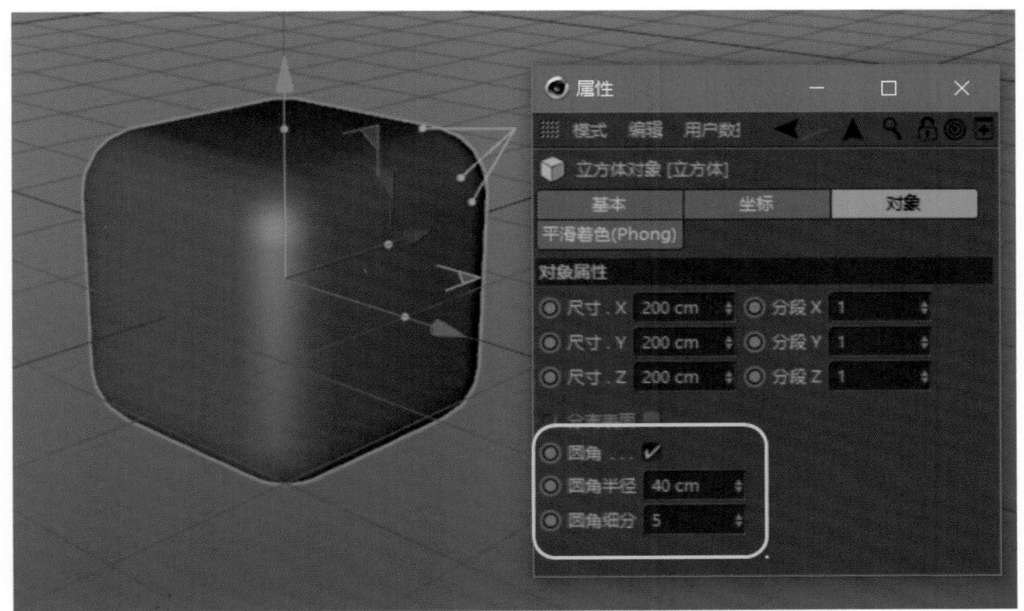


图3-2-12

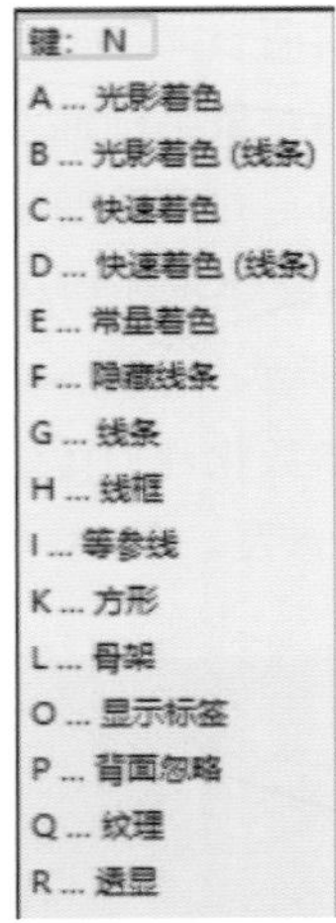


图3-2-13

## 3.2.2 样条

样条曲线工具组是通过绘制点生成曲线，进而通过点来控制曲线。它是基本模型的“样式草绘”。通过样条曲线以及其他生成器功能可以生成三维模型，从而完成建模，如后面马上要讲到的NURBS工具组，这是另一种基础建模方法。从黑色小三角拉出的样条工具组中的工具分为两类，橙黄色的样条工具可以自由绘制任意想要的样条形状，而蓝色的样条工具是系统预置提供的可选样条，我们只需要通过修改样条的属性参数来控制。创建样条曲线有两种方法：①长按键不放，打开创建样条曲线工具栏菜单，点击选择相应的样条曲线（图3-2-14）；②在主菜单中选择创建>样条>样条曲线，点击创建一个样条曲线对象工具（图3-2-15）。

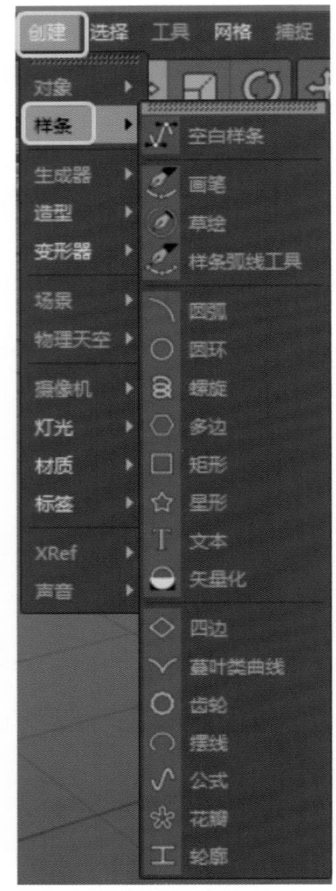


图3-2-15

**▶▶ 面对丰富多样的样条工具，如何进行绘制?**

存在两类绘制方式：自由绘制与预置修改。

第一种绘制方式为自由绘制。自由绘制工具如下。

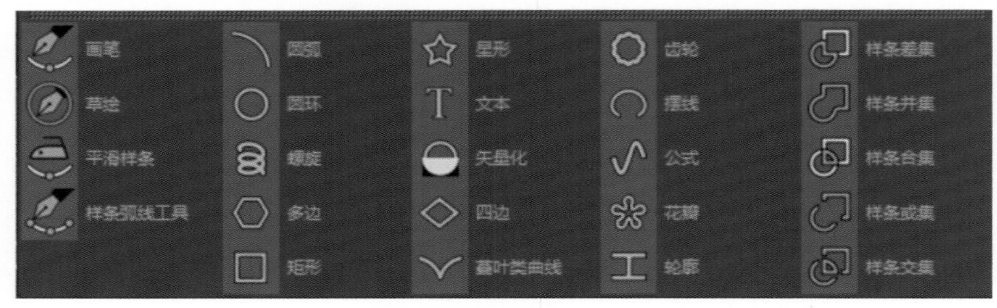


图3-2-14

画笔工具，类似于平面设计软件的钢笔工具，根据绘制点生成贝塞尔曲线，是创作中的常见曲线之一。在视图窗口中单击一次即可绘制一个控制点，两点之间系统会自动计算生成一条线性曲线，曲线由起点到终点是从白色到蓝色的渐变。在复杂操作中，区分曲线的起始点有助于我们更好地创作。如果在绘制一个控制点时，按住鼠标不放进行拖拽，会在控制点出现手柄，用于绘制两点之间平滑的贝塞尔曲线，从而自由控制曲线形状；绘制完成后，按住Shift键选中曲线上出现的手柄进行拖拽，可以单边控制手柄从而达到更灵活操作曲线的目的。

**移动控制点**：单击使用移动工具，即可选择曲线上的点进行移动，随着点的移动，样条的形状会随之发生改变，如果使用了生成器工具，模型形状也会发生改变。

**添加控制点**：选中样条，按住Crtl键，用鼠标左键单击需要添加的位置，即可为曲线添加控制点。

**选中多个控制点**：①按住Shift键依次加选；②在主菜单中点击选择>框选。

**删除控制点**：选中样条上想要删除的控制点，单击鼠标右键，选择“删除点”。

在CINEMA 4D中，选中当前工具后单击鼠标右键，可以找到绝大多数工具操作，例如选择当前样条后单击鼠标右键，出现选择操作框，如图3-2-16所示，可以进行清除边、添加与分割点、将曲线转为线性直线硬边或者平滑曲线软边等操作，在实际创作中起到灵活操作的重要作用。

图3-2-16

**草绘工具**：类似于画笔工具，可自由绘制样条，在视图窗口点击一次即可绘制一个控制点，在两点之间系统会自动计算生成一条平滑曲线。在草绘工具下，按住Shift键会自动切换为平滑样条工具。

**平滑样条工具**：通过对工具属性数值的各项设定，对样条进行更为细致的平滑类处理。

**样条弧线工具**：多用于绘制正圆形与直线相切的弧形工具，在测绘建模中较为实用。

样条绘制完成后，会在对象面板中罗列出来，点击选择 样条 ，在属性面板中会展示可修改控制的对象属性，具体如下。

**类型**：CINEMA 4D提供多种样条类型，即线性/贝塞尔/立方/阿基玛/B-样条。简单来理解，线性指点与点之间使用直线连接；贝塞尔是系统计算的平滑曲线；立方指控制点超过3个时，系统通过计算平均值曲率，生成经过3个点的平滑曲线；阿基玛与立方类似，不过与立方相比，系统计算的生成曲线的曲率不同；B-样条则指控制点超过3个时，系统计算平均值曲率，生成不经过中间点的平滑曲线，且这种计算方式曲率较立方要小。

**闭合样条**：选择是否勾选闭合样条。绘制时可以直接绘制闭合，系统在鼠标接近起点时会自动捕捉；如果没有绘制闭合，可以直接勾选闭合样条进行闭合。

**点插值方式**：自动适应、无、自然、统一以及细分几种方式，用于设置样条曲线上点的分布方式，可以控制点的数量、角度和最大长度。根据实际操作的不同，可以灵活更换点在线或面上的分布方式，或均匀或疏密，默认为自动适应方式，在实际建模操作中非常常用。

第二种绘制方式为预置修改。以创建矩形为例，如图3-2-17所示，在对象属性下进行。

**宽度/高度**：默认大小为400cm，控制矩

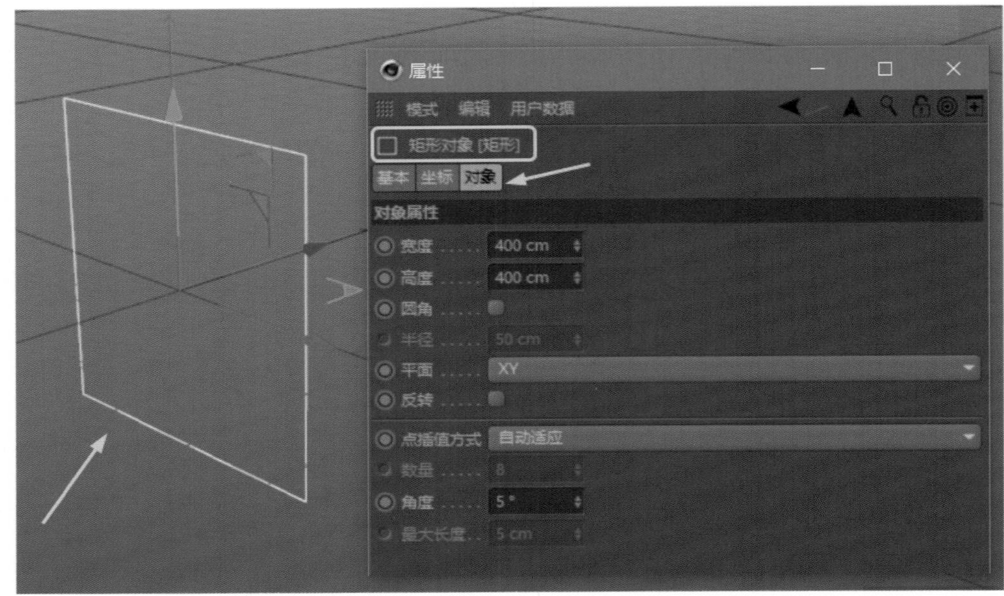


图3-2-17

形的宽与高。

**圆角/半径**：勾选是否为圆角矩形及控制矩形圆角的大小。

**平面/反转**：矩形在三维空间中的朝向，分别为XY/ZY/XZ平面。

**反转**：勾选是否反转。

预置样条上的点插值方式与画笔工具样条上的点插值方式一致。

对于其他预置样条的属性，在本书案例中会有所涉及。

### 3.2.3 NURBS

艺术来源于生活而高于生活。生活中可见的绝大多数造型都充满了曲线，即使非常有棱有角的边缘，也会做圆滑倒角处理。NURBS是非均匀有理样条曲线（Non-Uniform Rational B-Splines）的缩写。大部分的三维软件都会支持NURBS这样一种优秀的建模方式，因为它能够很好地控制物体表面的曲线度，从而创建更逼真、生动、有意思的造型。

CINEMA 4D提供的NURBS建模方式分为细分曲面、挤压、旋转、放样、扫描和贝塞尔6种，创建方式有两种：①在主菜单中选择创建>生成器，可选择任意一种NURBS工具；②按住工具栏图标不放，拖拽出NURBS工具组，选择相应工具，如图3-2-18、图3-2-19所示。

图3-2-18

图3-2-19

**NURBS工具如何操作？学习时有什么共性可循？**

CINEMA 4D中所有以绿色为主的图标，都作为对象面板中的父子层级的父层级来使用，也就是作用于已有的对象，如NURBS工具和后面要使用到的造型工具组，它们不会直接作用于模型，而是以工具对象形式显示在场景中，只有使模型对象和工具对象形成层级关系，工具才会作用于模型。操作方法：①选中对象，按住Alt键单击相应的NURBS工具，可以直接创建所选对象的父级；②单击创建工具后，根据鼠标指示针标示箭头的变化，在对象面板中直接拖拽至模型对象之上。

### 细分曲面

细分曲面是三维设计雕刻工具之一，顾名思义，通过细分曲面对象上的点、边添加权重，以及对表面进行细分，制作精细的模型，大多数情况下能达到一种更光滑细腻的视觉效果。如图3-2-20所示，对一个立方体使用细分曲线命令。

在对象面板中，选择某个对象，属性面板中就会出现相应属性；若对小方块执行细分曲面命令，首先立方体的对象属性中分段数X/Y/Z的数值要合理，分段数越多，细节越精细，计算处理量越大。

设置好分段数之后，细分曲面作为立方体的父级作用于立方体。属性面板下的细分曲面对象属性如下。

**编辑器细分**：控制视图中编辑模型对象的细分程度，只影响显示的细分数。

**渲染器细分**：控制渲染时显示出的细分程度，只影响渲染结果的细分数。对于渲染器

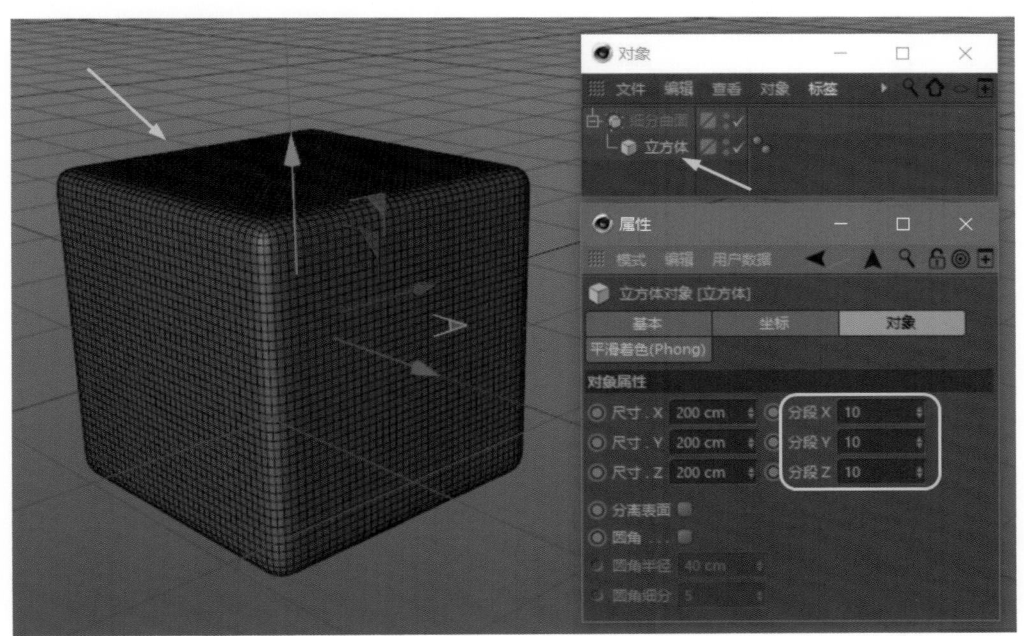

图3-2-20

细分参数的修改结果，必须在图片查看器中观察真实效果，不能用当前视图的方式查看。

### 挤压

挤压是结合样条线进行建模的工具，将二维的曲线挤压出三维的模型，就像给做好的样板模具灌入水泥形成模型一样。挤压图标中的一根白色边线表示该功能至少需要一根样条线来作用。如图3-2-21所示，对一根星型样条使用挤压命令。

属性\挤压\对象选项卡下的挤压对象属性如下。

**移动**：三个数值输入框，从左至右依次表示在X/Y/Z轴上挤压出的厚度，默认星形朝向为XY平面，设置Z轴方向上的挤压厚度为

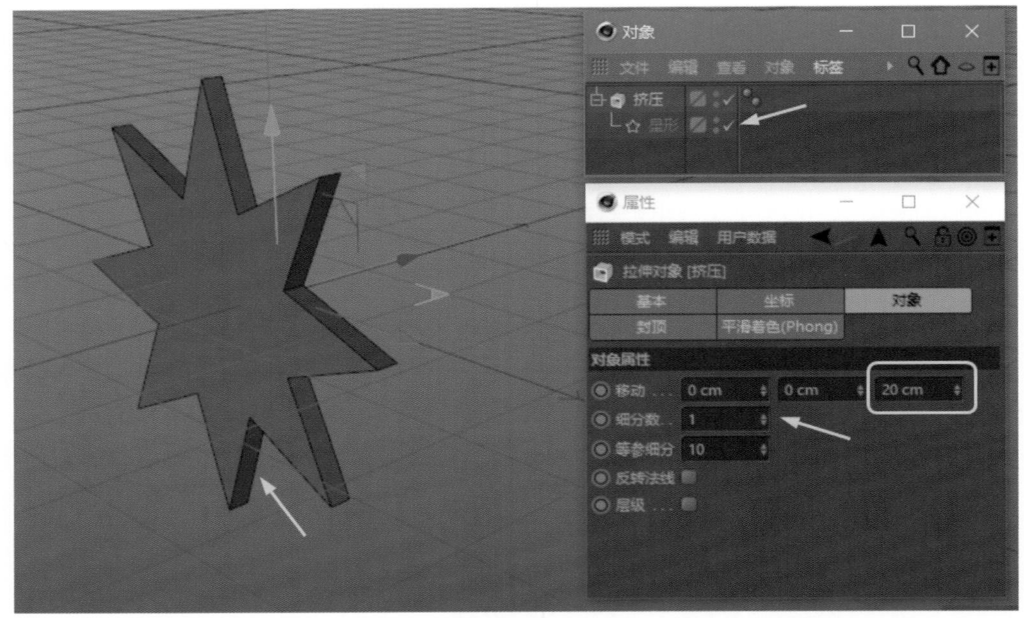

图3-2-21

20cm。

**细分数**：控制挤压对象在挤压轴上的细分数量，如3-2-21上图中黄色箭头所示为1。

**等参细分**：控制等参线的细分数量，注意开启视图菜单栏>显示>等参线，快捷键为N～I。

**反转法线**：用于反转法线的方向。

**层级**：对象转化为可编辑化多边形对象时，勾选该项可按层级进行划分。

属性\挤压\封顶选项卡下的挤压封顶属性如下。

**顶端/末端**：指形状上下两面的设置，包含“无”“封顶”“圆角”“圆角封顶”4个选项，图3-2-21下图为圆角封顶。

**步幅/半径**：分别控制圆角处的分段数和圆角半径。

**圆角类型**：对不同形状类型进行设置。

**平滑着色（Phong）角度**：设置相邻多边形之间的平滑角度，数值越低相邻多边形之间就越硬化。

**外壳向内/穿孔向内**：挤压对象的外壳和穿孔是否向内凹。

**约束**：以原始样条作为外轮廓，是较为常用的属性。

**创建单一对象**：指勾选转化为可编辑多边形对象时只创建单一对象。

**圆角UVW保持外形**：指勾选保持圆角的UVW外形。

**类型/标准网络/宽度**：布线分布类型，包含“三角形”“四边形”“N-gons”三种；选择三角形或者四边形会激活“标准网络”参数，勾选标准网络，会激活“宽度”参数，可以控制布线分布的网格形状及大小。

### 旋转

旋转可将二维曲线围绕Y轴旋转生成三维模型，常常用来为器皿和容器建模。旋转图标中的一根白色线条表示该功能至少需要一根样条线来作用。在创作样条线时，往往在二维视图中更为精确。如图3-2-22、图3-2-23所示，对一根蔓叶样条使用旋转命令。

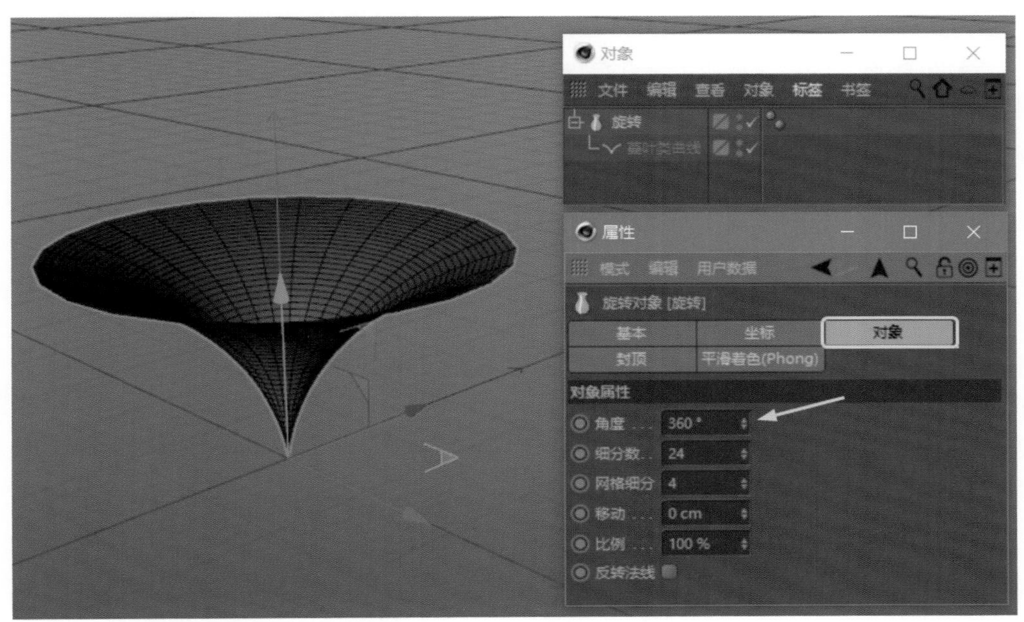


图3-2-22

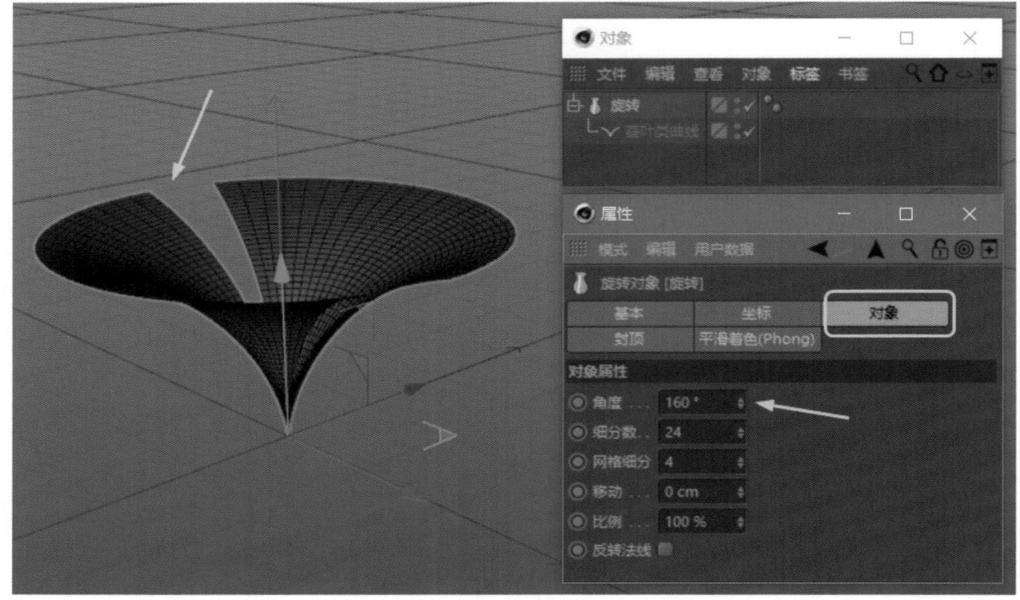


图3-2-23

属性\旋转\对象选项卡下的旋转对象属性如下。

**角度**：控制旋转对象围绕Y轴旋转的角度，默认为360°，上图为160°。

**细分数**：定义旋转对象的细分数量。

**网格细分**：用于设置等参线的细分数量。

**移动/比例**：移动参数用于设置旋转对象绕Y轴旋转时纵向移动的距离；比例参数则为旋转对象绕Y轴旋转时移动的比例。

反转法线、封顶属性选项卡与挤压类似，后文若出现相同参数也不再赘述。

### 放样

放样生成器可根据多条二维曲线的外边界搭建曲面，从而形成复杂的三维模型。放样图标中的多个白色线条表示该功能需要不少于一根样条线来作用。如图3-2-24、图3-2-25所示，对多边形与花瓣样条使用放样命令。

属性\放样\对象选项卡下的放样对象属性如下。

**网孔细分U/V**：分别设置网孔在U方向（沿着圆周截面方向）和V方向（纵向）上的细分数量。

**网格细分U**：设置等参线的细分数量。

**有机表格**：勾选时为有机构建模型形态，否则通过样条上的对应点构建。

**每段细分**：勾选后V方向上的细分会根据设置的网孔细分V参数均匀细分。

**循环**：勾选则两样条将连接在一起。

**线性插值**：勾选后，两样条之间使用线性插值。

**调整UV**：勾选以调整UV。

### 扫描

扫描生成器可以将一个二维图形的界面沿着某根样条路径移动形成三维模型。如图3-2-26所示，对圆环样条使用扫描螺旋线样条命令。

属性\扫描\对象选项卡下的扫描对象属性如下。

**网格细分**：设置等参线的细分数量。

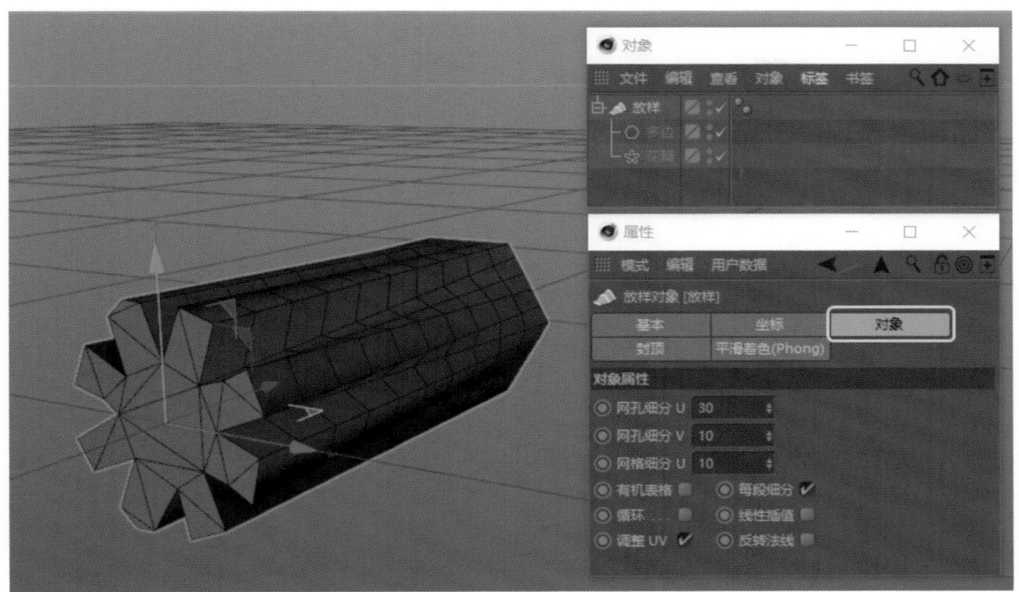


图3-2-24

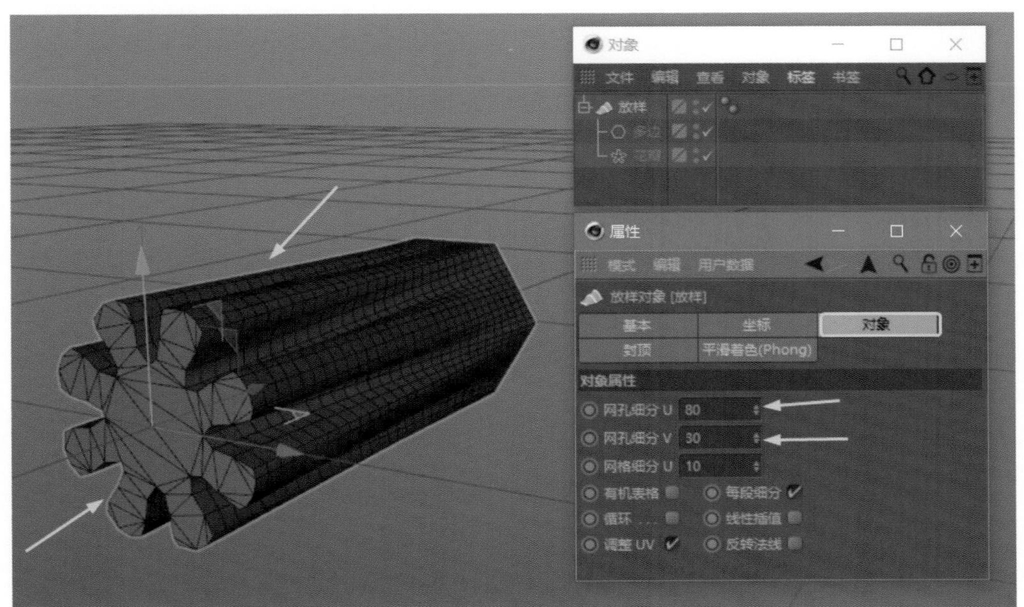


图3-2-25

**终点缩放**：设置扫描对象在路径终点的缩放比例，用不同粗细来丰富多样变化的形态。

**结束旋转**：指对象到达路径终点时的旋转角度。

**开始/结束生长**：分别指扫描对象沿着路径移动所形成的三维模型起点和终点。

**细节**：“缩放”及“旋转”的细节控制，从表格左侧小圆点至右侧小圆点代表控制扫描对象的起点与终点。按住Ctrl单击鼠标

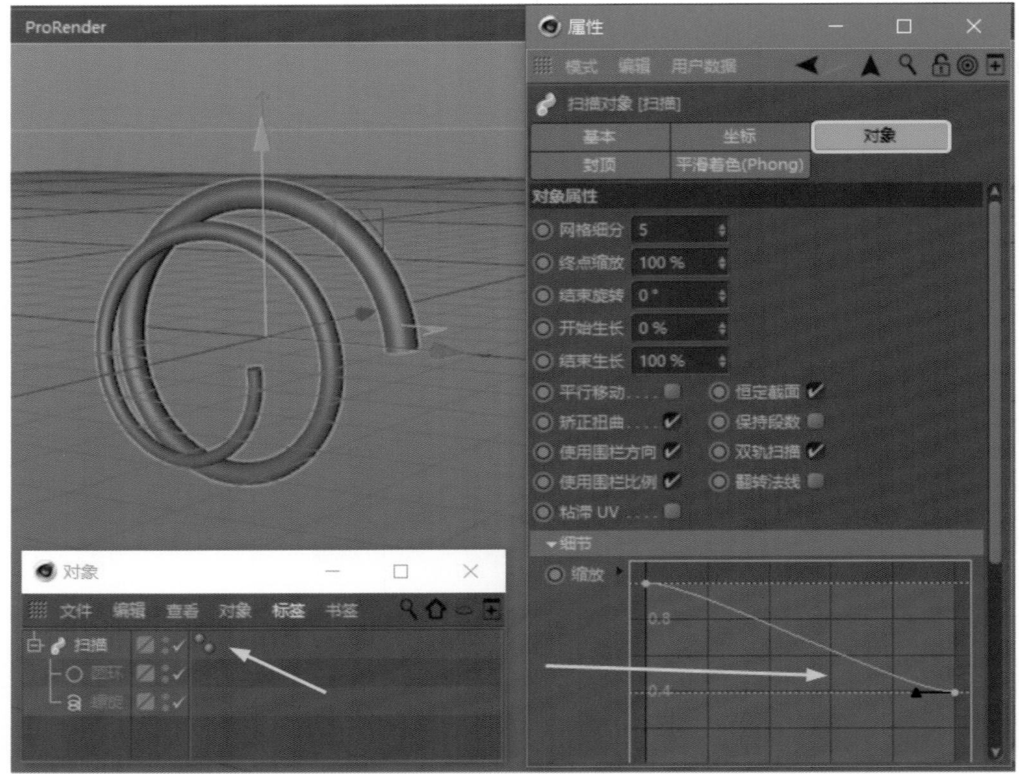
ProRender
属性
模式 编辑 用户数据
扫描对象 [扫描]
基本
坐标
对象
封顶
平滑着色(Phong)
对象属性
网格细分 5
终点缩放 100 %
结束旋转 0 °
开始生长 0 %
结束生长 100 %
平行移动
恒定截面
矫正扭曲
保持段数
使用围栏方向
双轨扫描
使用围栏比例
翻转法线
粘滞 UV
细节
缩放
0.8
0.4
对象
文件 编辑 查看 对象 标签 书签
扫描
圆环
螺旋
图3-2-26

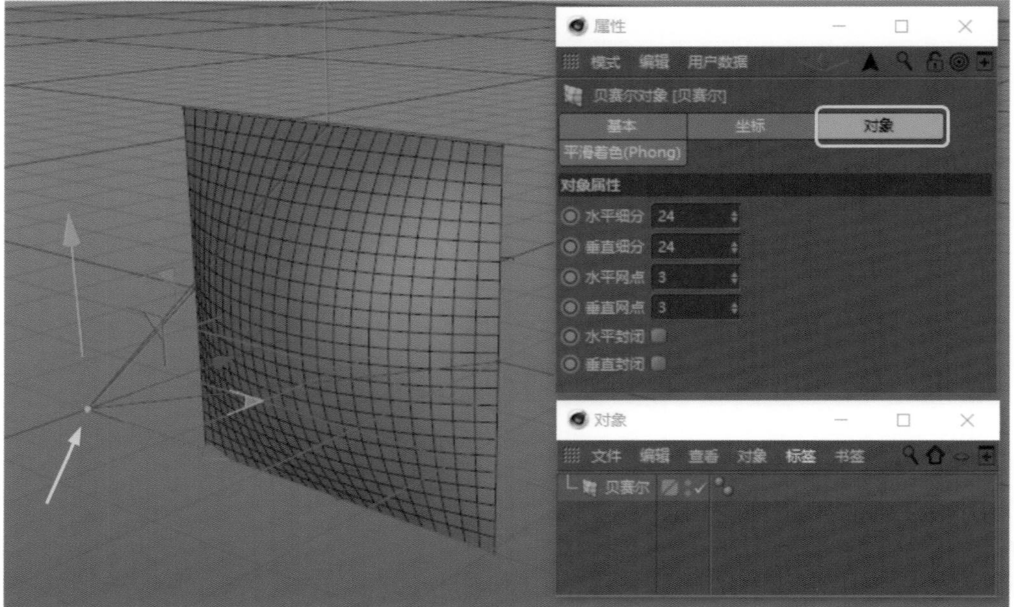
属性
模式 编辑 用户数据
贝赛尔对象 [贝赛尔]
基本
坐标
对象
平滑着色(Phong)
对象属性
水平细分 24
垂直细分 24
水平网点 3
垂直网点 3
水平封闭
垂直封闭
对象
文件 编辑 查看 对象 标签 书签
贝赛尔
图3-2-27

可以添加圆点，以丰富扫描模型的细节，要删除点可直接拖拽出表格删除。

注意在扫描命令中，排列在对象面板中子层级的两个对象，第一个圆环样条是扫描对象，第二个螺旋线样条是被扫描对象，适当调整圆环的半径以便清楚显示所需模型。

贝塞尔

贝塞尔生成器与其他NURBS工具命令不同，它不需要任何子对象来创建三维模型，在视图中以曲面显示，对曲面编辑调整即可得到想要的三维模型，如图3-2-27所示。

属性\贝塞尔\对象选项卡下的贝塞尔对象属性如下。

**水平细分/垂直细分**：这两个参数分别设置位于曲面的X轴和Y轴方向上的网格细分数量。

**水平网点/垂直网点**：曲面在X轴方向和Y轴方向上控制点的数量；通过移动这些控制点，可以对曲面形态做出调整。其与对象转化为可编辑对象之后的点元素不同。

**水平封闭/垂直封闭**：勾选显示曲面X轴方向和Y轴方向的封闭曲面，常用于制作管状模型。

## 3.2.4 造型工具组

造型工具组是CINEMA 4D中非常强大的工具之一，可以自由创作丰富多样的效果，灵活简易的可操控性是它最大的特色之一。在应用命令过程中，需要注意的是，这组工具需要配合几何形体或者样条一起使用才能产生效果。创建方式有两种：①在主菜单中选择创建>造型下的任意造型工具；②按住工具栏不放，拖拽出造型工具组，选择相应工具，如图3-2-28、图3-2-29所示。

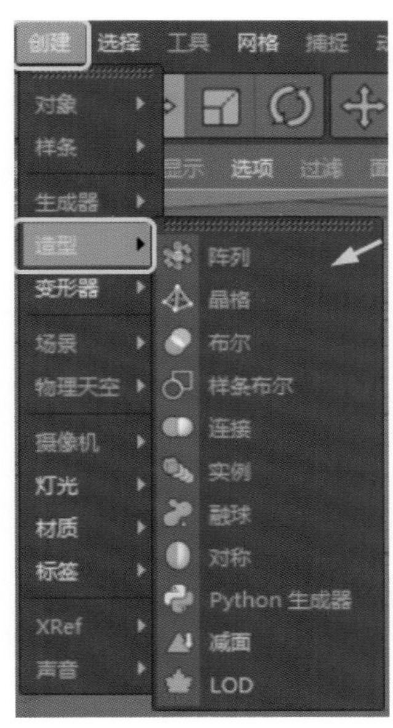

图3-2-28

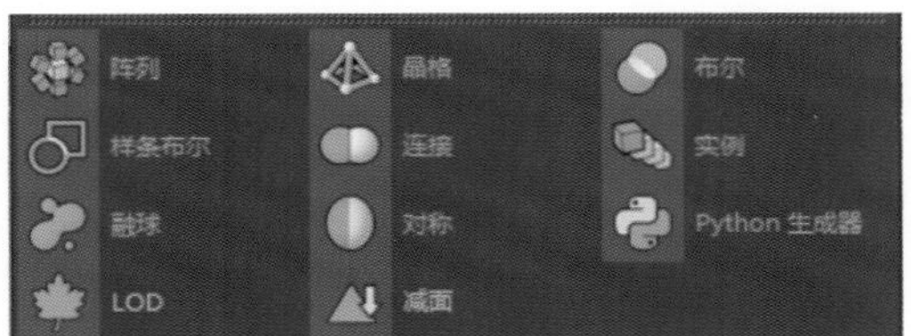

图3-2-29

▶▶ 如何掌握造型工具？在相同属性之外还有哪些学习要点？

作为同样是绿色图标的工具组，造型工具也需要结合几何体或者样条共同使用而产生效果。它们不会直接作用于模型，而是以工具对象形式显示在场景中，只有使得模型对象和工具对象形成层级关系，工具才会作用于模型。操作方法：①选中模型对象，按住Alt键鼠标单击相应造型工具，可以直接创建所选对象的父级；②单击选择创建工具后，根据鼠标指示针标示箭头的变化，在对象面板中，直接拖拽至模型对象之上。

阵列

事实上是一种复制对象或者说克隆对象的方法，一种将几何体总体构成圆圈形阵列的应用工具。如图3-2-30、图3-2-31所示，以预置几何体小方块做阵列命令应用。

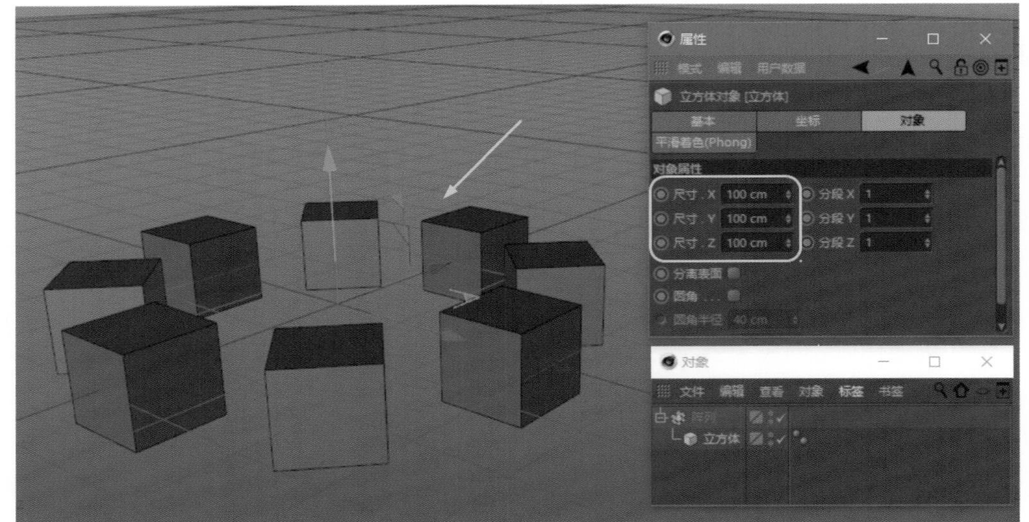


图3-2-30

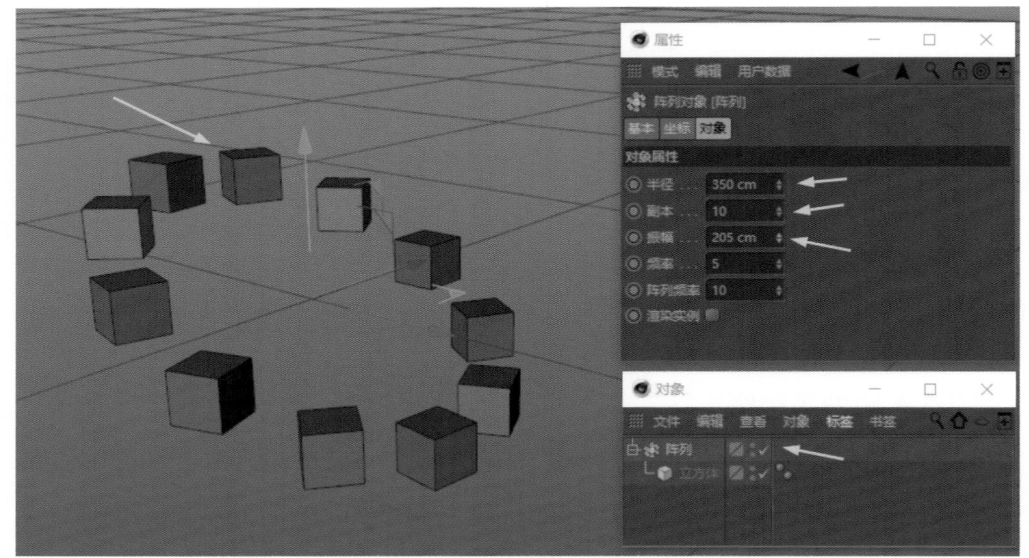


图3-2-31

属性\阵列\对象选项卡下的阵列对象属性如下。

**半径/副本**：阵列的半径大小和阵列中物体的复制数量。

**振幅/频率**：在播放动画时，调整设置阵列振动的范围和快慢。

**阵列频率**：阵列中每个物体振动的范围，需要与振幅和频率相结合来调整。

**渲染实例**：勾选渲染实例后系统会只记录一个对象，及其他相同物体的位置信息，用于减少系统资源。

### 晶格

将几何体的内部框架结构上的“点”与“线”转换显示为圆球和圆柱的概念式模

型，常用来做一些建筑及其他造型的结构概念框架图。如图3-2-32所示，以预置几何体圆管做晶体命令应用。

属性\晶格\对象选项卡下的晶格对象属性如下。

**圆柱半径**：几何体上的样条变为圆柱时，控制圆柱的半径大小。

**球体半径**：几何体上的点变为球体时，控制球体的半径大小。

**细分数**：控制圆柱和球体的细分，细分数越高，模型越细腻精致。

**单个元素**：勾选后，当晶格对象转化为多边形对象时，晶格会被分离成各自独立的对象。

### 布尔

将两个几何体做加、减、交集、补集等运算的应用工具，通过它可以得到新的模型。如图3-2-33、图3-2-34所示，将圆柱体与球体做布尔运算相减，得到模型。

属性\布尔\对象选项卡下的布尔对象属性如下。

**布尔类型**：分别为“A减B”“A加B”“AB交集”“AB补集”进行图形运算得到新的图形，在对象面板中如图3-2-34所示第一个物体为A，第二个为B。

**高质量**：默认勾选高质量，激活下面的其他属性，如“创建单个对象”“隐藏新的边”“交叉处创建平滑（Phong）分割”“选择交界”等。

**创建单个对象**：勾选后，当布尔对象转化为多边形对象时，物体被合并为一个整体，而不是一个面加一个形状两个模型。

**隐藏新的边**：进行过布尔计算后的线分布不均匀，勾选会隐藏不规则的线，使视图看起来更整洁。

**交叉处创建平滑着色（Phong）分割**：对交叉的边缘进行圆滑处理，对于较为复杂的边缘结构才有效果。

**选择交界**：选择两个运算对象的交界部分。

**优化点**：勾选创建单个对象时，此项才能被激活，对布尔运算后物体对象中的点元素进行优化处理，删除无用的点（当数值较大时才会起作用）。

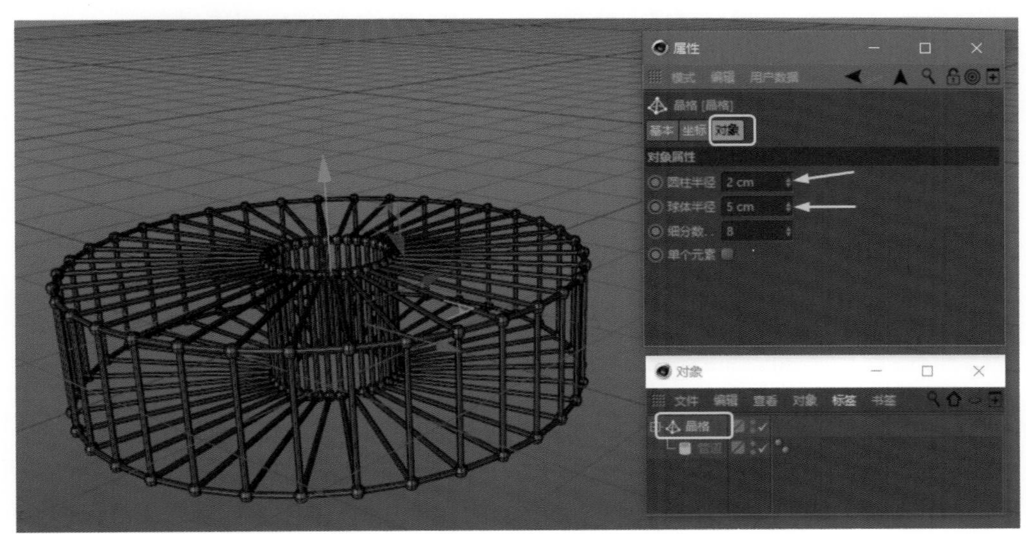

图3-2-32

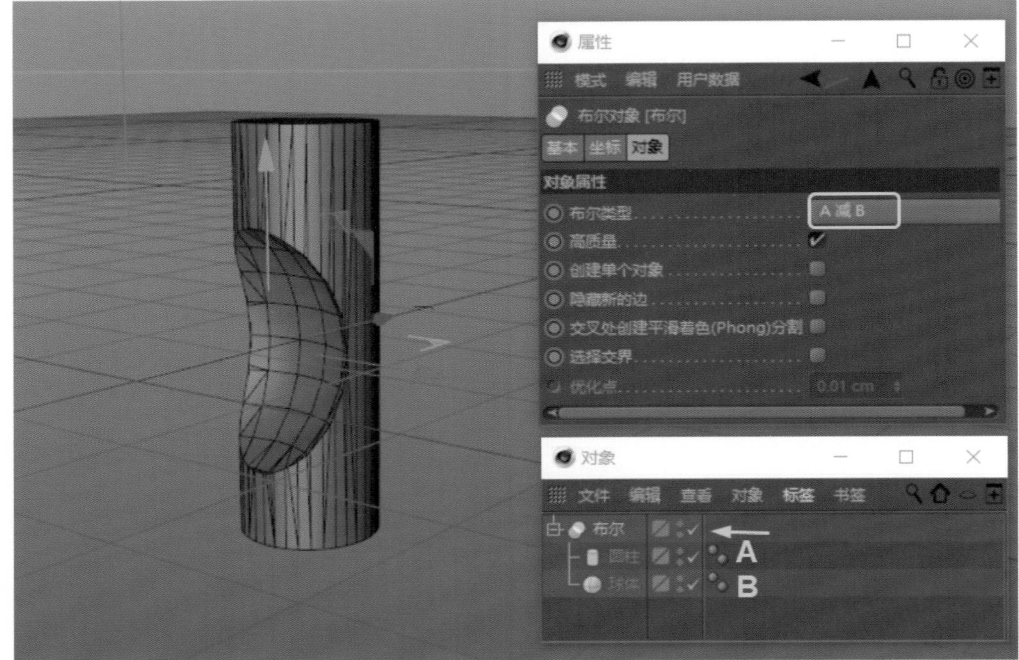


图3-2-33

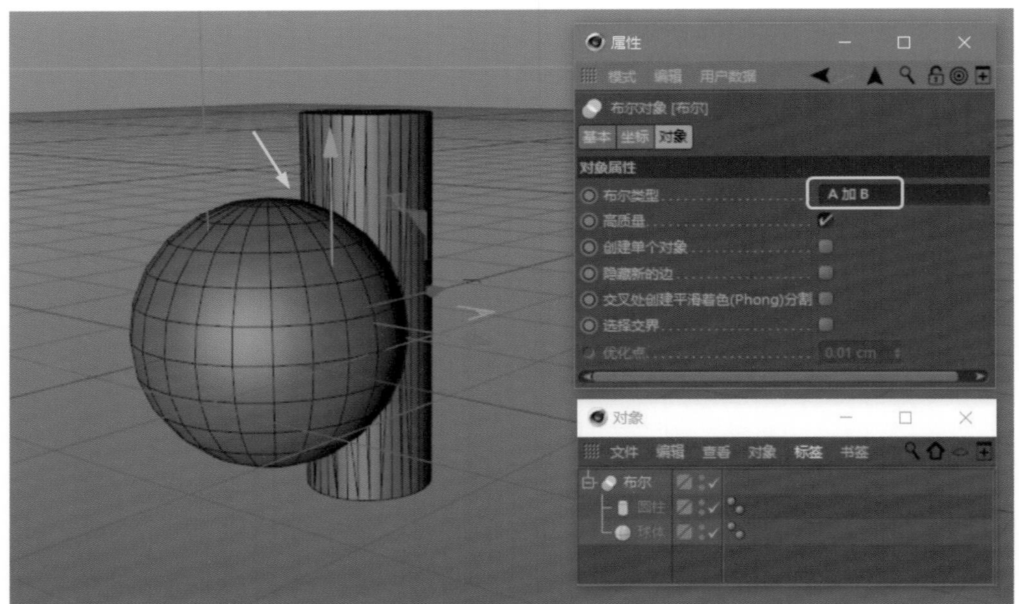


图3-2-34

### 样条布尔

将两个样条线做加、减、交集、补集等运算的应用工具，使用后得到更多样变化的样条线。如图3-2-35所示，将多边形和圆环样条做布尔运算后得到新的样条。

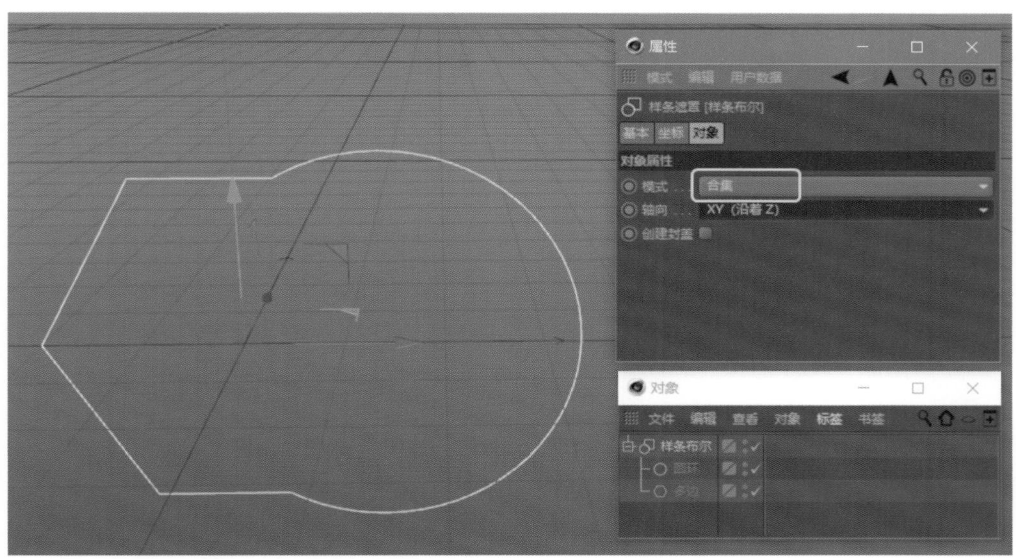


图3-2-35

属性\样条布尔\对象选项卡下的样条布尔对象属性如下。

**模式**：布尔运算的类型。

**轴向**：样条朝向的轴向。

**创建封盖**：勾选曲线形成闭合面。

## 连接

让两个对象发生连接从而得到新的合并式模型。如图3-2-36所示，将球体和立方体连接到一起，得到一个整体模型。

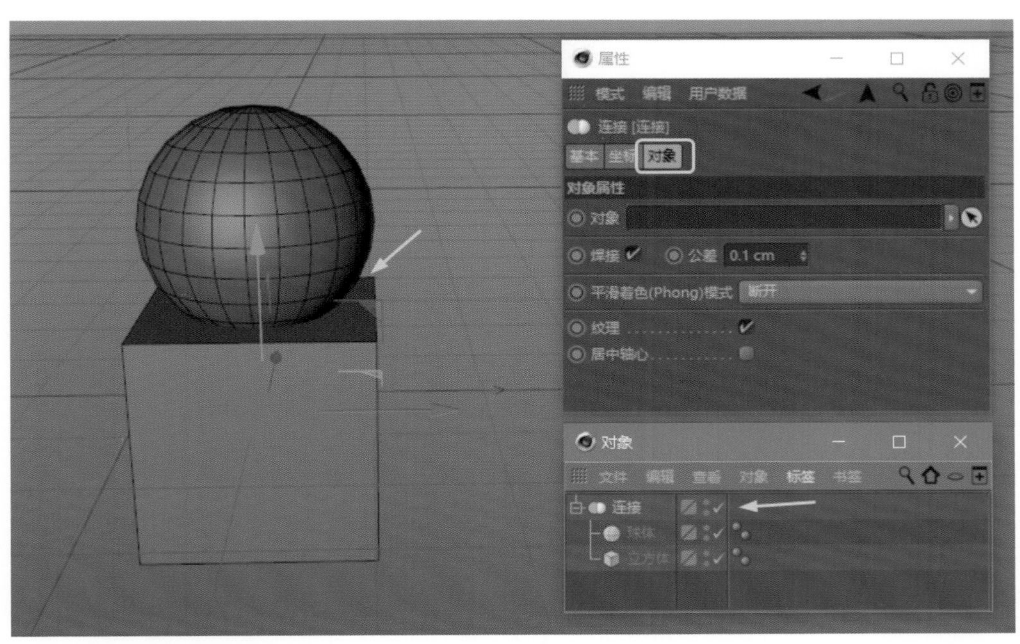


图3-2-36

属性\连接\对象选项卡下的连接对象属性如下。

**对象**：可将对象直接拖入对象框中。

**焊接**：勾选后才能将两个物体连接。

**公差**：勾选焊接后，调整公差的数值，两个物体就会自动连接。

**平滑着色（Phong）模式**：对接口处进行平滑处理的多种类型。

**纹理**：勾选纹理。

**居中轴心**：勾选后，当物体连接时，自动将坐标轴移动至物体的中心。

### 实例

一种复制对象的方法，继承对象的所有属性，调整实例复制对象，能持续继承对象的所有属性值，常用来节省计算资源并加快效率。如图3-2-37所示，复制一个胶囊，可以继承原始胶囊的所有属性。

实例是造型工具组的特例，可以不结合其他对象独立作用，只需要拖拽参考对象到属性\对象属性\参考对象一栏中。

### 融球

让两个对象发生“粘黏性”融合从而得到新的合并式模型，以融合对象的点为计算的标准。如图3-2-38所示，对圆环和球体执行融合命令，得到一个新的模型。

属性\融球\对象选项卡下的融球对象属性如下。

**外壳数值**：控制融球的溶解程度和大小，外壳数值越大越保持原形。

**编辑器细分**：控制视图显示中的融球细分数，值越小，融球越光滑细腻。

**渲染器细分**：控制渲染时融球的细分数，值越小，融球越光滑。

**指数衰减**：勾选后融球大小和圆滑程度有所衰减。

**精确法线**：勾选使法线精确。

### 对称

为对象创建镜像复制，从而修改一边时，另一边也随之继承其属性。自然界中绝大多数形象都存在着对称性，因而该命令常用来进行建模操作。如图3-2-39所示，对圆锥应用对称工具命令。

属性\对称\对象选项卡下的对称对象属性如下。

**镜像平面**：XY/YZ/XZ三个平面的镜像选择。

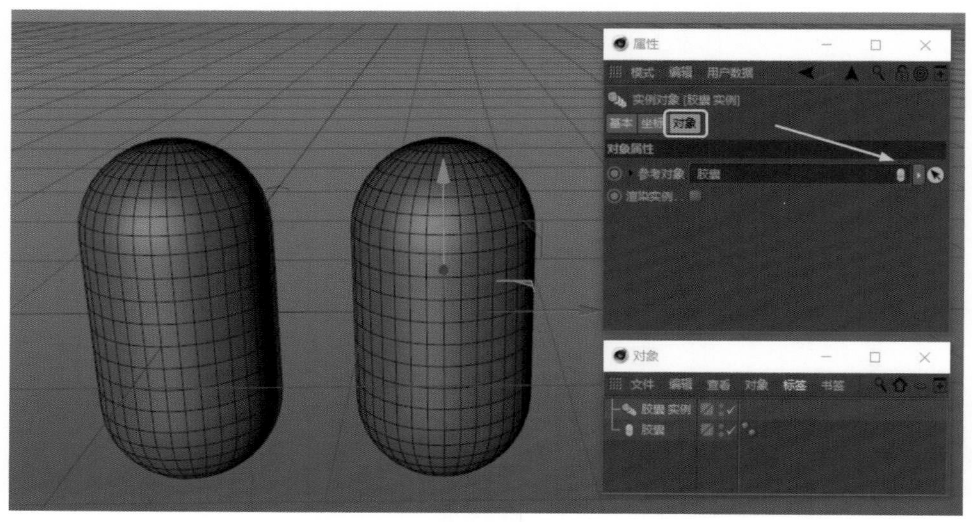


图3-2-37

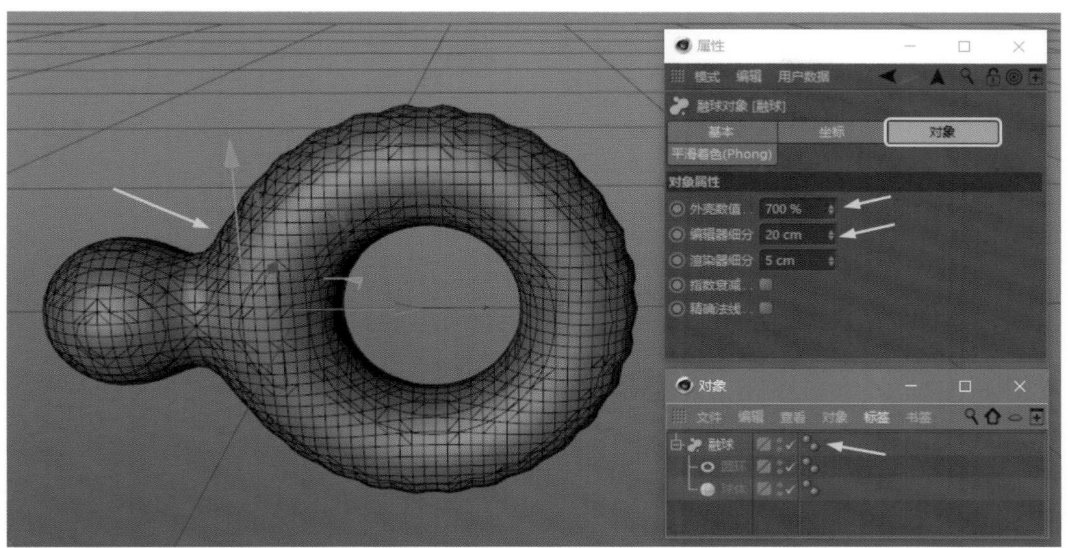


图3-2-38

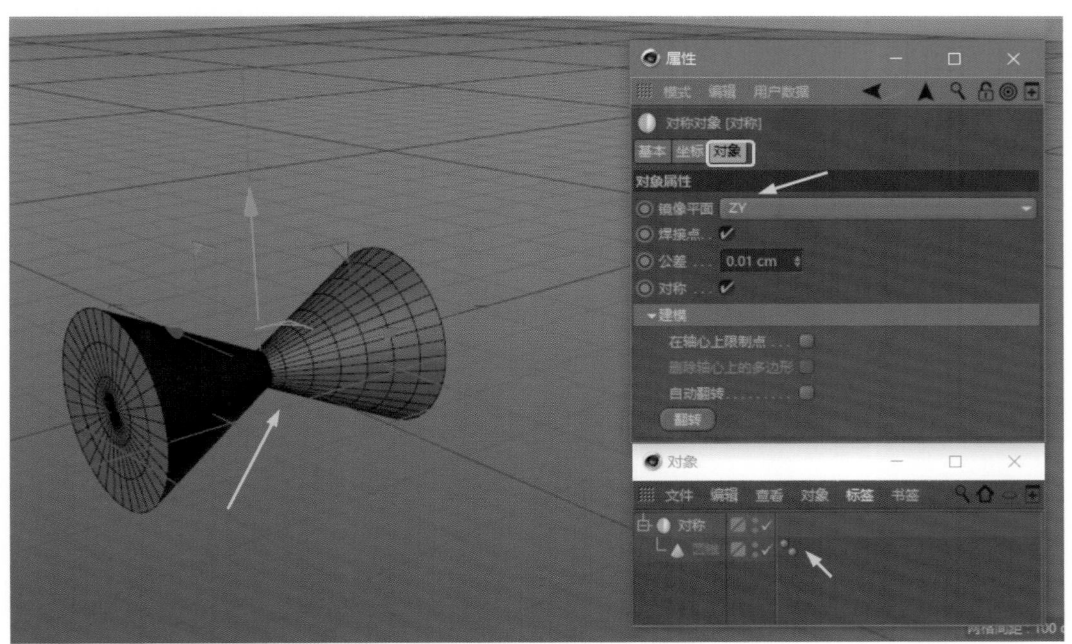


图3-2-39

**焊接点/公差**：勾选焊接点，公差被激活，调节公差数值后两个物体会连接。

**对称**：勾选激活对称。

**在轴心上限制点/删除轴心上的多边形**：勾选在对称相交轴上限制点，同时激活删除轴心上的多边形。

**自动翻转/翻转**：勾选翻转与选择翻转。

### Python生成器

使用编程语言进行操作。

LOD

使用细分等级功能减少渲染显示，控制系统计算量。

减面

对几何形体进行减少面数的操作，使模型变为低面体模型。如图3-2-40所示，对一个光滑球体做减面处理，使其成为低面粗糙球体模型，在制作时用于测试一些运动效果，以节省资源并加快效率。

属性\减面\对象选项卡下的减面对象属性如下。

**将所有生成器子级减至一个对象**：勾选激活将生成器工具下的所有子级对象减面至一个对象。

**减面强度/三角数量/顶点数量/剩余边**：控制减面的强度、面数、顶点数以及边数。

**保持三维边界/保持UV边界/边界减少角度**：勾选保持三维模型边界；勾选保持UV边界；控制边界减少的角度。

## 3.2.5 变形工具组

变形工具组是通过给几何体添加上丰富多变、各式各样的变形效果，从而得到新的符合创作要求的模型。CINEMA 4D提供了多种多样的变形器工具，随着版本的提高不断增加新的功能，其灵活性、计算率和创造性在三维软件中非常优异，是创作中不可或缺的基本工具。

不同于绿色图标的工具组，变形工具以紫色为主，同样需要结合几何体或者样条共同使用来产生效果。它们也不会直接作用于模型，而是以工具对象形式显示在场景中，只有使模型对象和工具对象形成层级关系，工具才会作用于模型。有所不同的是，绿色图标工具多为父级，而紫色图标则作为对象模型的子级或者编为一个组作为平级对象。

创建方式：①在主菜单中选择创建>变形器中的任意变形器工具；②按住工具栏不放，拖拽出变形器工具组，选择相应工具，如图3-2-41、图3-2-42所示。

操作方法：①选中模型对象，按住Shift键并单击相应造型工具，可以直接创建所选

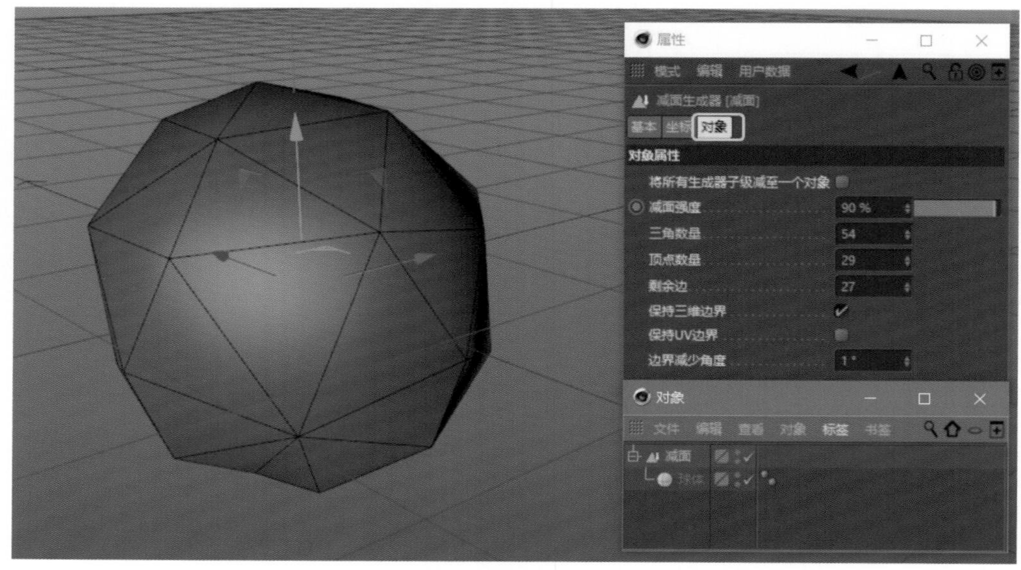


图3-2-40

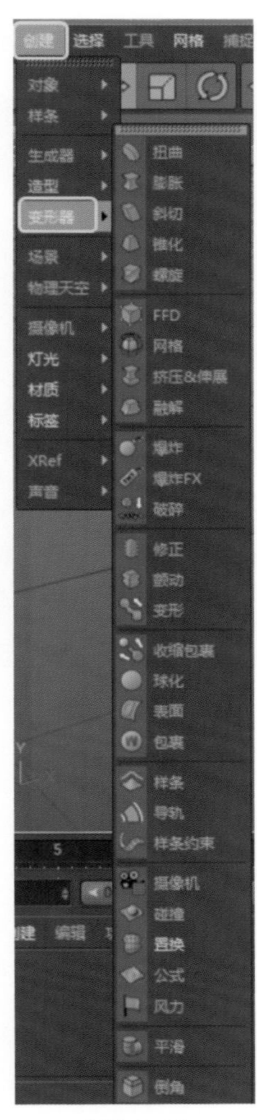


图3-2-41

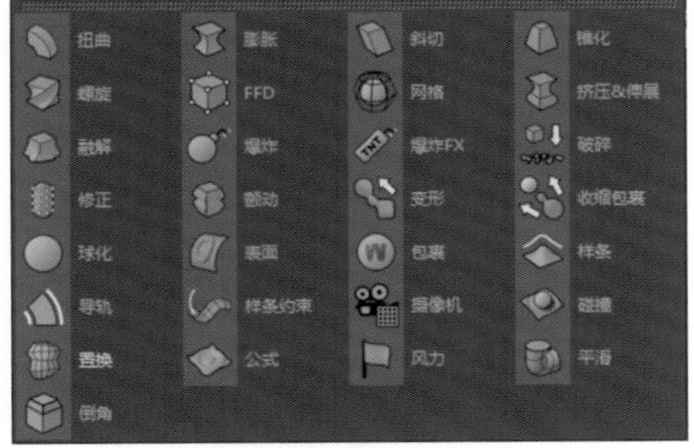


图3-2-42

对象的子级；②单击选择创建工具后，根据鼠标指示针标示箭头的变化，在对象面板中，将

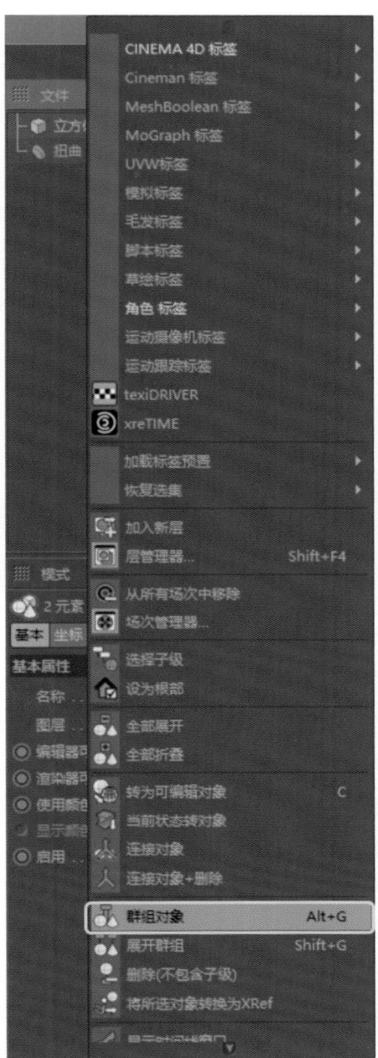


图3-2-43

其直接拖拽至模型对象之下；③点击选择创建工具后，选中对象模型和变形器，按快捷键Alt+G建立一个分组，或者点击右键选择“群组对象”建立分组，如图3-2-43所示。

### 变形器繁多，学习时有哪些共性?

大多数变形器的功能都如其名称那样发生变形的拟态效果，如扭曲是使对象发生扭曲效果，膨胀是发生膨胀效果等。大部分变形器都有相似的属性选项，如对一个立方体添加扭曲变形器，其属性如图3-2-44所示。

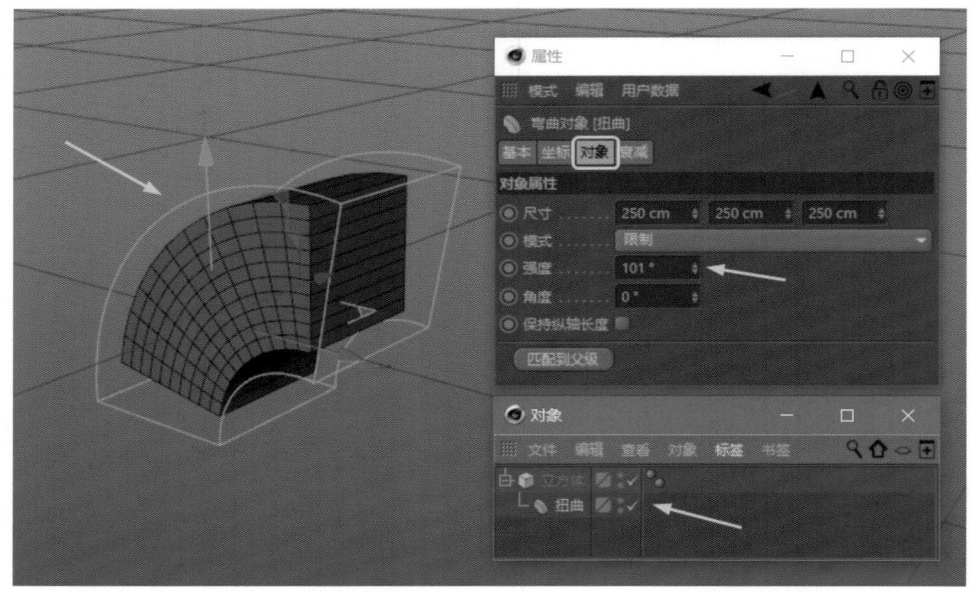


图3-2-44

首先需要注意的是，对象物体，也就是小立方体需要有足够的分段数，才能发生适当的形变，否则扭曲效果就不会理想，可以理解为一个物体要适度“柔软”，有弯曲变形的可能，才能发生形变，否则太“硬”了，无法被掰动而发生形变。其次，需要注意调整变形器和对象模型产生变形的方向与角度，比如在X/Y/Z哪个方向发生扭曲，否则变形效果会应用得不够理想。另外，当多个变形器叠加在一个模型对象时，需要注意上下先后作用的逻辑顺序。

属性\扭曲\对象选项卡下的扭曲对象属性如下。

**尺寸**：3个数值指变形器自身的长宽高，即3个数值输入框从左到右依次代表X/Y/Z轴上扭曲的尺寸大小。

**模式**：设置模型对象的扭曲模式，分别为“限制”“框内”“无限”。限制指模型对象在扭曲框（紫色线框）的范围内产生扭曲的效果；框内是模型对象在扭曲框内才能产生扭曲的效果；无限是指模型对象不受扭曲框的限制。

**强度**：用来控制扭曲强度的大小形态。

**角度**：控制扭曲的角度变化。

**保持纵轴长度**：勾选后将始终保持模型对象原有的纵轴长度不变。

**匹配到父级**：将变形器完整贴合地包裹在立方体外壳上，可以理解为穿了一件合适的“衣服”。

再来看看大多数变形器都有的衰减属性。所谓衰减就是在变形器基础之上，再添加一个可选形状类型的衰减器，产生一个局部减弱的过程，令变形的层次属性更为多样化（图3-2-45）。

属性\扭曲\衰减选项卡下的扭曲衰减属性如下。

**形状**：指衰减器的类型形状，如球体即球状模式衰减，线性即线性模式衰减等。

**反转**：勾选则反转衰减器。

**可见**：默认为勾选，勾选则在视图窗口中的变形器衰减功能的紫色框显示。

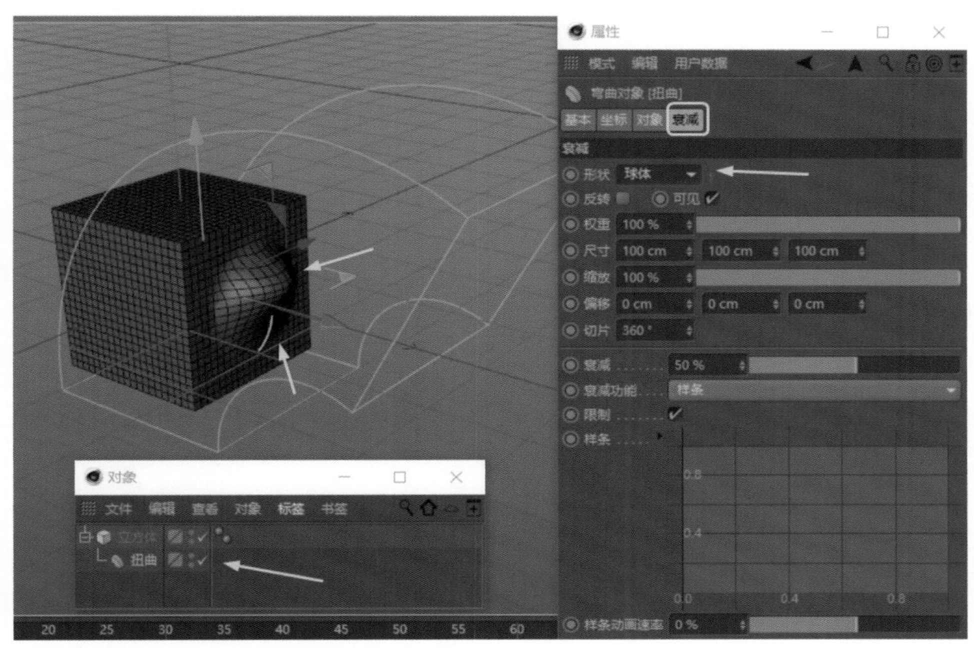


图3-2-45

**权重**：衰减的权重。

**尺寸**：三个数值指衰减器自身的长宽高，即三个数值输入框从左到右依次代表X/Y/Z轴上衰减的尺寸大小。

**缩放**：衰减器整体的缩放大小。

**偏移**：指衰减器相较于变形器从左至右依次在X/Y/Z轴上偏移的位置距离。

**切片**：衰减器作用的切片角度。

**衰减**：衰减的程度。

**衰减功能**：不同的衰减计算方式，比如常用的样条、线性以及平方倒数式衰减等。

**限制**：默认情况下勾选限制。

**样条**：控制样条。

**样条动画速率**：样条动画的速率。

变形器在CINEMA 4D动态图形创作中，往往被拿来设计变形器动画，通过关键帧的各种设置，产生各种有意思、有趣味的小动画，在后面章节也会有案例涉及。

### 3.2.6 雕刻

雕刻也是建模中必不可少的重要工具。和前面的曲面挤压形变等建模思路不同的是，雕刻是模拟现实世界中的雕刻艺术或

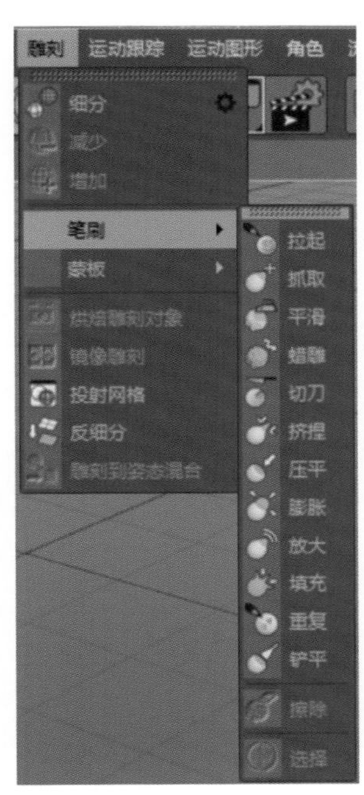


图3-2-46

者说雕刻工艺，雕刻工具就像现实世界的“手”或者“刻刀”，模拟现实造型，进行不规则形态对象的建模。

雕刻对象时，首先对象必须转为可编辑的多边形对象。若想要提高雕刻精度，可以为对象添加主菜单中雕刻下的细分工具，添加后标签栏会出现标签。

在主菜单中选择雕刻>笔刷中的任意笔刷工具，如图3-2-46所示。

不同工具具有参数可调节的不同雕刻效果；当选择一个工具后，按鼠标中键左右移动可以调整笔刷大小，上下移动可以调整力度大小。

同时，可以对雕刻对象使用蒙版对象相关功能，也可进行雕刻对象的烘焙，或者为了对称使用镜像雕刻等。

## 3.3 | 基础元素建模思路

建模时，通过不同的建模工具相互结合使用，会有不同的建模思路。建模是一件不拘一格的事情，不同的方法有可能异曲同工，也可能殊途同归。总体来说，建模思路依据工具组的技术逻辑与思维方式的不同主要分为以下几大类。

### 基础几何体的相互组合

如下图所示，仅仅使用圆柱体的大小调节、封顶设置等，建模得到床头灯基础模型。图3-3-1为模型图，图3-3-2为渲染图。

### 样条线与生成器的结合

以文本样条工具和细长条矩形样条工具建模，通过样条布尔工具运算相减后，再通过挤压样条得到彩色字体模型（图3-3-3）和渲染效果图（图3-3-4）。

### 几何体与造型工具的结合

对基础几何体圆环与球体，应用造型生成工具——融球，得到新模型（图3-3-5）和渲染效果图（图3-3-6）。

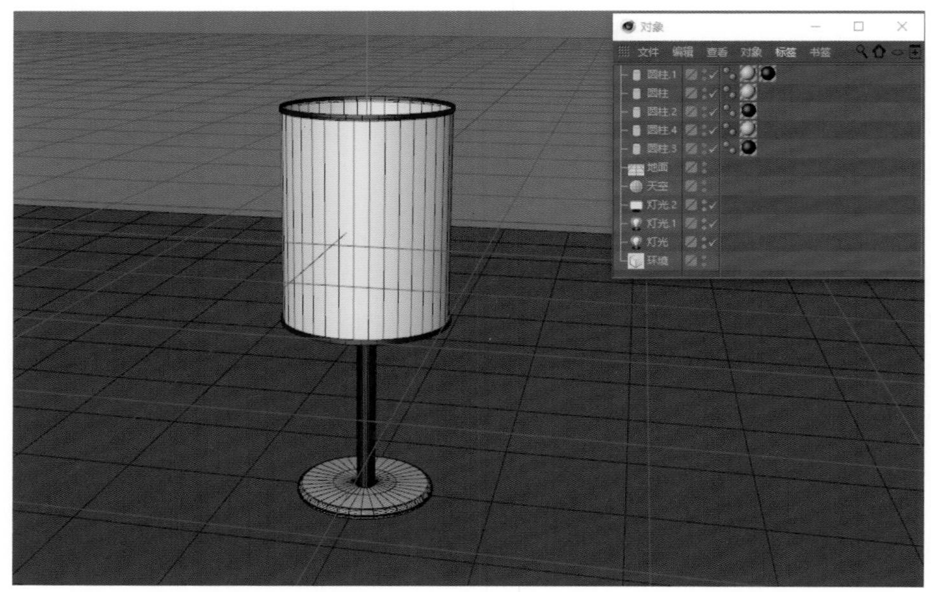

图3-3-1

图3-3-2

图3-3-4

图3-3-3

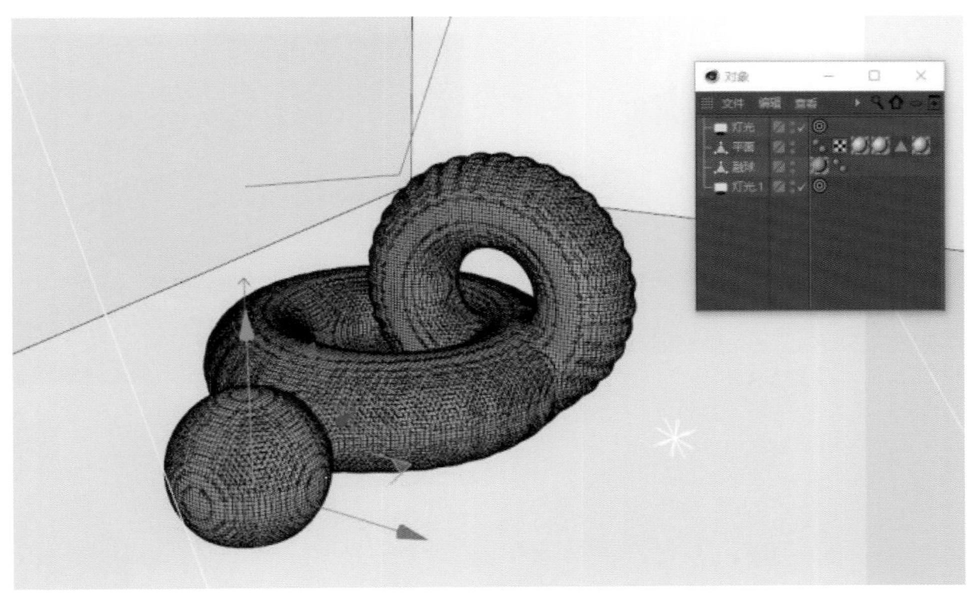


图3-3-5

图3-3-6

## 几何体与变形器的结合

对字体应用网格变形器，可以得到膨胀字体新模型（图3-3-7）和渲染效果图（图3-3-8）。

## 基础几何体的雕刻

在转化为多边形的几何体小方块的基础上进行雕刻，得到枫糖巧克力渲染效果图（图3-3-9），其模型如图3-3-10所示。

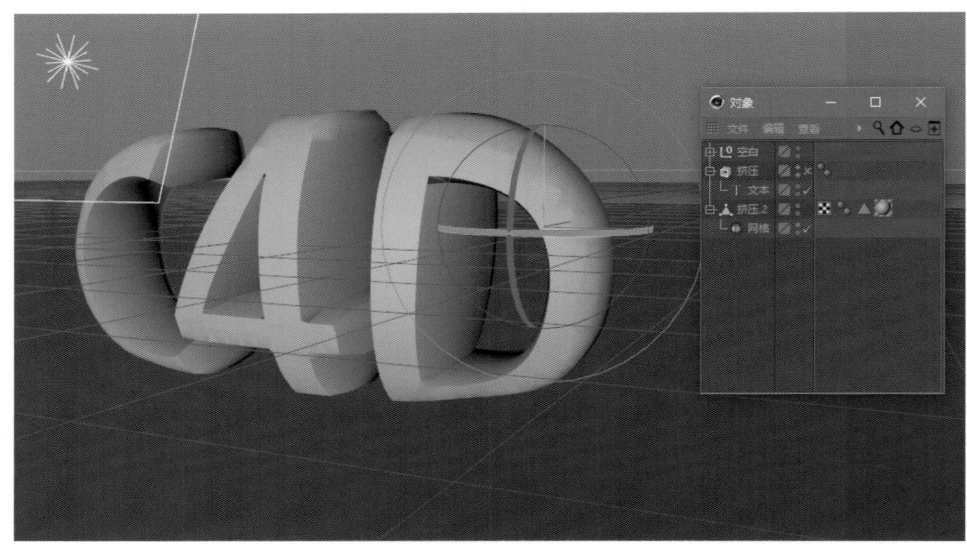

图3-3-7

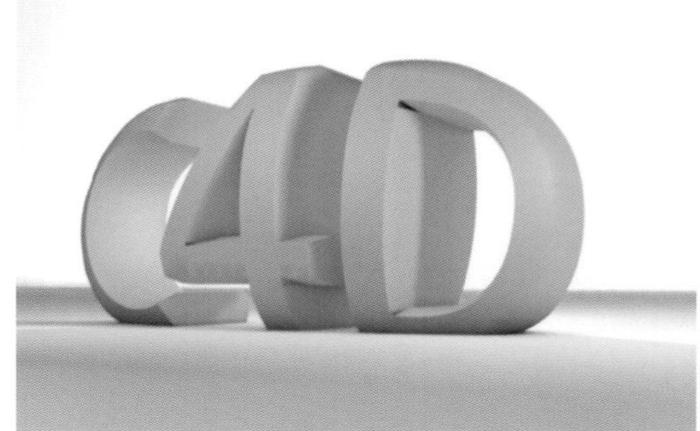
图3-3-8

图3-3-9

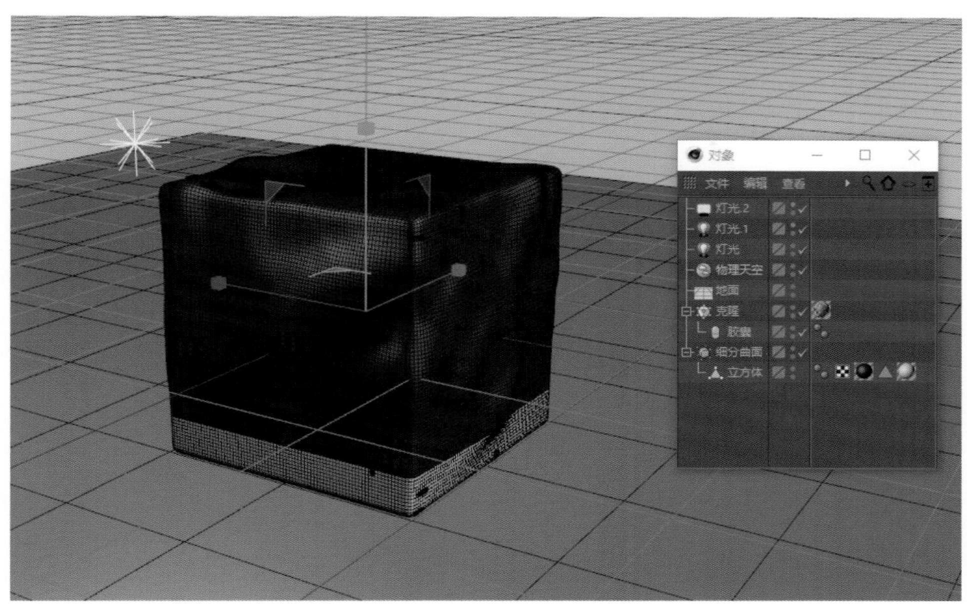


图3-3-10

## 3.4 | 综合案例——2019新年海报

基础建模综合案例2019新年海报的最终渲染效果图如图3-4-1所示。

图3-4-1

### 创意思路

如果希望使用CINEMA 4D创作一个关于2019年的新年海报，那么应定位出什么样的关键词呢？换句话说，怎么开始创意思路的第一步呢？对于创意设计来说，设计师往往面临两个主要问题——命题与草案。我们的作品是否有命题？本案例命题是“2019”，但是并没有一个草案给出具体的设计需要是什么；或者该创作有草案，这种带有草案的案例已经间接性地框定了命题的范围，比如在工作中经常会遇见的广告案例——表现一件商品的奢华、精致与浪漫，这在一定程度上已经给出了创意的思路和范围。

那么，回到2019新年海报，如何开始创意思路的第一步？对于初学者的建议是，广泛阅览，从中汲取灵感、创意、思路、风格、结构、构图、色彩等创作经验，逐步组建起案例的创意思路。对于“2019”来说，在没有草案的命题创作下，我们可以设计出无数种方案、无数种创意，比如可以根据指数等数据关键词的方式寻找备受关心的焦点。图3-4-2所示为来自百度指数的需求图谱。

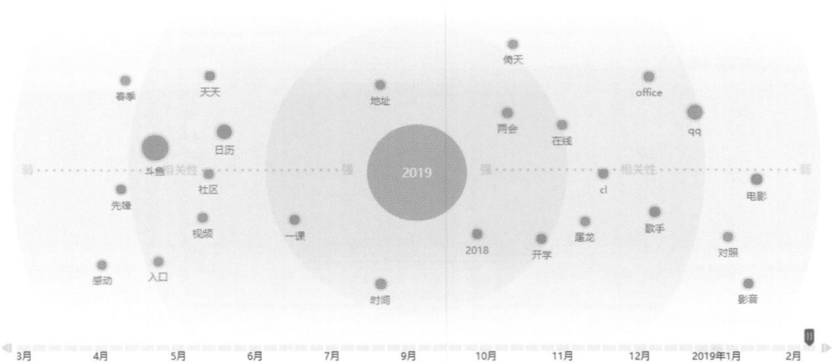


图3-4-2

筛选掉不相关的“社区”“地址”等词汇，以及过于核心的“两会”“2018”等词汇，可以从“电影”这种文化领域中全民性较强的热点词汇入手。结合2019年电影，从春节档中看看电影走向，可以发现科幻片是讨论度较高的热点概念，因而我们将作品的创意关键词定位为科幻。

围绕“科幻”这一关键概念，我们可以进一步确定：

我们可以做一个类似于太空飞船的不规则变形的主体架构；

同时，也可以做一些简单的小元素围绕着主体；

另外，需要营造一定的空间感；

关于颜色，结合新年的命题，我们倾向于避开科幻中太空的星空色系，而是在紫色系基础上选择明快活泼的色调营造新年气象。

## 制作原理

①创建一个基础几何体圆柱，调整半径与高度，使其成为一个可放置其他元素的圆月台造型；启用封顶设置，使其符合现实世界物体的形象，具有一定的圆润边角，不至于太过于边角锋利；同时启用切片属性，只保留四分之一的圆台作为底座一部分；另外，为其创建一个带有现代科技色调的月白色材质球，如图3-4-3所示。

②通过扫描工具，以样条小圆环扫描大圆环；同时，设置其封顶，使圆环边角圆润；最后调整其生长百分比得到和圆形月台相匹配的四分之一圆弧，作为美观与立体的月台边缘装饰；另外，同样给其一个月白色材质球，如图3-4-4所示。

③创建一个布尔对象。布尔对象用于在基础几何体之间做加减交集、并集等运算。如图3-4-5所示，用几何体小方块减去小圆柱体得到图中几何体，注意控制小方块的圆角边缘，将其转化为多边形对象，为其创建一个紫色系的材质球。

④为紫色小方块添加细节装饰，通过扫描工具，得到大圆环被小圆环扫描的对象，赋予其同样的紫色材质球，令其直径大小与小圆柱的孔洞直径一致，作为孔洞接口的装饰（图3-4-6）。

⑤创作一个小立方体，作为类似于空间站的机舱主体，注意设置其大小和圆角值，为其赋予与月台相同的月白色材质球（图3-4-7）。

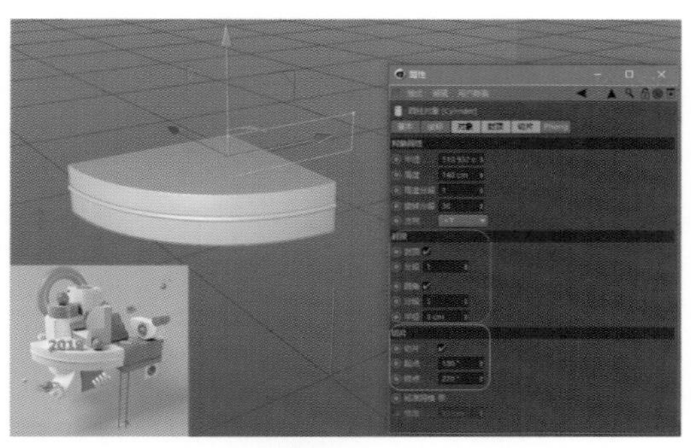
图3-4-3

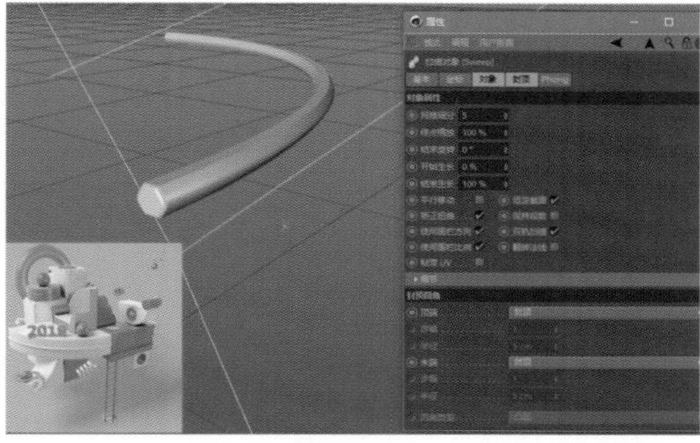
图3-4-4

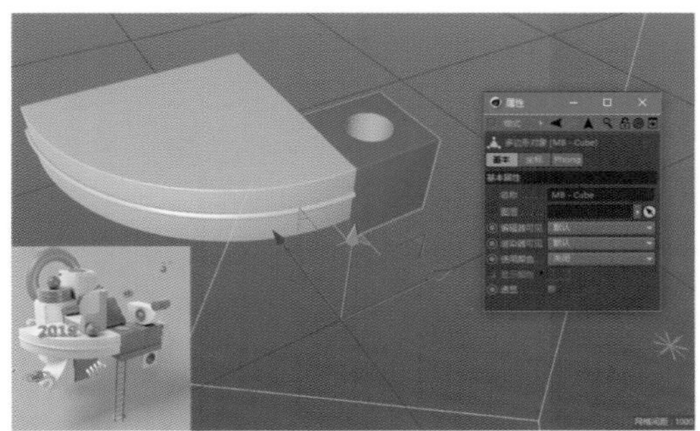
图3-4-5

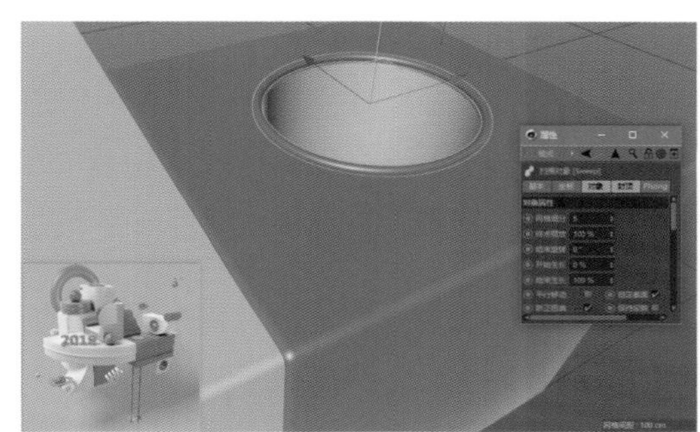
图3-4-6

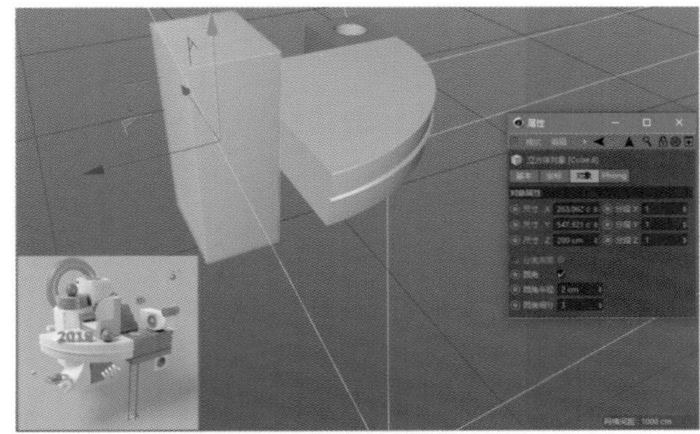
图3-4-7

图3-4-8

⑥创建一个矩形样条，对其进行挤压，得出一个机舱门的装饰部分；同时创建一个半径很小的圆形样条，复制多个，整齐排列出3*11个；用样条布尔工具，以机舱门矩形减去复制的小圆形得到门板上的孔洞，同样为其赋予相同的月白色材质球（图3-4-8）。

⑦同样创建两个圆柱几何体，调整半径、高度、封顶值，同时应用切片属性，得到对面放置的两个半圆，为其中一个半圆赋予紫色材质球，为另一个半圆赋予橙色材质球，以便看得清楚。图3-4-9为其中的紫色半圆部分。再来看圆滑，同样为小圆环扫描大圆环，注意调整圆环大小，得到刚好框在两个半圆外的装饰部分，为其赋予与另一个半圆相同的橙色材质球。

⑧在对象面板中，按住Ctrl键加选，将机

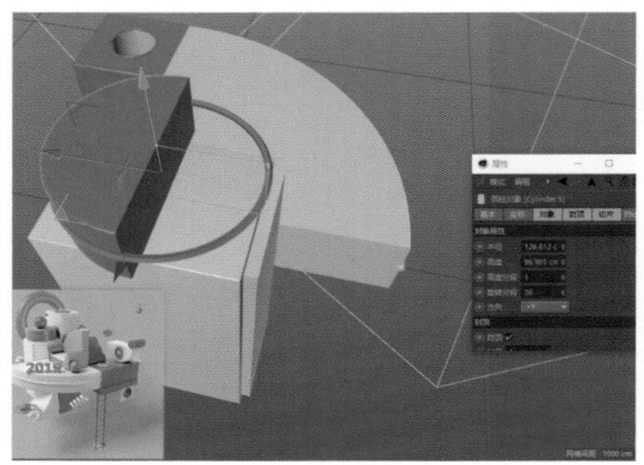
图3-4-9

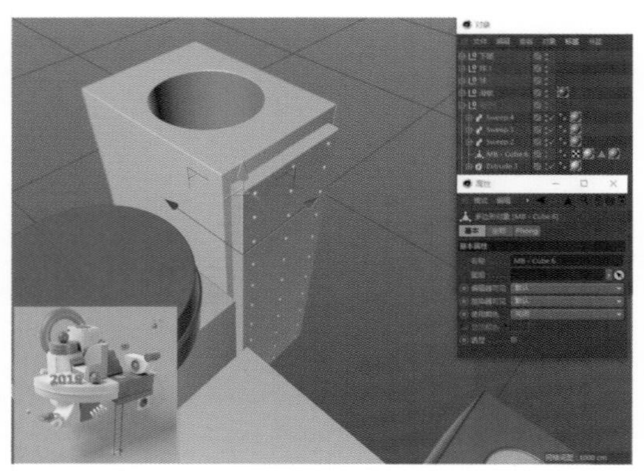
图3-4-10

舱和机舱门同时选中，被选择对象同时呈现橙黄色，按住Alt+G将两个对象打一个组。选择该组，按住鼠标中键将组及组内对象全部选中，点击鼠标右键选择连接对象，得到一个可编辑的单独对象，该对象即一个新复制的带门机舱，将其水平旋转90°，放置在原机舱旁边；为使其达到一定的逼真度和细节程度，创建一个布尔对象，用该机舱减去一个小圆柱体，得到一个带门洞的机舱，如图3-4-10所示。

⑨为机舱孔洞制作扶手，进入右视图绘制样条线，可以打开捕捉工具，启用量化捕捉，可以绘制横平竖直的规整样条线，选中两个顶点，点击鼠标右键选择倒角，拉动鼠标得到圆角样条线；创建一个扫描对象，以小圆环扫描样条线，得到如图3-4-11所示的扶手栏杆细节，选中该扫描对象，复制相同的扶手栏杆放置；再创建一个扫描对象，以小矩形框扫描大圆环，得到孔洞口的外边缘细节，为三个对象赋予相同的蓝色材质球。

⑩创建一个小方块作为二级阶梯，注意调整其大小和圆角边缘，赋予其紫色材质球；绘制样条线，创建扫描对象小方块扫描样条线，为其赋予相同的紫色材质球，得到如图3-4-12所示的效果。其中，波浪样条线的绘制后面章节会涉及。简单来说，绘制样条直线，四个点构成三段线段于一条直线上，进入点模式，在视图窗口点击鼠标右键，在弹出窗口中选择柔性插值方式，按住Shift键拖动点两侧的黑色小手柄，可以得到波浪形样条线；同时，在矩形的属性设置中要将宽度与图中其他几何体对齐，以保证波浪形小滑板与方块阶梯一致。

⑪月台上类似于沙发的装置，基本是用基础几何体拼合而成的，首先创建一个被赋予橙色材质球的圆滑边缘小方块，设置其长宽高，作为沙发底座；然后创建较为窄小的小方块，用作沙发坐垫，赋予其月白色材质球；接着，对于一边的沙发扶手，用样条线绘制弧线并进行挤压，赋予其蓝色材质球；另一边的扶手由一个圆柱体和一个小方块矩形组成，同样注意大小设置与圆滑边缘，赋予其紫色材质球；最后为大靠背制作一个圆柱体，应用封顶平滑边缘，使切片保留四分之一的形状，并赋予其蓝色材质球（图3-4-13）。

⑫创建一个橙色材质球的小方块继续作为月台的拓展部分，注意圆滑边缘；在其上制作一个圆柱体的半圆，应用封顶与切片创建一个布尔对象，用一个小圆柱体减去中间部分，得到有孔洞的半圆，将其转为一个多边形对象，为其赋予月白色材质球；

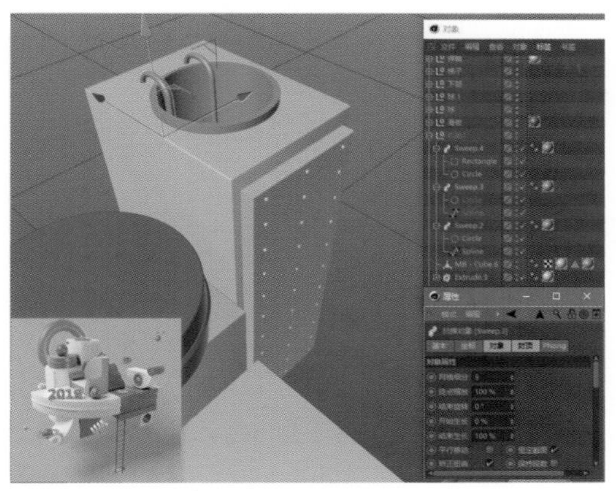
图3-4-11

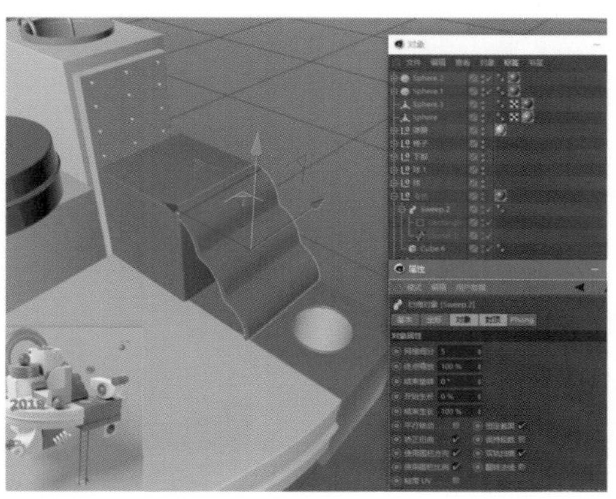
图3-4-12

图3-4-13

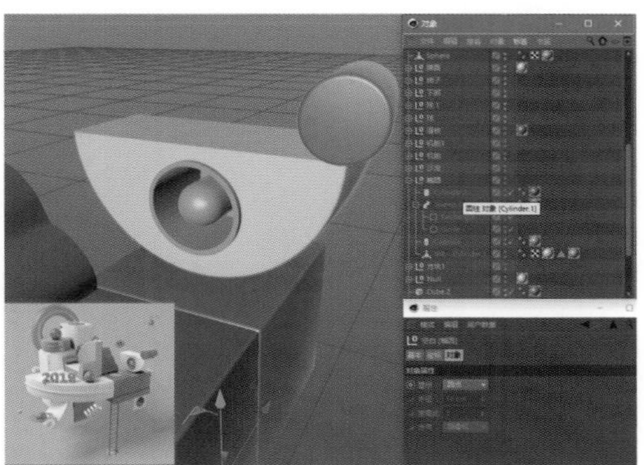
图3-4-14

再创建一个扫描对象作为孔洞的边缘，以小矩形扫描大圆环，同样赋予其蓝色材质球；最后再分别创建一个蓝色胶囊体放置在孔洞中心，一个紫色小圆柱放置在半圆一侧，得到如图3-4-14所示的效果。

⑬为月台拓展部分创建靛色小方块作为细节装饰；制作一个云梯，先创建两个细长条圆柱体，至于中间的横栏，用多边形扫描一根样条直线，得到一个小六棱柱体，然后使用克隆工具（该功能后面会详细讲解，这里用复制的方法也可以），得到云梯的台阶（图3-4-15）。

⑭补齐最右侧和最下方的两个圆弧形斜坡，使用挤压工具挤压圆弧样条线，赋予其月白色材质球（图3-4-16）。

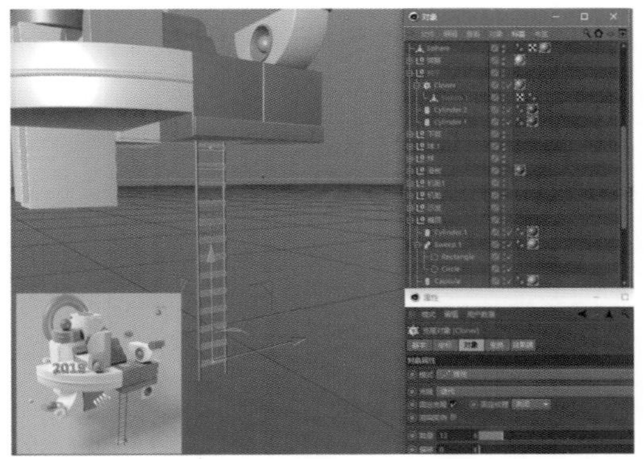
图3-4-15

⑮创建一个靛色小方块放在底座，用一个四分之一切片的圆柱体减去另一个小圆柱的布尔对象，得到一个带孔洞的四分之一圆柱体，设置其成为单独可编辑对象

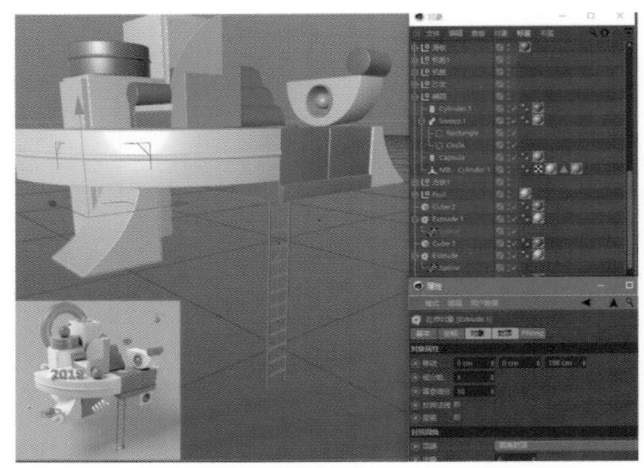

图3-4-16

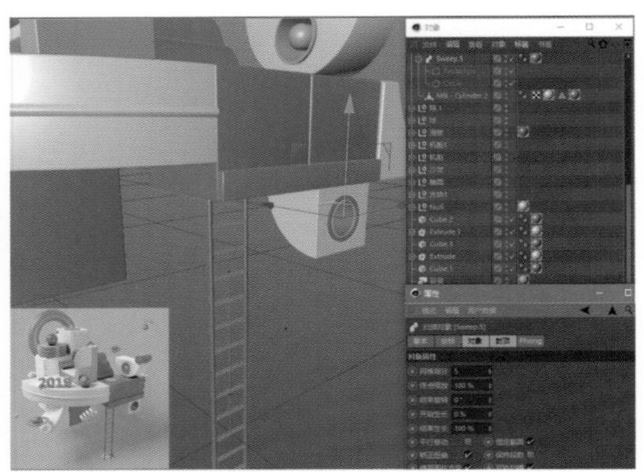

图3-4-17

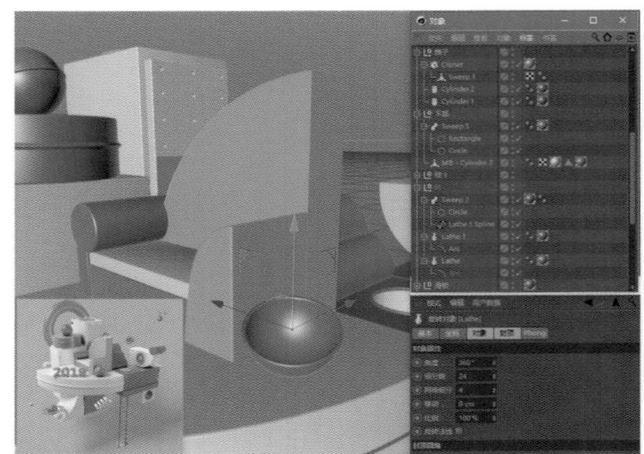

图3-4-18

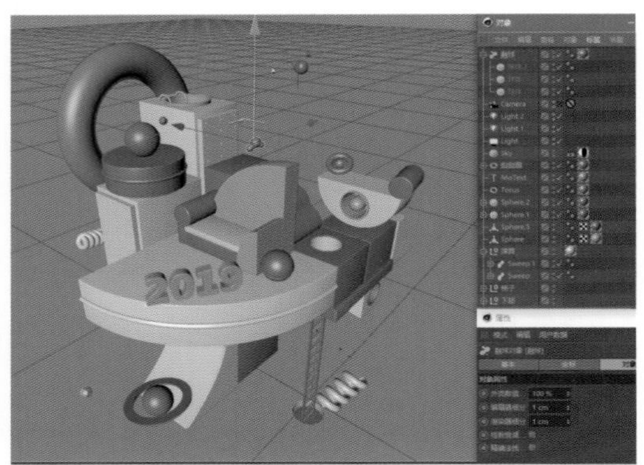

图3-4-19

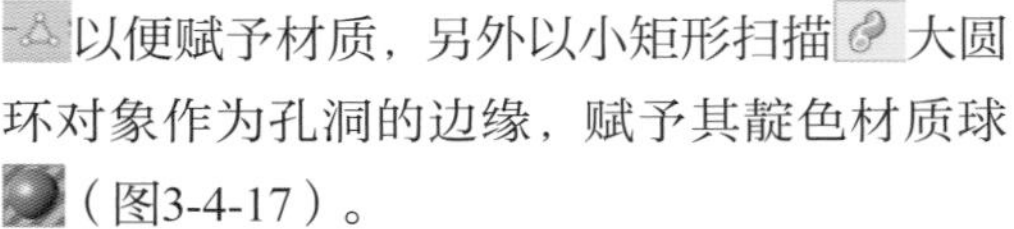

以便赋予材质，另外以小矩形扫描大圆环对象作为孔洞的边缘，赋予其靛色材质球（图3-4-17）。

⑯可以制作一些点缀周围的装饰物，用来营造空间的科技感。其中，位于月台上星球的小球，可以通过扫描一个圆环作为中间装饰物，赋予其橙色材质球；至于两个半球，分别使用旋转工具旋转一个四分之一圆弧样条线，得到两个半球，并分别赋予其橙色和紫色材质。制作好后，选中三个对象，按Alt+G打为一组。选择该组后复制一份，放置在机舱上方（图3-4-18）。

⑰分别制作一些其他的点缀物，比如球体、圆环、宝石体、角锥、小圆环扫描的螺旋线、三个球体组成的融球对象、立方体减去圆柱体的布尔地面对象，以及点题的2019运动图形文本，并分别赋予它们不同的颜色材质（图3-4-19）。

⑱关于灯光与区域光、摄像机及其保护标签、物理天空，以及渲染设置，在后面章节会逐步讲解。

## 设计逻辑与要点

在整个制作过程中，可以得到设计逻辑：从主体到部分，从大块到细节，从简单到复杂，步步分解，逐步完成基础建模。

设计要点如下：

能够尽量使用最少步骤、最简便、最高效的方式。

能够使面和网格线的分布尽量规则与优化。

相同元素不必反复制作，可采用复制操作，选择对象后复制（Crtl+C）并粘贴（Crtl+V），也可以选择对象后按住Ctrl，直接在对象面板进行拖动。后面章也会讲到运动图形克隆工具。

在简约明快的色块方式设计中，相同色系的对象尽量使用同一个材质球，不仅可以节约计算资源，也可以使着色配色方案清晰整洁。

建模方法多样，并不局限于一种，比如在不追求详细细节如是否空心的小星球上，选择旋转工具的同时，也可以直接使用小球体。

转化为可编辑对象时，可以选择保留复制一份，以备修改之需。转化的可编辑对象可以进入面模式，选择不同面进行不同材质着色，也可以进一步进行布尔等生成器的运算建模。

为了视觉上的呼应感与复现感，对于形状相同的对象，其大小应尽量保持一致、排列应尽量控制整齐，如作品中几个不同颜色的小方块应排列整齐、大小一致，又如被减去的布尔对象也出现在图中，使其看起来就像可以再次拼合回去。同时，需要注意不同视图的切换选择，逐步完善创作，以便通过各项方法的综合运用，达到随心所想创作动态图形的目的。

扫码看案例高清图

# 空间认知

## 4.1 | 空间认知

在现实生活中，任何物体都存在于三维空间之中，也就是所谓的欧几里得真实空间：无限、无边无际，内部由长、宽、高三个维度构成；任何物体都有高度、宽度和深度，所以在三维空间中，我们可以依据这三个尺寸，控制它们的位置、大小和体积，从而令这些元素成为我们的创作基础。

在三维空间中，空间可以理解为元素之外的部分，它们也有形状、线条、字体或者图像等形态。空间也有可能因为排列或者缩放元素，相互产生看不见的作用力，从而改变空间的位置与体积。利用空间，可以非常有创意与有成效地进行信息设计与艺术表现的突显、次序、强调等。

### 虚拟空间

我们通过探索不同维度的空间属性来理解计算机，从而了解其对创作动态图形的影响。虚拟三维空间中对象的放置来自对现实世界的模仿，从而在屏幕上通过相互之间的空间互动关系来影响观众的感知。二维、2.5维、三维、立体三维和体感三维空间都有不同的空间属性：二维空间只有X与Y两个轴向，呈现出来的就是我们最常见的屏幕；而2.5维指的则是一个不完全二维但也不是完全三维的制作方式，主要利用视差来形成本身是二维但是看起来是三维的效果，这种效果是一种纵深感，如图4-1-1所示；三维空间是计算机生成图像，创建一个可以从各个角度旋转观察的立体模型，包括上色、添加虚拟灯光和摄像机、拍摄一系列镜头；立体三维空间需要配合观察仪，如3D眼睛等；体感三维与虚拟现实技术相关，也就是在沉浸环境或者增强现实环境中，通过头戴显示器（VR）或者通过移动设备摄像头读取叠加在真实环境中的图像信息（AR）。

图4-1-1

### 设计空间

一般情况下，我们谈到设计这个概念，很少从空间的角度出发，这是因为最早的设计来自于静态图形设计。静态图形的空间就是我们手绘创作时的画布或者用计算机设计时的屏幕，它们有多大，我们的图形设计范围就有多大，这个设计平面是纯二维的，在XY维度上是有限的，我们只能尽力以艺术创造去模拟、绘制悠远的深度，哪怕实际上Z轴深度为0。而进入动态图形设计，Z轴仍然是没有深度的，我们多出来的只是时间这个维度因素，它极大地拓展了原本静态设计空间所能呈现的空间范围和Z轴深度。

### 空间属性

我们考虑空间时，一定要多层次地理解它所包含的属性，包括广度、边界、深度、结构以及力场。空间广度是无限的，而三维设计空间的广度仅仅体现在我们创建的摄像机所拍摄的屏幕部分，摄像机没有拍摄到的部分在三维软件中是被设计好而存在的，随着时间维度的单向向前，以及摄像机的拍摄运动，这些空间中被设计好的图形图像被一一“拍摄”而呈现出来，因而空间的边界事实上是显示出的边界，这个边界随着屏幕边界的变化而发生改变；空间的深度在真实世界是通过人两眼之间的像差来判断的，而在设计空间中，这种深度感与我们的“完型心理”感知相关，我们可以通过物体的比例关系和方位关系来判断远近，会下意识地“完型”出空间还有无限远，因而我们可以灵活地设计空间深度上的远近变化。

空间结构包含场景、图底、对象的结构关系，有时还包含一些隐含结构关系，在动态图形设计中可以巧妙运用来拓展我们的创作思路；在平面设计中，空间力场是通过空间与对象之间的位置关系来给人营造一些力的感受，比如贴近边缘的引力、远离的斥力、膨胀感、压缩感等，有时也通过对象自身的形变体现空间中力给人的感受。在动态图形设计中，这种感受被更好地强化，甚至在三维软件中应用动力学可以完全模拟现实力场，图4-1-2 ~ 图4-1-5分别体现出了空间引力、吸力、压缩与膨胀感。

图4-1-2

图4-1-3

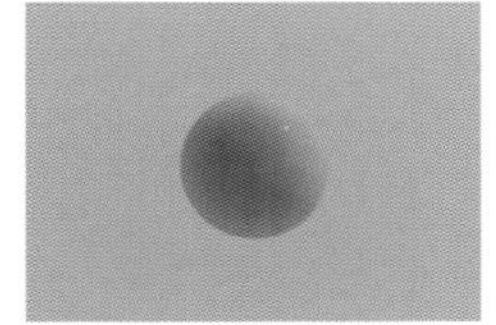

图4-1-4

图4-1-5

## 4.2 | CINEMA 4D的三维空间

人自出生起，对方向和位置的感知便来自五感的综合判断，而当我们在三维空间中创作动态图形时，便不能完全依靠于现实世界的经验判断了。在人为创造出的三维虚拟空间中，物体对象的具体位置需要使用一组术语来描述，来定位它与设计师、与观察者之间的位置关系，这种术语便是坐标系，也就是我们常说的X、Y和Z。

平面设计空间上的物体位置，往往由两个数字构成，分别描述物体表面距离水平的X轴更靠近左边还是右边，以及距离垂直的Y轴更靠近上侧还是下侧，X、Y值便是物体在空间中的坐标值，当X=0，Y=0时，就是坐标系统的原点位置，这个点往往在平面设计空间的左上角，也可以是空间的中心或者任意指定位置。

三维空间需要依靠什么来定位呢？我们创造出景深即第三个维度——Z轴，以一个虚拟的方向，朝着垂直于屏幕的方向，伸入屏幕；物体在Z轴上，往往是越靠近屏幕，物体变得越大，越远离屏幕向内，则物体变得越小。尽管屏幕明明是一个二维平面，我们却始终能从视觉效果上感知到这种由现实三维记忆与经验所奠定的设计真实感，让我们相信物体对象延伸进屏幕。有时我们定义整个虚拟空间与视觉框的位置关系时，Z轴不光与整个几何环境有关，也和单个对象的运动有关，所以也会出现Z轴在水平横向上横穿屏幕而不是在屏幕上延伸消退的现象。

## 4.3 | CINEMA 4D的灯光

### 4.3.1 常见的灯光类型与参数

空间是通过光来让人类感知的。在真实世界中，日升月落，万家灯火，光往往预示着美好、希望；虚拟构建的三维世界同样需要光，在没有任何光源的情况下，三维场景是一片黑暗的，需要灯光才能照亮整个场景世界。也就是说，在这个世界中，灯光所及之处就是我们所能感知到的整个空间，它影响空间的广度、深度与边界。

#### 灯光如何创建?

当我们打开一个场景新建一个文件时，系统会默认有一个光源灯来照亮整个场景，以便于像现实世界的自然光——太阳光一样，能够在建模或做其他操作时看清物体。一旦我们在场景中新建一个灯光对象，这个默认光源就失去作用了，系统就会将新建的灯光作为场景光源。默认灯光在场景中是与默认摄像机相关的，当我们改变视角后渲染时会发现，默认灯光的角度也会随之发生改变。默认灯光的照射角度可以通过“默认灯光”对话框来单独改变，在视图中选择菜单栏>选项>默认灯光，在弹出对话窗口中按住鼠标转动，即可改变角度（图4-3-1、图4-3-2）。

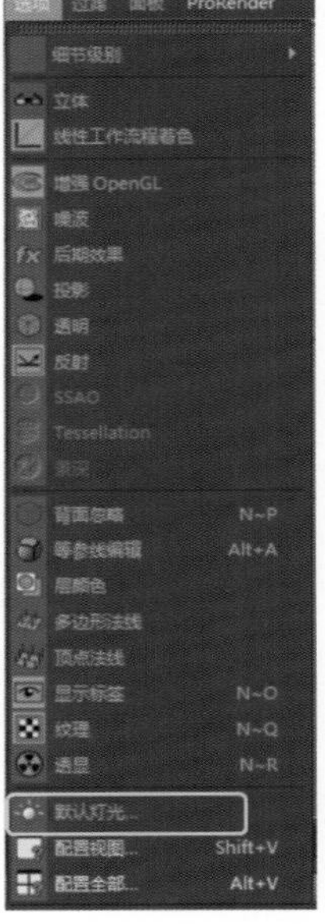

图4-3-1

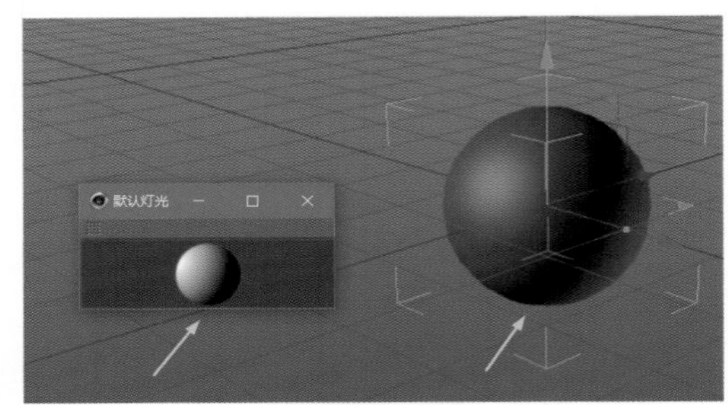

图4-3-2

创建灯光方式：①选择主菜单中创建>灯光下的任意灯光类型；②长按工具栏💡，在弹出窗口中选择需要的灯光类型（图4-3-3、图4-3-4）。

图4-3-3

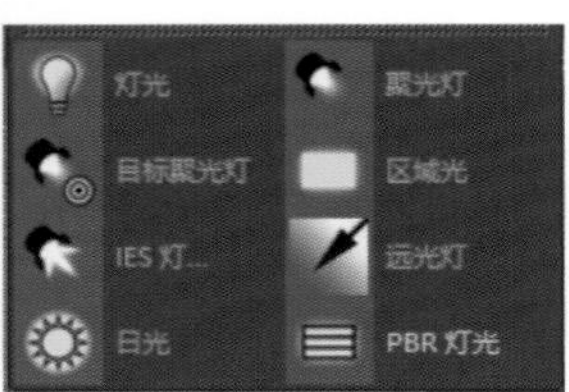

图4-3-4

### 常用灯光有哪些？

**灯光**，也叫泛光灯，是最常见的灯光类型，光线从单一的点向四周发射出来，类似于现实世界中的灯泡。当我们移动灯光位置时可以发现，和被照射对象的距离越远，它可以照亮的空间范围就越大。

**聚光灯**，其种类有多种，有后面讲到的“目标聚光灯”“IES灯”“四方聚光灯”“圆形平行聚光灯”以及“四方平行聚光灯”，前两者可以通过菜单栏或者工具栏图标来创建，后面的则需要在灯光属性中的常规>类型下选择。

聚光灯就像生活中的手电筒、舞台上的追光灯，常常用来突显重要对象。其光线都是向一个方向呈锥形发散。选择灯光对象会发现在圆锥形的圆盘底面上有5个黄点，其中在圆心处的黄点调节灯光的光束长度，位于圆周上的黄点可以调整整个聚光灯的光照范围。默认创建的聚光灯位于世界坐标轴的原点，光线由原点向Z轴正方向照射，如图4-3-5所示。

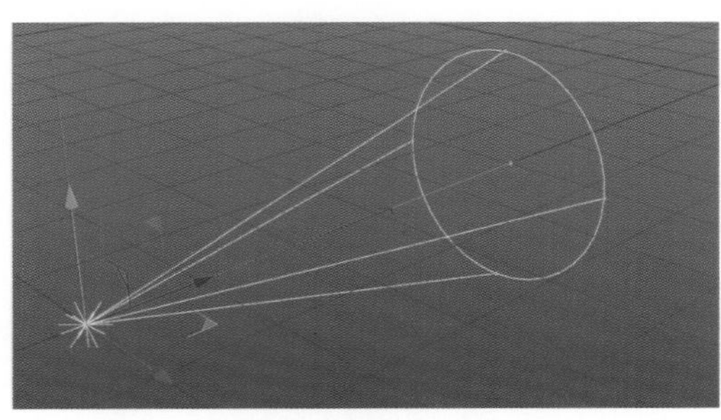

图4-3-5

四方聚光灯、圆形平行聚光灯、四方平行聚光灯的区别则在于形状。可根据形状来制作投影灯、车灯等，如图4-3-6所示。

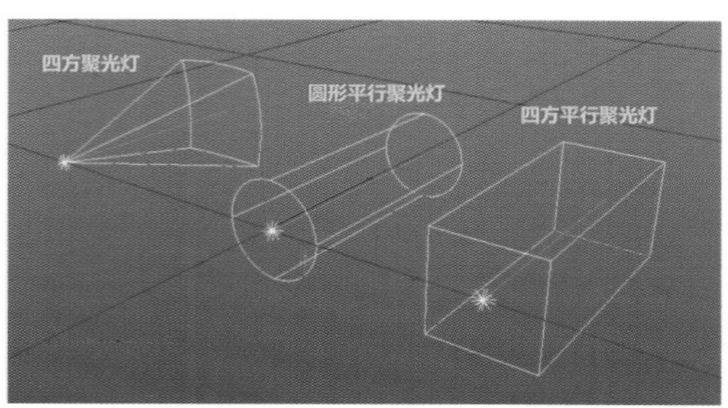


图4-3-6

**目标聚光灯**，聚光灯的一种，光线同聚光灯一样，都是向一个方向呈锥形发散，圆锥底盘5个黄点，中心原点调节光束长度，圆周四点调整光照范围，而默认创建的目标聚光灯自动照射在世界坐标轴的原点，也就是说，目标聚光灯的照射目标为世界坐标轴原点，如此，默认创建的对象会刚好被目标聚光灯照射。而目标聚光灯与聚光灯最显著的区别在于在对象面板中随之产生的“目标表达式”标签和“灯光.目标.1”对象，在这里，可以更改目标聚光灯所照射的目标对象，移动目标点可以更改聚光灯照射目标（图4-3-7）。

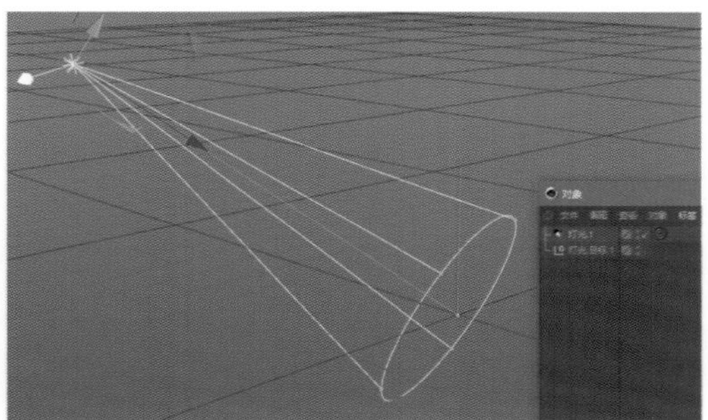

图4-3-7

**LES灯**，指一种文件格式。在三维软件里，如果给灯光指定一个特定的文件格式.LES，就可以使之产生与现实生活中相同的发散效果。不同的发散效果是模拟现实生活中不同的灯光图案，灯光图案来自不同的灯制造出来的光域网。光域网是一种关于光源亮度分布状况的三维表现方式，存储在.IES格式文件当中。它是灯光的一种物理性质，决定光在空气中发散的方式。不同的灯在空气中的发散方式是不一样的，如手电筒是发射光束，台灯、顶灯各有不同的图案。在CINEMA 4D中创建IES灯时，会弹出一个窗口，提示加载一个.IES文件，对于这种文件也可以使用预置文件，即在窗口>内容浏览器>预置>Visualize>Presets>IES Lights文件中，选择一个直接拖入灯光属性面板中的光度>光度数据文件名中即可。需要注意的是，需要将灯光属性面板中的常规>类型中将类型调整为IES灯光类型，如图4-3-8～图4-3-10所示。

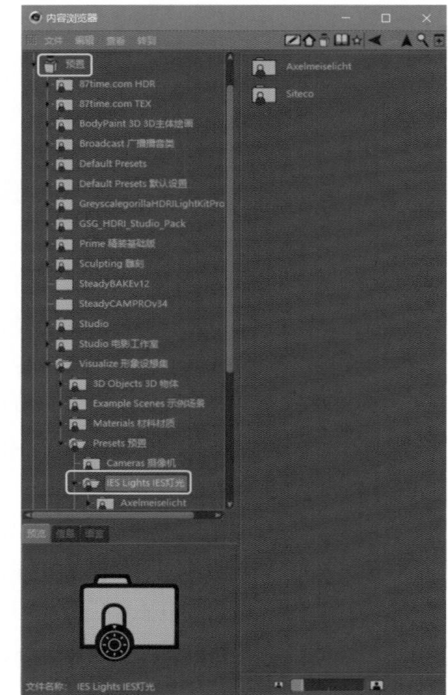


图4-3-8

**远光灯**，远光灯是沿着某个固定方向平行传播的，没有距离的限制，除非为其定义了衰减，否则没有起点和终点，常用来模拟自然光；同时也包括我们常说的平行光，这可以在灯光属性面板的类型下选择，平行光和远光灯的区别在于有起点，即将物体放在反面不会被照亮，如图4-3-11所示。

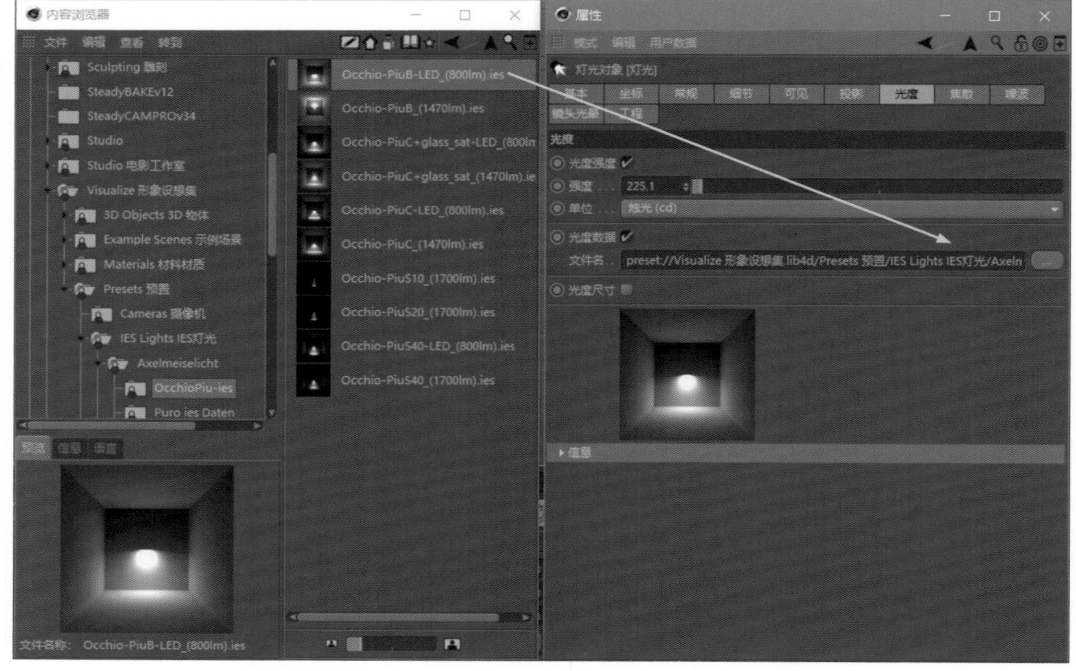


图4-3-9

图4-3-10

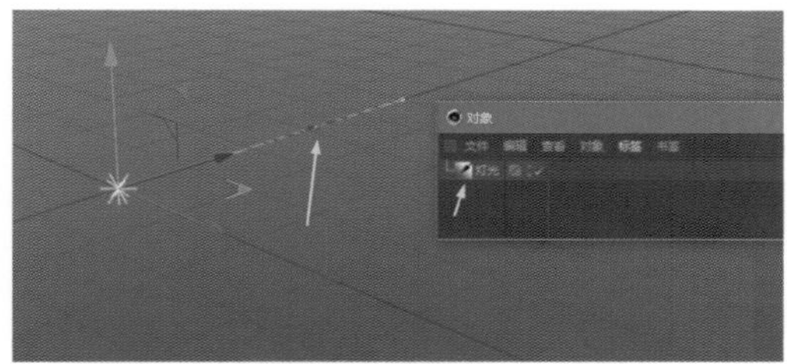
图4-3-11

**区域光**，区域光是光线沿着一个区域向周围各个方向发射光线，形成一个有规则的照射平面。区域光均匀柔和，属于常用光源类型，经常用来模拟自然光、室内窗投射光，在创作中常用来模拟摄影效果中的反光板。默认区域光是一个矩形的面，可以通过调节矩形框上的黄点来改变区域的大小，也可以通过属性面板的细节选项卡>形状中的参数来控制调节，如图4-3-12所示。

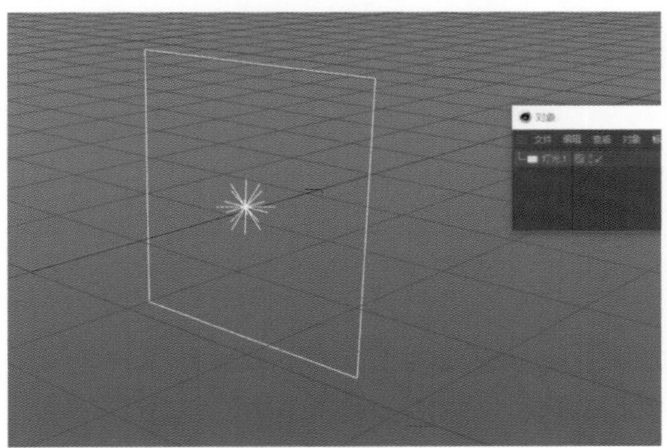
图4-3-12

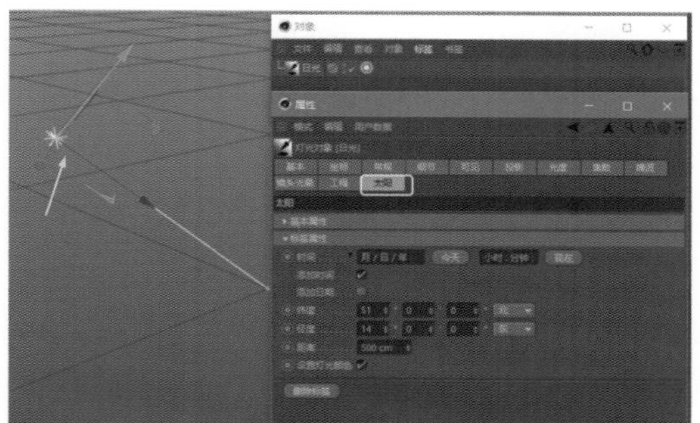
图4-3-13

**日光**，用来模拟真实世界中太阳照射的光线，可以通过属性面板中太阳选项卡的时间等参数来调整（图4-3-13）。

### 灯光常用的设置参数有哪些?

灯光参数大部分相同，有些特殊灯光在细节选项卡下控制各种灯光的细节参数，下面以普通灯光为例进行说明。

在常规选项卡下，主要设置灯光的常规基本属性，包括颜色、强度、类型、投影等参数，如图4-3-14所示。

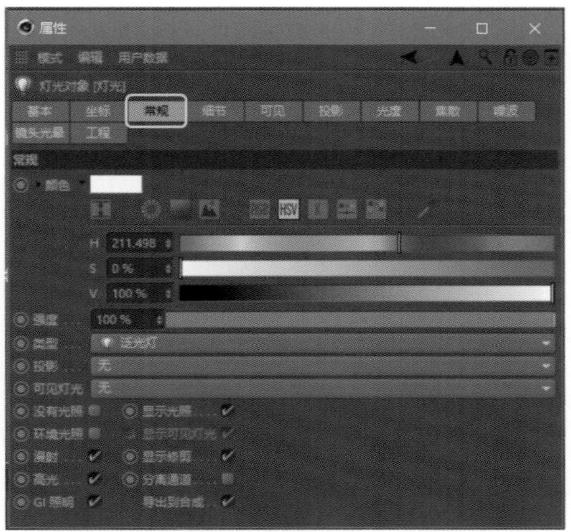

图4-3-14

**颜色**：用于设置灯光的颜色，有RGB模式、HSV模式、色轮、色块、图片取色、取色器等细节设置。

**强度**：设置灯光的照射强度，也就是灯光的亮度，数值范围没有明确上限，拖动以加大强度，0%代表没有光线。

**类型**：更改灯光的类型，可以直接转换为其他类型的灯光。

**投影**：设置灯光的投影方式，包含“无”，没有投影，即不会产生阴影；“阴影贴图（软阴影）”指灯光照射在物体上得到相对柔和的阴影，边缘相对模糊；“光线跟踪（强烈）”即产生形状清晰且较为强烈的阴影，边缘处没有模糊边界；“区域”即阴影会根据光线的远近产生远处模糊近处清晰的真实阴影效果。

**可见灯光**：用来在场景中设置是否可见以及可见的类型，包含“无”即灯光在场景中不可见；“可见”表示在场景中可见，且形状由灯光的类型决定，选择后灯光在视图中会显示拖拽调节的球形，拖动黄点可以调节光源的大小；“正向测定体积”指物体被照射后产生的体积光，阴影的衰减效果被减弱；“反向测定体积”即在普通光线产生阴影的地方同样会发射光线，达到一种发散的特效。

**没有光照**：勾选后场景不显示灯光的光照效果，只有当灯光为“可见”“正向测定体积”以及“反向测定体积”时，光源仍然可见。

**显示光照**：勾选后，视图中会显示灯光的控制器线框，默认为勾选。

**环境光照**：光线照射的角度会决定物体对象表面被照亮的程度，勾选环境光照后，物体上的所有表面亮度都相同，也可以在细节选项卡中调节衰减来达到。

**显示可见灯光**：勾选后，视图中可显示可见灯光的线框，用来调节光源大小等。

**漫射**：不勾选时，灯光照射到物体上，物体的本身颜色被忽略，高光被照亮。

**显示修剪**：勾选时，线框显示灯光的修剪范围，可以精确调整修剪范围，在细节选项卡中可以调节远近修剪，默认为勾选。

**高光**：默认为勾选，显示灯光投射的高光效果。

**分离通道**：在渲染场景时，漫射、高光和阴影在勾选后将被分离出来并创建为单独的图层，可进行分层渲染，注意在“渲染设置”窗口中需要设置相应的多通道参数。

**GI照明**：即全局光照照明，会增加渲染效果的层次感；若取消勾选，场景中的物体对象之间不会产生相互反射光线。

**导出到合成**：将灯光设置导出到合成。

在细节选项卡下，主要设置细节参数。除了区域光之外，大多灯光的参数相同，只有个别激活参数有细微区别，如图4-3-15所示。

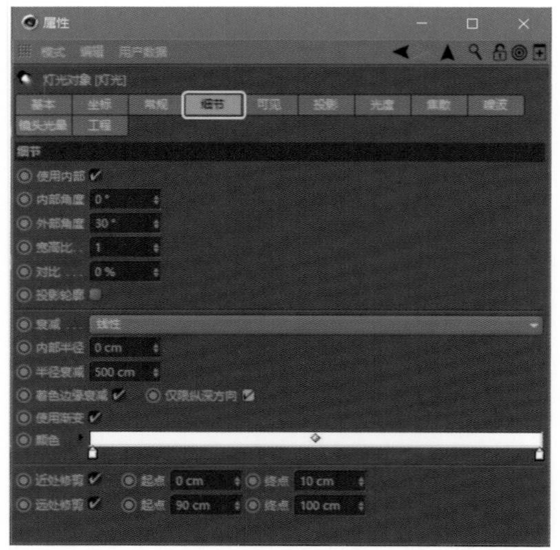


图4-3-15

**使用内部/内部角度**：勾选后，激活内部角度参数，通过调整可以设置光线边缘的衰减程度，数值越高边缘越硬，反之则越柔和；该选项只能用于聚光灯类型，根据聚光灯类型的不同，如在“圆形平行聚光灯”类型下，“内部角度”参数会更改为“内部半径”。

**外部角度**：用于调整聚光灯的照射范围，通过灯光对象线框上的黄点也可调整。需要注意的是，内部角度数值不可超过外部角度。

**宽高比**：标准的聚光灯是一个锥形线框，该参数指锥形底部圆的横向宽度和纵向高度比值，取值范围为0.01～100之间。

**对比**：控制光线照射在物体对象上的明暗变化过渡。

**投影轮廓**：在常规选项卡中，若强度为负值则在渲染时可以看到投影的轮廓；在实际运用中，当光源过多时，很少设置参数为负值，否则会使画面凌乱，通常禁用其他光源投影，只勾选合适位置的单个光源投影轮廓。

**衰减**：正常光源在现实生活中可以照亮周围环境，而又被环境所吸收，这导致光的能量减少、光源变弱，即随着距离产生衰减；在CINEMA 4D中，包含“无”“平方倒数”“线性”“步幅”“倒数立方限制”几种类型。

**内部半径/半径衰减**：内部半径用来定义一个不衰减的区域，从内部半径的边缘开始衰减，而半径衰减即衰减的半径大小；只有当衰减方式为线性时，内部半径才被激活。

**着色边缘衰减**：只在聚光灯类型下，勾选“使用渐变”可以调整渐变颜色。

**仅限纵深方向**：勾选后，光线沿着Z轴正方向发射。

**使用渐变/颜色**：用于设置参数衰减过程中的渐变颜色。

**近处修剪/起点/终点**：勾选后灯光对象会出现蓝色线框显示的球体；起点指内部球体的半径；终点即外部球体的半径。

**远处修剪/起点/终点**：勾选后灯光对象会出现绿色线框显示的球体；起点控制投射在对象上的光线的过渡范围，范围内不产生过渡；终点控制投射在对象上的光线范围，范围外将被修剪。

除了普通灯光之外，区域光的细节选项卡中某些属性有所不同。在区域光的细节选项卡下，有如下选项（图4-3-16）。

**形状**：用于调节区域光的形状，包括“圆盘”“矩形”“直线”“球形”“圆柱”“圆柱（垂直）”“立方体”“半球体”“对象/样条”等多种应用方式。

**对象**：当“形状”为“对象/样条”时激活，可以将对象窗口中的样条线或多边形拖拽进来作为区域光的对象形状。

**水平尺寸/垂直尺寸/纵深尺寸**：设置在X/Y/Z轴方向上的尺寸大小。

**衰减角度**：设置光线的衰减角度，幅度在0°～180°之间。

**采样/增加颗粒**：当物体表面被几个光源照射时，需要提高该参数的数值，取值范围为16～1000；同时可以调节颗粒数量。

**渲染可见/在视窗中显示为实体/在高光中显示/反射可见/可见度增加**：设置区域光在渲染时和反射时是否可见、在视窗中和高光中的显示方式及程度。

其余参数可参看其他灯光类型中类似的细节参数。

在可见选项卡中，有如下选项（图4-3-17）。

**使用衰减/衰减**：勾选使用衰减后，衰减参数被激活；衰减事实上是按照百分比模拟现实来减少灯光的密度，默认为100%，即从光源起点到边界终点密度从100%～0%逐渐减弱。

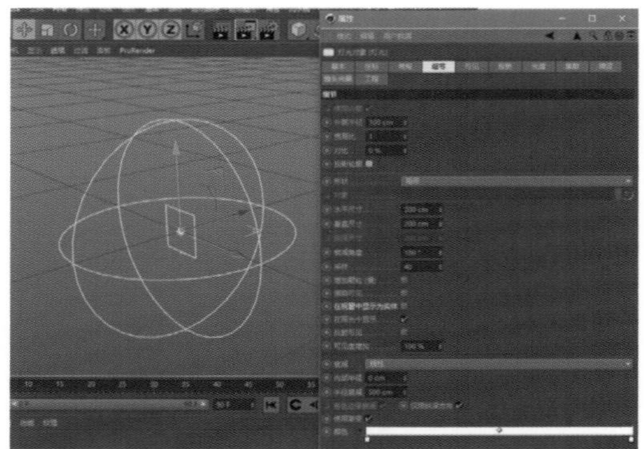

图4-3-16

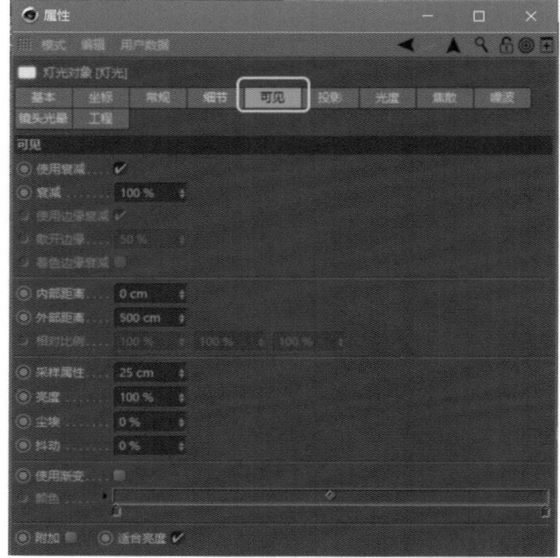


图4-3-17

**使用边缘衰减/散开边缘**：当灯光类型为聚光灯时才有效，控制是否对可见光的边缘进行衰减设置。

**着色边缘衰减**：同样，当灯光类型为聚光灯时激活，内部的颜色将会向外部呈放射状发散。

**内部距离/外部距离**：内部距离控制内部颜色的范围，外部距离控制可见光的可见范围。

**相对比例**：控制灯光在X/Y/Z轴上的可见范围。

**采样属性**：与可见光的体积相关，当可见方式为“正向测定体积”或“反向测定体积”时，可见光的体积阴影被渲染计算的精密度数值越高，渲染越粗略，速度越快，反之则越精密，速度越慢。

**亮度**：调整光源亮度。

**尘埃**：使得可见光变模糊。

**抖动**：光可见的抖动程度。

**使用渐变/颜色**：为可见光添加渐变颜色。

**附加**：勾选后，将场景中存在的多个可见光源叠加到一起。

**适合亮度**：防止曝光过渡，将亮度减弱至不会产生曝光效果的程度。

使用渐变与颜色参数可参见细节选项卡中的类似参数。

在投影选项卡中，有如下选项（图4-3-18）。

**投影**：每种灯光有四种方式，“无”“阴影贴图（软阴影）”“光线跟踪（强烈）”“区域”。值得注意的是，在“区域”下，“采样精度/最小取样值/最大取样值”三个参数，分别控制区域投影的精度，数值越高，时间越长，反之则越快，但画面会出现颗粒杂点。

在“阴影贴图（软阴影）”属性面板

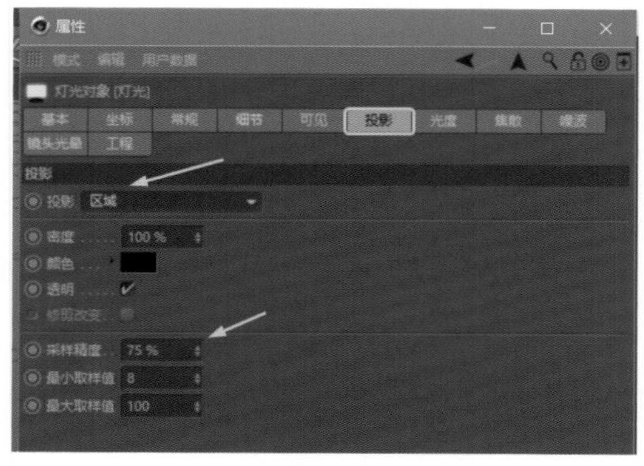


图4-3-18

下，有如下选项（图4-3-19）。

**密度/颜色/透明**：设置阴影强度/颜色/透明Alpha通道。

**修剪改变**：勾选后，在细节选项卡中设置的修建参数会继承至投影中。

**投影贴图/水平精度/垂直精度**：设置投影贴图的投影分辨率，也可通过水平精度、垂直精度参数自定义分辨率。

**内存需求**：自动计算显示该分辨率需要的内存大小。

**采样半径/采样半径增强**：设置投影精度，数值越高越精确，渲染时间也越长；采样半径增强可用于设置增强的倍数。

**绝对偏移**：勾选激活参数，阴影到对象的距离将由光源到对象的距离决定，光源越远，阴影离对象越近。

**平行光亮度**：控制平行光的亮度值。

**偏移（相对）/偏移（绝对）**：调整偏移的相对与绝对数值，通常为默认大小；被照射对象过大，需要增大偏移值，对象过小则需降低偏移数值。

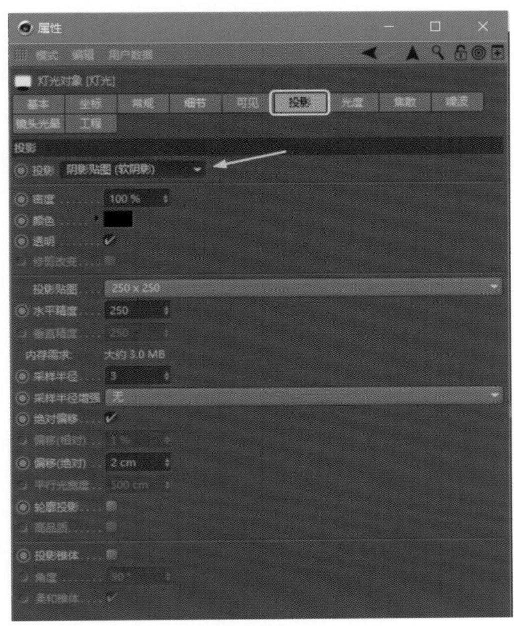

图4-3-19

**轮廓投影**：勾选显示投影轮廓线。

**高品质**：勾选显示高品质投影。

**投影锥体/角度/柔和锥体**：勾选投影锥体，投影成为锥形；角度用于控制锥形角度；勾选柔和锥体边缘会变柔和。

在光度选项卡中，有如下选项（图4-3-20）。

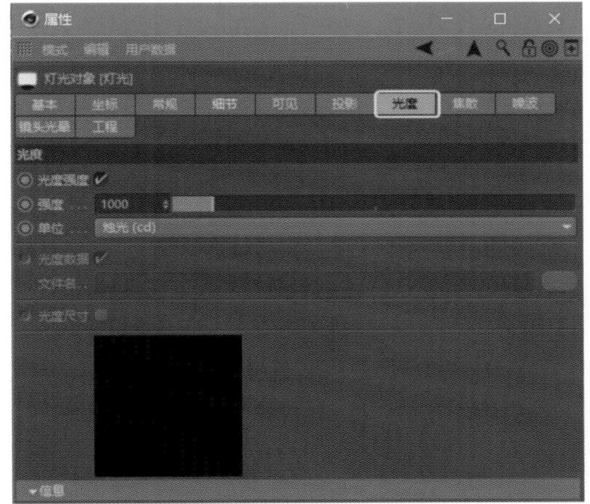

图4-3-20

**光度强度/强度**：创建LES灯后，“光照强度”被激活，通过调整“强度”来控制光强度。

**单位**：影响照明强度，其中“烛光（cd）”表示光照通过强度参数定义；而“流明（lm）”则通过灯光形状来定义。

光度数据与前文类似，这里不再赘述。

焦散指当光线穿过一个透明物体时，物体表面的凹凸不平会使光线折射产生漫反射。在CINEMA 4D中表现焦散灯光效果需要配合“渲染设置”中“添加效果”下的“焦散”。在焦散选项卡中有如下选项（图4-3-21）。

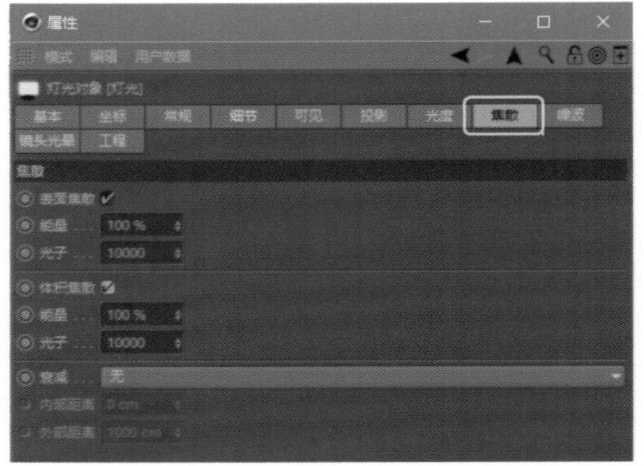

图4-3-21

**表面焦散**：激活光源的表面焦散效果。

**能量**：设置表面焦散光子的初始总能量，控制焦散效果的亮度，同时也影响光子反射和折射的最大数值。

**光子**：影响焦散效果的精确度，数值越高越精确。

**体积焦散/能量/光子**：3个参数用于设置体积光的焦散效果。

衰减参数参见前文其他类似参数。

噪波选项卡用于制造一些特殊的光照效果，如图4-3-22所示。

**噪波**：选择噪波的方式，“无”指默认没有噪波；“光照”指光源周围出现不规则

图4-3-22

噪波，会随着光线的传播照射在物体对象上；“可见”指噪波不会照射到物体对象上，但会影响可见光源，常用来模拟烟雾、云雾等；“两者”则前两个效果同时出现。

**类型**：设置噪波的类型，有不同的预置噪波类型可供选择。

不同噪波有不同的细节控制参数，如速度、亮度、对比度、可见比例、光照比例、风力大小以及比率等。

镜头光晕常用来模拟现实世界中摄像机产生的光晕效果，如图4-3-23所示。

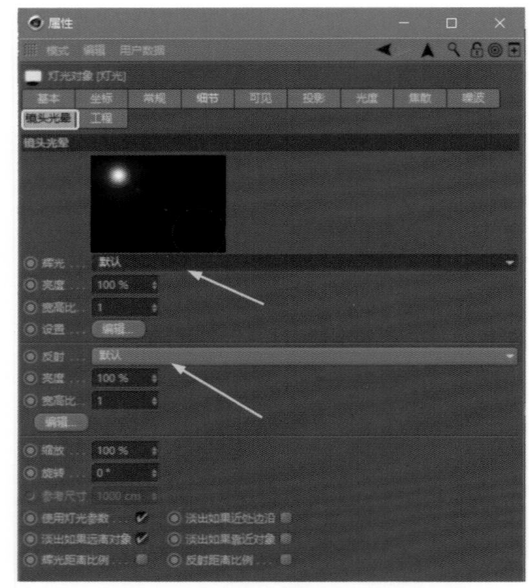

图4-3-23

**辉光**：为灯光设置镜头光晕类型。

**亮度/宽高比**：设置辉光的亮度/宽度与高度的比例。

**设置**：打开编辑窗口进一步设置。

**编辑**：打开编辑器窗口进行精确调节。

**反射**：设置一个反射镜头光斑。

**亮度/宽高比/编辑**：设置反射辉光的亮度/宽高比/编辑器窗口调节。

**缩放/旋转/参考尺寸**：调节镜头光晕和镜头光斑的尺寸和角度，调节参考尺寸。

**使用灯光参数**：默认勾选使用灯光的设置参数。

**淡出如果近处边沿/淡出如果远离对象/淡出如果靠近对象**：勾选则精确地控制淡出等功能。

**辉光距离比例/反射距离比例**：设置距离的比例数值。

在工程选项卡中，有如下选项（图4-3-24）。

图4-3-24

**模式/对象**：排除和包含下列列表中的对象，可从对象面板中直接将对象拖拽下来。

## 4.3.2 常见的布光方法与步骤

▶▶ 在布光时，有哪些常用的灯光类型呢?

在现实生活的艺术创作中，摄影师和画家都需要对光有非常好的理解。在艺术表现力和艺术创造力中，光往往是关键一环，比如在摄影、影视、舞台、雕刻等艺术中，甚至其中某些艺术门类被称为真正的光影艺术。CG创造往往也是如此，在模拟物体真实光照时，场景中光源的布置也必须考虑到位，否则很难渲染出高品质的作品。在前文，我们谈到物体凹凸不平带来了光线的漫反射，正是这些漫反射，让我们在光线直射不能穿透的暗部区域仍然能看清物体。如图4-3-25、图4-3-26所示，即使在光线直射不到的小球阴影部分，依然可以看清物体图钉，照亮图钉的光线来自其他物体的漫反射光线，黑暗房间中的台灯是直接光照，而漫反射成为了间接光照。

图4-3-25

图4-3-26

在CG布光中，往往需要多盏辅助灯光照射场景中较暗的区域，其原理在于灯光之间相互辅助，阴影相互叠加，从而达到自然真实或者具有艺术感染力的光照效果。100个读者能解读出100个哈姆雷特，100位灯光师便有100种灯光方案。即使如此，布光和所有创作一样也会遵循基本的规律和方式方法。在CINEMA 4D布光中，我们常常把灯光按照所起的作用分为主光源、辅光源，按照光源种类分为直射光和反射光，按照位置分为前光、侧光、顶光、轮廓光等。

主光源/辅光源

主光源通常用来照亮场景中主要对象及其周围的小部分区域，负责照亮主体对象，产生一定的投影效果。主要明暗关系由主光源决定，包括投影的方向、阴影的软硬、阴影的大小面积。主光源根据实际情况可以用几盏灯光来共同完成，一般常用聚光灯，如室内场景、舞台追光场景等；有时会用到区域光，如自然光照场景；有时也会用到点光源、太阳光，如室外日光场景等。

辅光源又称为补光，用辅光源照射主光源的阴影区域，常被称为扇形反射面，从而得到一种匀称的、非直射性的柔和光源，填充阴影区和被主体光遗漏的场景区域，中和明暗区域之间的差异，形成景深与层次；同时，辅光源广泛均匀的布光特性使场景被打上一层底色，定义了场景的基调。在一般意义上的柔和照明效果下，辅光源亮度不及主光源，只有后者亮度的50%～80%。同主光源相比，辅光源往往也不止一个，在不同位置、不同角度可以同时存在好几个辅助光源。

直射光/反射光

直射光类型很多，有点光源、线光源、面光源等，而反射光通常以区域，也就是面的形式发射光线，比如我们讲到的漫反射，指利用反光板把直射光线反射到对象上的照明形式，可以得到非常柔和均匀的光照效果。在CINEMA 4D动态图形创作中，往往是由一个平面充当“墙面”反光板。

前光/侧光/顶光/轮廓光

前光可以很快地照亮整个场景中的可视部分，一般为主光灯在15°～30°角的位置上，在照射范围内会产生非常均匀的光照效果，使物体上的色调过渡很柔和，同时会使其缺乏立体感或者偏向平面化；偏硬效果的光源会使得结果缺乏艺术感染力；前光对显现形态或呈现肌理收效甚微，容易形成过于清晰的轮廓阴影。

侧光对于对象产生阴阳明暗的效果收效显著，在突显人物立体感上，对形象、五官、纹理的展现都非常优秀；有时又用来将物体形体投影到墙面之上，产生具有艺术创造力的投影效果。在45°～90°角的位置上，称为侧光；在90°～120°角的位置上，称为侧逆光。

顶光源并不常见，在强光下常因隐蔽了对象下部分的细节和形态而带来一些神秘的气氛；与之相对，从正下方照明的底光也较为少见，同样会在对象上部分产生较大面积的暗部和阴影。顶光、底光以及前面讲的侧光都能给对象带来意想不到的艺术效果，甚至可以重塑对象给我们带来的原本印象。

轮廓光：又称背光，其作用是将主体与背景分离，帮助凸显空间的形状和深度感。它尤其重要，特别是当主体有暗色头发、皮肤、衣服，背景也很暗时，如果没有轮廓光，它们很容易混为一体，难以区分。轮廓光通常是硬光，以便强调主体轮廓。

## 4.4 | 常见布光方法

在布光时，我们首先需要考虑布光的用途与目的，需要满足什么样的条件，场景的基调和气氛是怎样的，它们往往决定了需要表达的情感，引导目光焦点到特殊位置，使整个场景看起来富有深度和层次，对象和应用场合的差异决定了灯光照明的原则有所区别；其次，要考虑光的数量如何精简、方向与摄像机的配合、种类选择；最后，考虑光的色调、强弱控制；另外，还要多注意参考实例照片和影像案例，从中吸取知识，学习创造性布光。

### 三点式布光

三点布光，又称为区域照明，一般用于

较小范围的场景照明。如果场景很大，可以把它拆分成若干个较小的区域进行布光。一般有三盏灯即可，分别为主体光、辅助光与轮廓光。

第一盏，称为主光，它规定了方向、角度与范围，规定了照明光轴与照射角，起着主要造型和确定光影格调的作用。荷兰著名大画家伦勃朗对45°角的前侧光情有独钟，他的油画大都是用前侧光勾画意境，后来45°角前侧光便被人们称为“伦勃朗光”。

第二盏，称为辅助光（又称副光），它辅助主光照射未能照明的区域，并通过副光来调整整体光线比例，柔化主光形成的阴影；是由大气层的透射、地面反射、周围环境反射等形成的，属于比较柔软的反射光线。

第三盏，称为轮廓光（又称逆光）。前两种光完成后，需要把物体与环境隔开，产生一种深度与层次，当对象为人物时可以凸显清晰的轮廓线。因此，三点布光能完成三维物体与空间在二维电视图像中的立体形状，更好地表现造型的艺术美感。

图4-4-1所示为雕像人物三点式布光的渲染效果图，充分展现了雕塑人物的质感、光泽、细节、五官等因素。

下面是一个场景三点式布光的案例，整体设计图如图4-4-2所示。

①对于建立好的模型，在场景之中是一个完全漆黑的空间，没有一丝光源，就像没有太阳的世界或者没有开灯的房间一样，是完全黑暗的。此时进行渲染会什么也看不到。雕像模型凭空放置在三维场景之中，就好像将一个人凭空放置在虚空的黑洞宇宙之中。我们需要为其建立一些依托，比如地面、背景墙壁，充当反光板或者投影物体，从而让光子能够来回反射。如图4-4-3所示，为样条线添加旋转工具，创建出一个背景板，为其赋予一个亮度为70%的黑色材质球。

图4-4-1

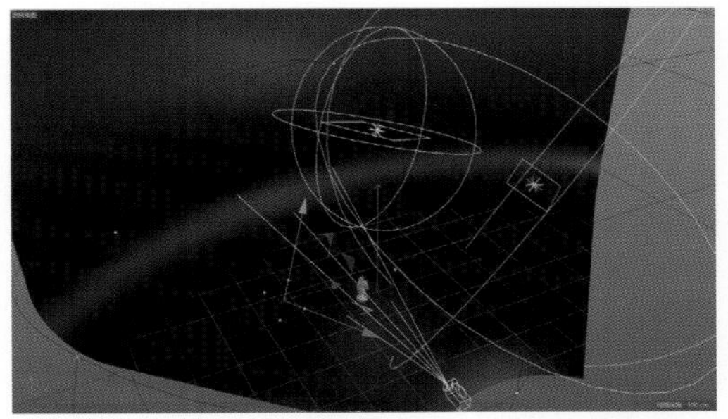

图4-4-2

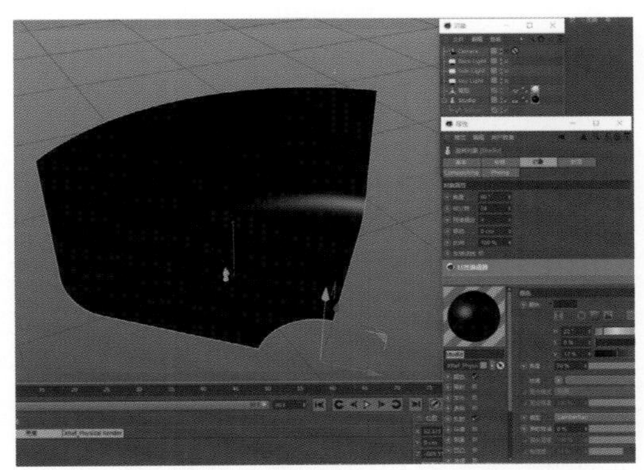

图4-4-3

②创建第一盏主光源为区域光，调整其位置，以约45°的角度斜对着雕像模型，设置灯光属性颜色、强度、外部半径细节、区域投影及灯光衰减，如图4-4-4所示，使其带有一点暖黄色光源。

③设置第二盏灯为侧光源区域光，放置在另一侧略低于主光源的位置，调整灯光

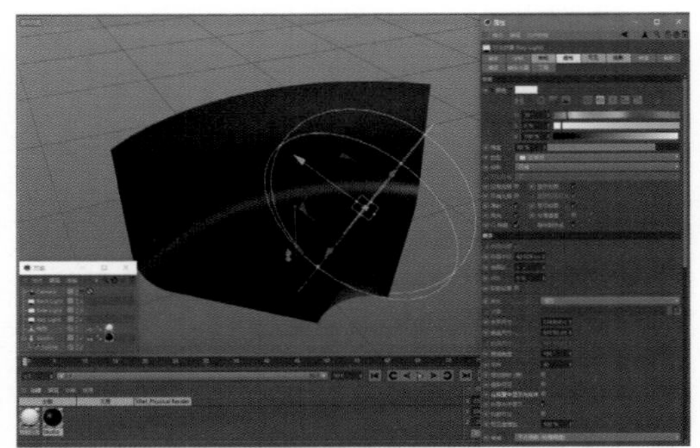

图4-4-4

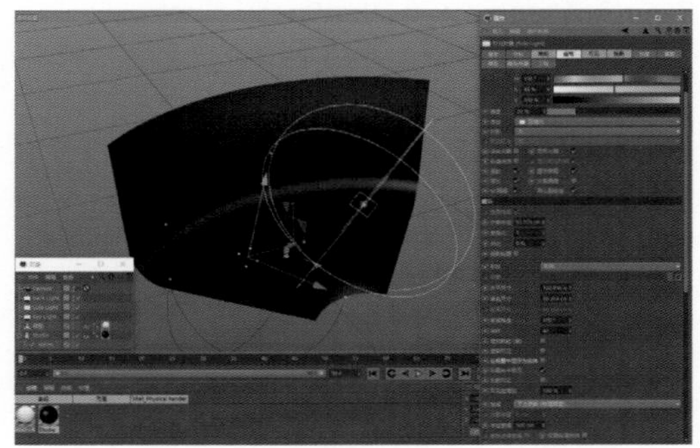

图4-4-5

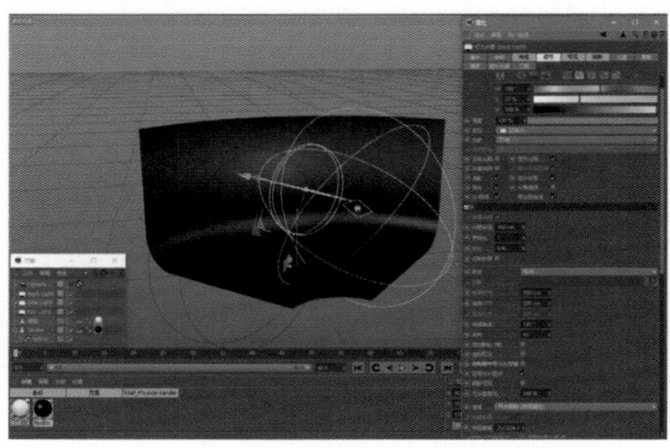

图4-4-6

属性的颜色、强度、外部半径细节、衰减模式以及衰减半径，如图4-4-5所示，使其带有一定的浅蓝微光。

④设置第三盏灯为区域光，放置在背面略靠顶部的位置，调整灯光属性的颜色、强度、外部半径细节、投影模式、衰减模式和衰减半径，使其带有蓝色的明亮背光补光（图4-4-6）。

⑤创建摄像机，添加保护标签，调整好镜头与焦距，方便观察与渲染输出。关于摄像机的运用后面章节会详细讲解。

## Studio式布光

CINEMA 4D等三维软件带来了全局光照等渲染设置，这为布光的最终层次提供了更加丰富、更加多元的选择。相较于无边界的三维空间和有视线范围的视图空间，我们往往选择模拟真实世界的环境而将某些对象放置在一个“柔光箱”之中，也就是说，充分利用带有特殊材质纹理（比如带有发光通道）的平面作为反光板来替代直接光源，得到相对柔和的反射光源。同时，这种光源较之真实灯光，可以轻易控制它的形状等属性。我们把这种模拟“柔光箱”的方式称为摄影工作室的Studio式布光。如图4-4-7所示的案例，将最简单的模型小球放置在柔光箱的Studio式布光场景中，单纯依靠布光的颜色得到渲染效果图。

图4-4-7

使用Studio式布光，柔光箱小球的全部布光场景如图4-4-8所示。

如场景所示，分别为小球添加上、下、左、右以及后方五个环绕起来的平面，作为背景和反光板，为每个平面设置不同色彩的材质球。需要特别注意的是，场景中并未设置任何光源，而是依靠材质编辑器独有的发光通道，使得普通的平面充当光源作用的反光板，与灯

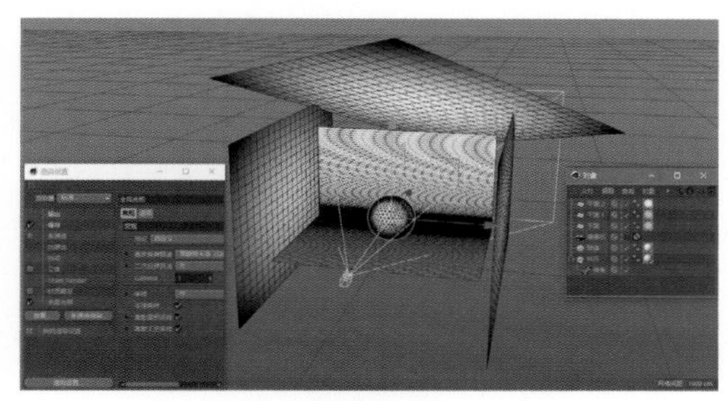

图4-4-8

图4-4-9

光相比，反光板的形状与大小更易控制；同时，打开渲染设置的全局光照效果，通过各个反光板为小球提供不断发生反射的光子，为反光板赋予的颜色通道的材质来吸收光并转化为光源，照射到小球上，使小球得到非常好的打光效果图，材质发光通道设置如图4-4-9所示。

再如下面的酒瓶案例，其渲染效果如图4-4-10所示。

图4-4-10

使用带有透明通道与发光通道的材质充当反光板，可以得到非常特殊的反光板光源效果。灯光的改变很难控制，设计师可以应用这种材质通道发光的方式，调节其透明的渐变纹理，得到中间实心两边有透明度的发光板，同时控制平面的形状大小，为酒瓶打光，如图4-4-11所示。

为摄像机镜头固定添加保护标签，为平面反光板添加合成标签并设置其投影、可见、光照等属性。标签的使用在后文会详细讲解。为酒瓶模型布置反光板需要大量的经验累积与实践，多尝试可以得到满意的打光效果。简单的模型依靠打光可以得到非常精致的渲染效果（图4-4-12）。

## 天幕式布光

相较于艺术创作中希望得到多层次多形态的阴影而进行的各种布光，也有对象需要尽量避免投影产生的影响，而这种方式往往采用的是模拟现实世界中的“无影灯”。将对象放置在一个巨大的无影灯环境中，可以摒除阴影对于对象的影响。将对象置于一个

图4-4-11

图4-4-12

较大的半圆形中，为每个顶点克隆一个灯光效果，得到如图4-4-13所示的效果。

类似于无影灯效果的大幕式灯光照明效果如图4-4-14所示。

天幕式灯光的设置步骤如下。

①为创建好的模型搭建一个天幕，创建一个球体并转化为可编辑化对象。在正视图中将球体下面半个球上的点框选、删除，得到如图4-4-15所示的效果。

②创建好一个区域光，调整强度、颜色，打开区域投影、衰减，调整衰减半径、平方倒数衰减模式，将灯光以天幕半圆为对象，克隆半圆的顶点，使得每个顶点都有一个灯光，同时关闭天幕半圆的显示器可见与渲染器可见，使不可见只有灯光效果，如图4-4-16所示。关于克隆的详细运用，后面会讲解。

③为克隆灯光对象添加着色效果器，导入一张彩色贴图，使得灯光效果多姿多彩（图4-4-17）。

图4-4-13

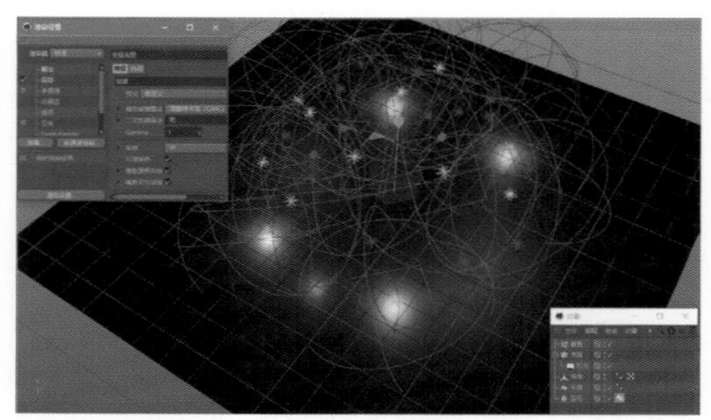

图4-4-14

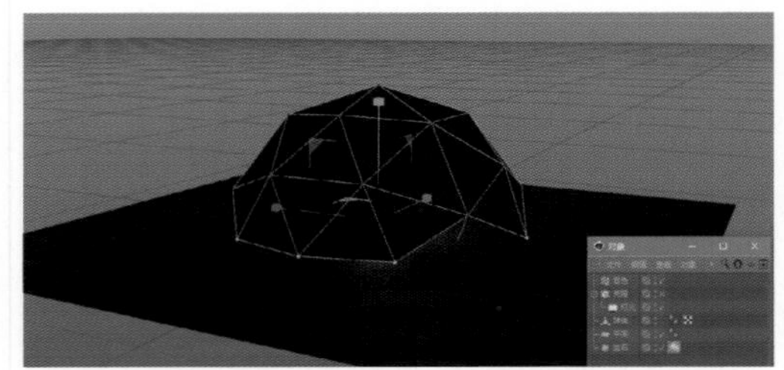

图4-4-15

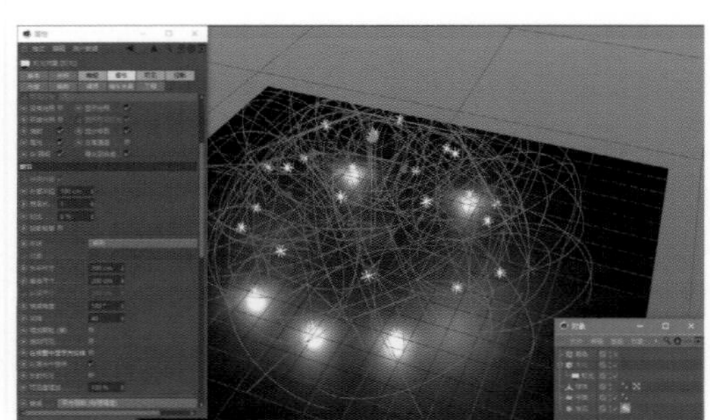

图4-4-16

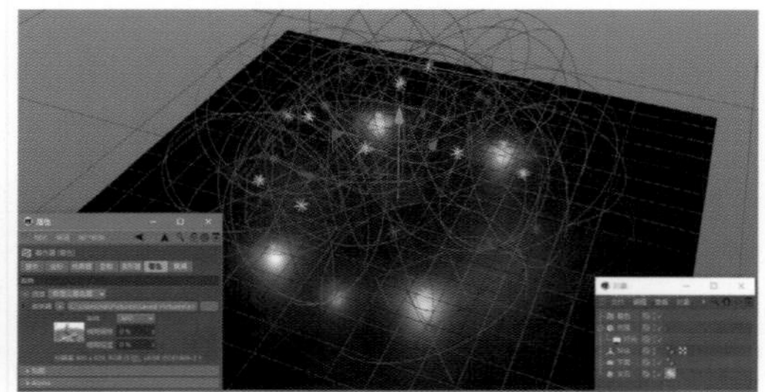

图4-4-17

## 物理天空布光

在创作时，除了使用反光板这种形式充当光源之外，还可以使用物理天空功能，可以方便而快速地进行光源的设置。尤其在复杂的架构关系中，场景中的模型会产生相互投影的阴影影响，它同样可以在一定程度上，模拟主光的效果而降低阴影之间的相互影响。图4-4-18所示为借鉴“纪念碑谷”风格的建筑降低相互投影阴影的渲染效果。

对于该风格的复杂结构建筑，它的特点在于在一个实际的三维图形设计中，呈现出相对平面的视觉错乱感；在这个相对复杂错

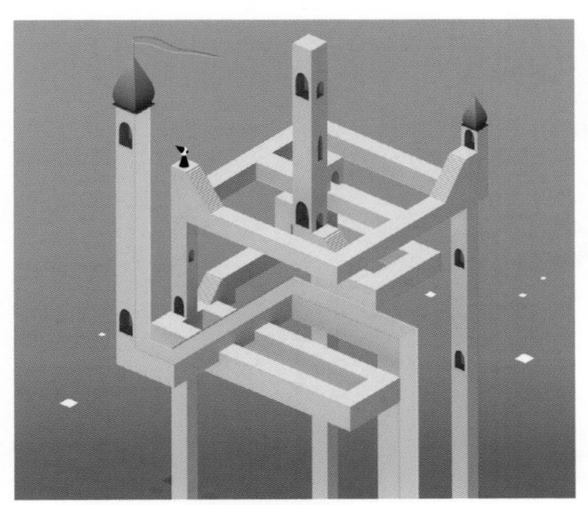

图4-4-18

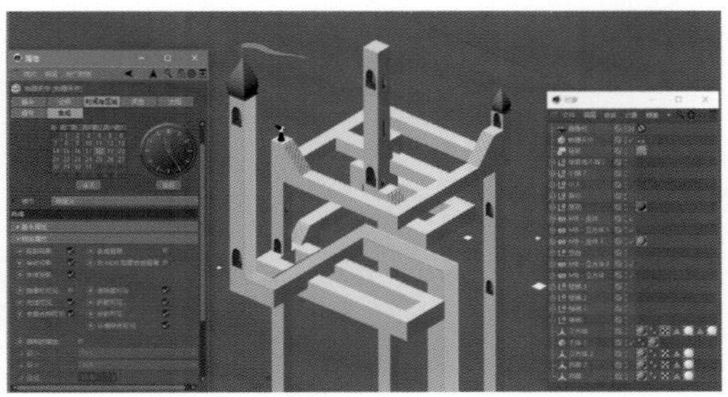

图4-4-19

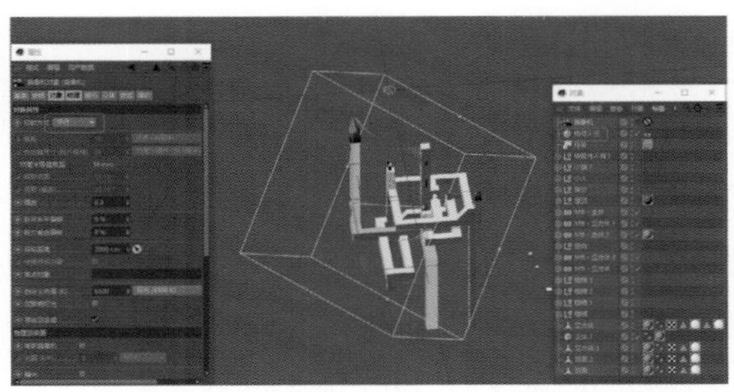

图4-4-20

乱的架构建筑概念图中，相互之间会产生阴影的影响，因而除了添加物理天空的设置之外，场景中有的模型材质所添加的发光通道成为本身自发光的光源，有的只有颜色而没有反射通道，从而降低了阴影的影响，如图4-4-19所示。

另外，得到这种较为平面风格的渲染视角，在于摄像机投射方式为平行的特殊设置（图4-4-20）。

扫码看案例高清图

# 时间动态

## 5.1 | 时间特性

前面我们已经了解和学习了动态图形设计中不同种类的元素，也意识到了空间的重要性，那么对于整个系统而言也是非常重要的，被称为第四维度的时间，我们同样需要认识它用于动态图形设计的一些特性。时间是动态图形设计中非常抽象又难以应用的一个设计因素，时间这个维度的位移是单向的，可以说我们是无法去设计它的。我们所指的对动态图形时间的设计应用，只是在时空一体性上分离了时间，将时间定格为一个个瞬间，再将瞬间按一定序列进行播放，重现一段时空状态，而这个重现是可以被设计的。我们也是在这个层面上对重现过程进行修改与完善，调整特定瞬间的播放顺序，达到设计时间的目的，使其成为“鲜活的时间”。

我们来看一看时间特性的相关概念，一方面是所有CG动画均涉及的帧、时间轴、关键帧、帧频等基本时间概念，比如传统动画可以说是逐帧动画，二维动画软件出现后是以补间动画的形式在关键帧之间自动计算出中间帧。另一方面，时间特性的设计与剪辑相关，也会涵盖升格、降格与定格的处理，另外还有倒放、重复、循环、抽帧、跳剪、客观时间与主观时间的运用。

帧即一个时空瞬间，一个最小的画面单位。

将帧按一定序列记录排列，形成一条沿着时间流逝方向延续的线段，称为时间轴。

特定瞬间可以理解为关键帧，而每秒中的帧数量称为帧频，各国常用帧频有一定区别，例如美国的NTSC制为29.97帧/秒，国内的PAL制为25帧/秒。

不同帧频影响人的视觉流畅感，有时为营造特殊的时间设计效果，会特意调整成为慢动作或者快动作，即升格与降格，产生时间变慢或者变快的错觉，带给观众情绪上的变化。升格大多用于渲染情绪和气氛，降格一般偏重于调节轻松有趣的节奏和气氛。

画面突然停止在某一时刻称为定格。动态图形设计中经常使用定格给观众预设一个关注、记忆与理解特定信息的时间。

倒放即将正常顺序播放的时空瞬间颠倒播放，使得物体的运动发生倒转，通常可以带来一种视觉上时光倒流的错觉，塑造一种特殊的视觉和心理感受。

重复是一种重要的强调表现手法，往往在一些惊险镜头、危机镜头、关键镜头上强化这一重要性瞬间。重复加上慢放是常用的信息强调手段。

循环使时间的流逝显得无穷无尽，通过使用巧妙的起始帧与结束帧设计，未实现明显的开始与结束的交界循环，或令人感受不到的无缝循环。

抽帧是每隔一定帧数抽掉一些画面；而跳剪是每隔一定帧数将不相连的画面剪辑在一起，产生视觉上的轻微跳跃感，从而塑造时间流逝的不连续和割裂感。

客观时间是现实生活中由计时器装置精确计算的时间，即物理世界的真实时间；而主观时间来自人对时间的一种内在的主观经验，是一种粗略估计的时间，我们往往可以通过运用动态元素的视觉变化速度和强度、单位时间内动态元素的数量以及内容来控制主观时间带给人的感受。

## 5.2 | CINEMA 4D动画

### 5.2.1 动画界面

在CINEMA 4D界面中选择Animation界面，软件切换为动画界面，如图5-2-1所示。

### 5.2.2 时间轴

时间轴由时间线和工具按钮组成。和绝大多数软件的时间轴相同，横向一列数值代表的是时间序列。时间线上的最小单位为帧，即“F”，帧是最小单位的单幅影像画面。关键帧则指角色或物体运动在变化中的关键动作所处的那一帧。关键帧与关键帧之间的帧可由软件计算生成，称为过渡帧或中间帧。帧按时间序列播放即为动画，播放速率即帧速率。

时间指针滑块。

90 F 控制时间轴总长度，可左右调整。

指针转到动画起点。

指针转到上一关键帧。

指针转到上一帧，快捷键F。

播放动画。

指针转到下一帧，快捷键G。

指针转到下一关键帧。

指针转到动画末点。

记录位移、缩放、旋转以及运动对象点级别动画。

自动记录关键帧。

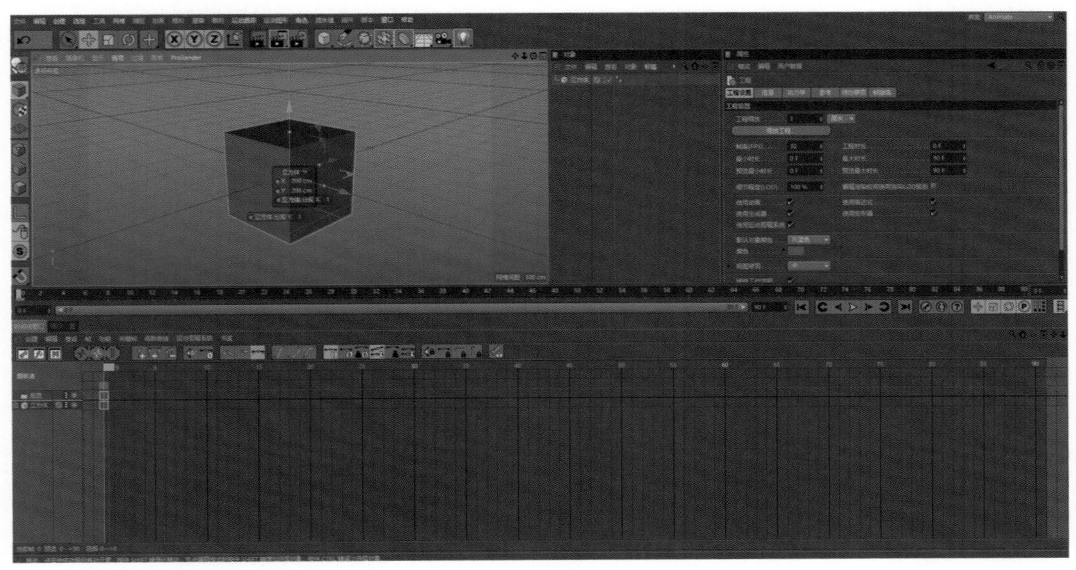

图5-2-1

设置关键帧选集对象。

记录位移、旋转、缩放的开与关。

记录参数级别动画的开与关。

记录点级别动画的开与关。

设置播放速率。

## 5.2.3 关键帧设置

关键帧操作的常用操作分为记录关键帧、时间线窗口的使用以及函数曲线的初步认识几个部分。

### 记录关键帧

软件中可设置的参数，前面带有的属性便可以设置关键帧，点击成为记录关键帧，时间轴窗口上显示打上的关键帧，记录下当前的关键帧表示属性改变，滑动时间指针，中间属性的变化由软件计算生成。

### 时间线窗口

在属性面板任意选择的一个设置了关键帧的属性上点击鼠标右键，选择动画>显示时间线窗口，如图5-2-2所示。

其中，最上一栏为常用的菜单栏，下面紧跟的是常用工具栏，再下面左侧为摄影表，即不同对象的不同运动方式的分类记录，右侧默认状态下为时间线的关键帧显示，如图所示，选中的属性关键帧显示为黄色，未选中的则为蓝色，也可以切换为函数曲线模式以及运动剪辑模式。基本常用功能如下：

最大化显示所有关键帧，快捷键为H。

最大化显示框选全部可见的关键帧片段，快捷键为S。

显示到时间线停留的当前时间，快捷键为0。

另外，操作与视图窗口类似，按住时间线最右上角不放拖动鼠标，可平移和缩放时间线窗口的时间序列，平移关键帧视图快捷键为Alt+鼠标中键，缩放视图快捷键为Alt+鼠标滚轮。如“时间轴”窗口一样，左键点选或者框选关键帧可左右移动来改变时间点的位置，Ctrl+单击指针可为对应属性添加当前时间的关键帧，按住Ctrl单击鼠标可以添加所选择的关键帧，按住Shift可以连续选择。

在时间线当前位置添加标记，标记用来记录重要时间点。

在时间线窗口的创建菜单下，选择该工具，在指定时间添加关键帧。

在时间线窗口的创建菜单下，选择该工具，记录当前状态，快捷键为O。

区域框选工具，在时间线窗口的创建菜单下，选择该工具，快捷键为R。

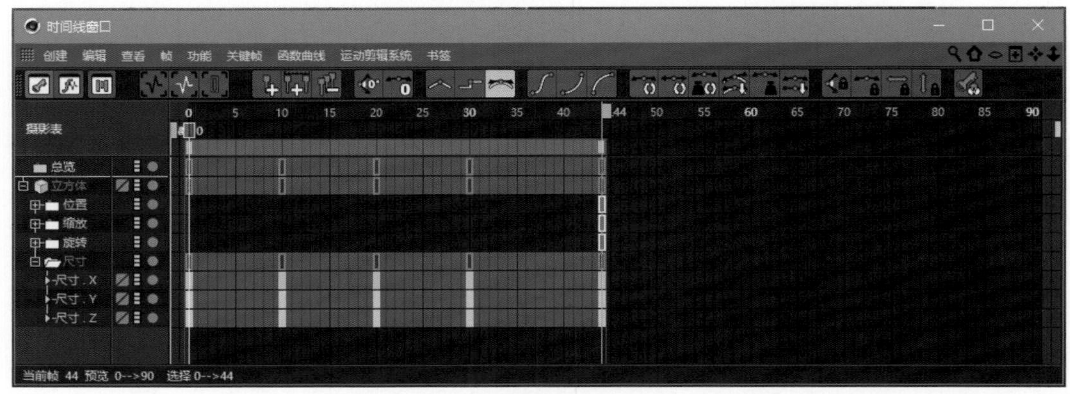


图5-2-2

### 函数曲线

函数曲线又叫动画曲线、运动曲线等，是详细显示动画运动变化的直观图示，对于运动图形、动画的艺术创作而言非常重要。点击工具栏第二个工具切换为函数曲线模式，按快捷键空格键可以在关键帧模式和函数曲线模式之间切换，也可以直接点选工具栏第一和第二个图标来回切换。只有选择关键帧时，函数曲线的相关功能才被激活。函数曲线如图5-2-3所示。

线性，线性运动没有任何快慢变化，即匀速运动。

步幅，步幅运动为瞬间运动，是即刻变化状态，如位移步幅运动便是到关键帧那一刻瞬间移动至指定位置。

样条，以平滑的曲线运动显示。

缓和处理，为选择关键帧做缓和处理，开始与结束的运动都变得缓和，速度从零开始缓慢加速到最高峰值，然后再缓慢减少为零，先加速后减速；缓入即运动曲线将在停止时变得缓和，选择关键帧做缓入处理，需要将关键帧左侧的小黑手柄拉平；选择关键帧做缓出处理，运动曲线将在开始阶段缓和，即将右侧拉平。

分别为自动相切、固定曲率的自动相切，即曲率不同的两侧小黑手柄打平为一条线；以及自动加权、移除超调、加权相切以及断开切线，即左右侧的小黑手柄可分别控制。

分别为锁定切线角度、切线长度、时间和数值，即小黑手柄的角度和长度被锁定，以及关键帧处点的上下左右的调节被锁定。

零角度与零长度，即小黑手柄左右与水平线持平，以及小黑手柄长度为零，不能再调整。

设置一个关键帧为分解颜色。

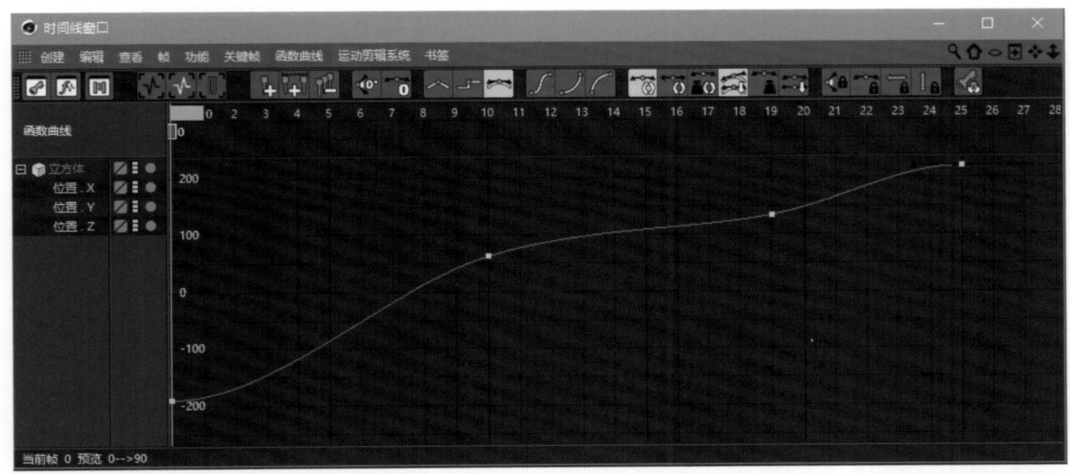


图5-2-3

## 5.3 | CINEMA 4D运动图形与效果器

### 5.3.1 运动图形MoGraph

MoGraph运动图形系统是CINEMA 4D的特色功能，它为艺术创作者提供了一种全新的视角，一个与以往不同的层面，一类充满创意与才思的创作方法，将类矩阵式的制图模式变得极为简洁高效又异常方便。一个单一的物体，经过自由的排列与奇妙的组合，再配合各种有意思的效果器，可以产生充满惊喜的效果和不可思议的创造。

点击主菜单中的运动图形，可以选择任意运动图形功能，如图5-3-1所示。

运动图形主要涉及克隆及不同克隆工具、矩阵、分裂、破碎、实例、文本、追踪对象、运动样条、运动挤压、多边形FX等多种功能以及效果器功能。

### 常见的运动图形有哪些?

### 克隆

克隆是运动图形中非常重要的功能，可以说克隆完成了动态图形设计中从一到多、从单调到复杂、从薄弱到浓厚的设计感的转变，带来了视觉上有序递增、次第变化、规整舒适的审美体验。克隆，顾名思义是将一个对象复制出多个对象的工具，因而是具有生成特性的绿色图标，需要配合基础建模对象共同作用，至少需要一个对象作为克隆子物体才能实现克隆。点击主菜单>运动图形>克隆，可以看到克隆属性面板分为基本、坐标、对象、变换以及效果器，其中基本、坐标与参数化对象等属性面板相类似，下面我们来看对象、变换以及效果器面板分别具有哪些属性。

克隆在模式不同的情况下，对象属性选项卡的参数有些差异。

当模式为“线性”时，对象属性选项卡面板如图5-3-2所示。

**克隆**：当有多个克隆物体时，可以设置每种克隆对象之间的排列方式，有迭代、随机、混合、类别四种。其中，“迭代”指克隆对象按照克隆子层级的排列顺序重复排列，“随机”指无序、自由、随机的排列；“混合”指按照克隆总数量的多少，平均分配每种对象的克隆个数，再按照种类排列；“类别”指只克隆多个对象下排列在最上面的对象。

**固定克隆/固定纹理**：固定克隆指如果同一个克隆中有多个被克隆物体，并且被克隆物体的位置不相同时，勾选后，每个物体

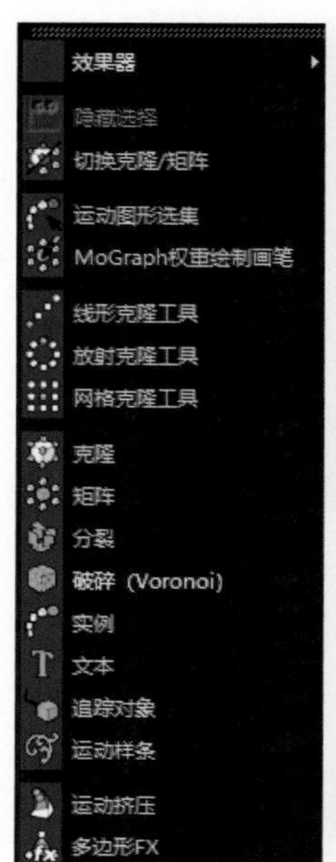


图5-3-1

图5-3-2

的克隆结果将以自身所在位置为准，不勾选时则统一以克隆位置为准；固定纹理同样指勾选后以各自固定纹理为准。

**渲染实例**：勾选后在视图窗口和渲染窗口可以看到实时克隆效果，如被克隆物体为粒子发射器，只有勾选后才能看到被克隆发射器正常发射粒子，否者除了原始发射器外，其余的克隆发射器不可见。

**数量**：设置当前克隆物体的数量。

**偏移**：设置克隆物体的位置偏移。

**模式**：包含终点和每步两个选项，“终点”是计算从克隆的初始位置到结束位置的属性变化；“每步”是计算相邻两个克隆物体间的属性变化。

**总计**：设置当前克隆物体占原有设置的位置、缩放、旋转的比重。

**位置/缩放/旋转**：位置是设置克隆物体的位置范围，数值越大，物体间距越大；缩放是设置克隆物体的缩放比例，该参数在克隆数量上进行累计，后一个对象的缩放在前一个对象的基础上依次进行；旋转用于设置当前克隆物体的旋转角度。

**步幅模式**：分为单一值和累积两个选项，当为单一值时，每个克隆物体间的属性变化量相同；当为累积时，相邻两个物体间的属性变化量进行累计。

**步幅尺寸**：决定克隆物体间的间距，当降低该参数时，会逐渐缩短克隆物体间的间距。

**步幅旋转H/P/B**：设置在三个维度上的旋转属性变化。

当模式为“对象”时，对象属性选项卡面板如图5-3-3所示。

当克隆模式为对象模式时，场景中一定存在一个物体作为克隆对象分布的参考对象，这个对象可以是曲线也可以是参数化几何体，或者其他对象等。如图5-3-3中将对象“立方体”拖入“对象”右侧框内。

**排列克隆**：设置克隆对象在物体上的排列方式。

**上行矢量**：勾选排列克隆后激活，选择的轴向决定被克隆物体的指向。

**分布**：设置当前克隆物体在对象物体表面的分布方式，默认为“顶点”方式。

**偏移**：当分布设置为“边”时激活，该参数用于设置克隆物体在对象物体边上的位置偏移。

**种子**：当分布为“表面”时激活，用于随机调节克隆物体在对象物体表面的分布方式。

**数量**：当分布为“表面”时激活，用来控制克隆对象的数量。

**选集**：为对象物体设置选集，可将选集拖拽到右侧框，针对选集部分进行克隆。

当模式为“放射”时，对象属性选项卡

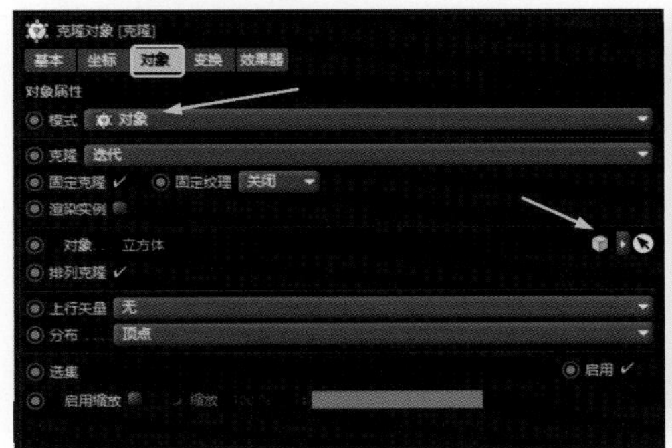


图5-3-3

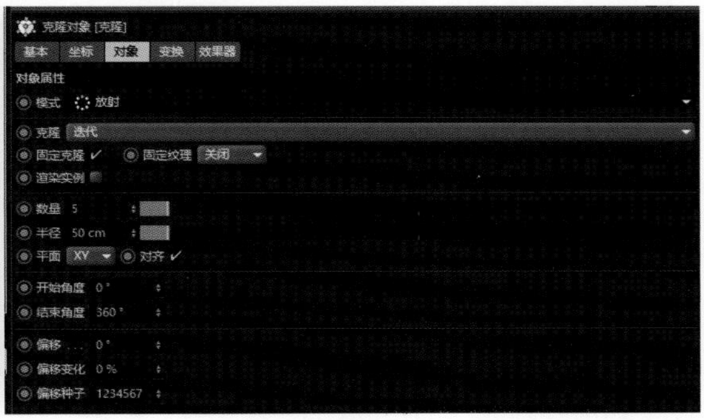

图5-3-4

面板如图5-3-4所示。

**数量**：设置克隆的数量。

**半径**：设置放射克隆的范围，数值越大，范围越大。

**平面**：设置克隆的平面方式。

**对齐**：设置克隆物体的方向，勾选指向克隆中心。

**开始角度/结束角度**：设置放射克隆的起始/结束角度，默认为0°/360°。

**偏移**：设置克隆物体在原有克隆状态上的位置偏移。

**偏移变化**：偏移变化的百分比，默认为0时，物体均保持相等间距。

**偏移种子**：设置在偏移过程中，克隆物体间距的随机性。

当模式为“网格排列”时，对象属性选项卡面板如图5-3-5所示。

**数量**：从左到右依次设置X/Y/Z轴上的克隆数量。

**模式**：分为“端点”模式和“每步”模式。

**尺寸**：从左到右依次设置X/Y/Z轴上的范围。

**外形**：控制当前克隆的体积形态，包含立方体、球体和圆柱体3个选项。

**填充**：设置克隆物体对体积内部的填充程度，最高为100%。

当模式为“蜂窝阵列”时，对象属性选项卡面板如图5-3-6所示。

**角度/偏移方向/偏移**：设置蜂窝阵列克隆的角度、偏移方向和偏移值。

**宽数量/高数量**：控制宽和高的数量值。

**模式**：分为“每步”模式和“终点”模式。

**宽尺寸/高尺寸**：在宽和高上的克隆尺寸大小。

**形式**：分为环形、矩形以及样条，默认为矩形。

克隆对象的变换选项卡面板如图5-3-7所示。

**显示**：控制当前物体克隆时的显示形态。

**位置/缩放/旋转**：控制物体沿自身轴向的位移、缩放、旋转。

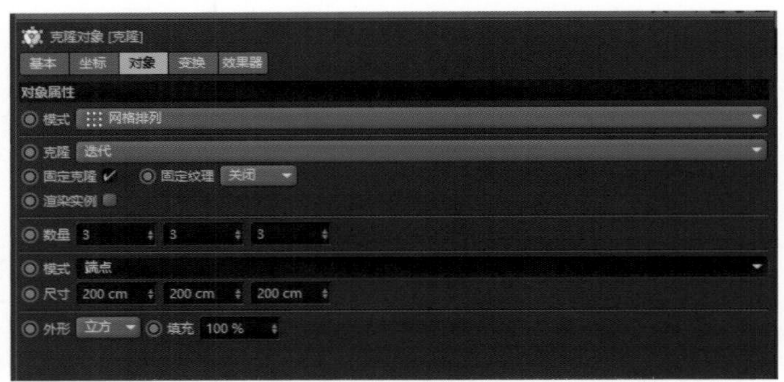


图5-3-5

图5-3-6

**颜色**：设置克隆物体的颜色。

**权重**：控制每个克隆物体的初始权重。

**时间**：当克隆对象带有动画时，参数控制克隆后的起始帧。

**动画模式**：分为播放、循环、固定以及固定播放，其中“播放”是根据时间起始参数播放起始帧开始的动画；“循环”是设置循环播放；“固定”是将当前时间的克隆物体状态作为克隆后状态；“固定播放”是只播放一次动画，与当前起始帧无关。

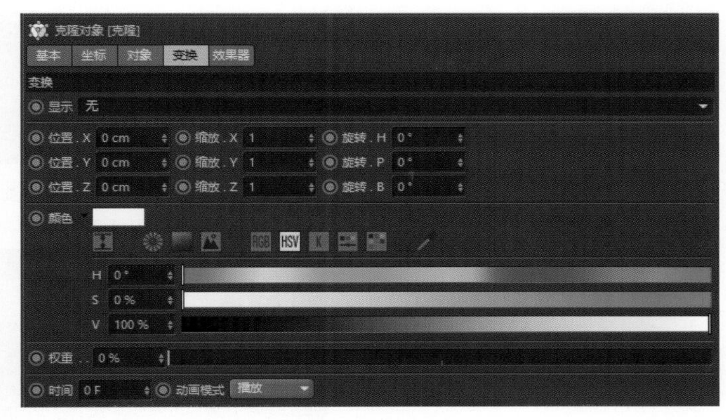


图5-3-7

克隆对象的效果器选项卡面板如图5-3-8所示。

图5-3-8

在效果器面板中拖入相应的效果器，会对克隆结果产生作用。

## 矩阵

矩阵的效果与克隆非常类似，创建方法也相同，差异在于矩阵虽然也是生成器，但它不需要一个物体作为子对象来实现效果；矩阵的属性面板绝大多数与克隆相同，这里仅对特殊参数及属性进行讲解，如图5-3-9所示。

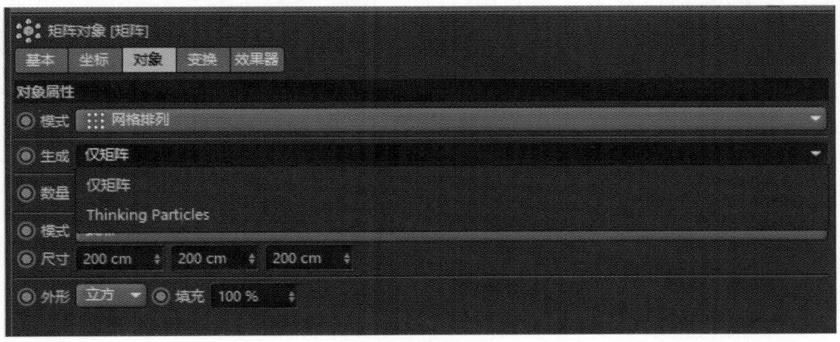

图5-3-9

**生成**：设置生成矩阵的元素类型，默认为立方体，也可选择Think Particles作为矩阵元素，这时原有立方体并不被替换，只是在基础上加入Think Particles。

图5-3-10

## 分裂

分裂是将原有物体分成不相连的若干部分，可以配合效果器实现很多有意思的创意动态图形。分裂中的其他属性与前面功能类似，这里主要看看对象属性面板下不同分裂模式的差异，如图5-3-10所示。

**直接**：直接分裂。

**分裂片段**：是指每个不相连的部分作为分裂的最小单位。

**分裂片段&连接**：分裂效果以可分裂的最小单位进行。

### 实例

实例工具是选择一个带有动画属性的对象，作为实例工具的参考对象。在播放动画时，通过实例工具，可以控制物体在动画中的状态。实例功能大部分属性与前面功能属性相同，这里不再赘述。其对象属性选项卡面板如图5-3-11所示。

图5-3-11

**对象参考**：将带有动画的物体拖至右侧框，会进行实例模拟。

**历史深度**：数值越高，模拟范围越大，如20表示可以模拟动画前20帧的运动状态。

### 文本

文本工具是CINEMA 4D中运用最多，用来实现文字效果的工具，在其属性面板下，基本、坐标、平滑着色以及封顶参数与前文参数化几何体等内容相同，在此不再赘述。这里仅介绍其特殊属性，其对象属性选项卡面板如图5-3-12所示。

图5-3-12

**深度**：文字的挤压厚度，数值越大，厚度越大。

**细分数**：文字厚度的分段数量。

**文本/字体/对齐**：文字的内容、字体，以及设置文字对齐方式，包含默认的左对齐、右对齐以及中间对齐。默认为左对齐，即字体最左边位于世界坐标原点。

**高度/水平间隔/垂直间隔**：高度控制字体在场景中的大小，水平间隔是文字之间的水平间距，垂直间隔是文字的行间距。

**字距/显示3D界面**：文字之间的距离；勾选后打开显示3D调整界面。

**点插值方式/数量/角度/最大长度**：点插值的方式，用于进一步细分样条中间的点分布方式，影响创建的细分数，配合数量、角度、最大长度可以分别调节其属性。

**着色器指数**：只有当场景中的文本被赋予了一个材质，并且该材质使用颜色着色器时，着色器指数才会起作用，分为单词字母索引、排列字母索引，以及全部字母索引；分别以每个单词为单位进行颜色分布、以文本为单位每行按单词排列方向进行颜色分布，以及整个文本由上至下渐变分布。

在全部、网格范围、单词、字母属性选

项卡下，都是配合效果器进行设置使用的，配合不同的效果器产生不同的创意，分别对全部文本、每行文本、单词文本以及单个字母进行效果叠加。如以“全部”为例，如图5-3-13所示，将效果器拖入效果右侧的空白区域，可以对整个文本对象产生作用。

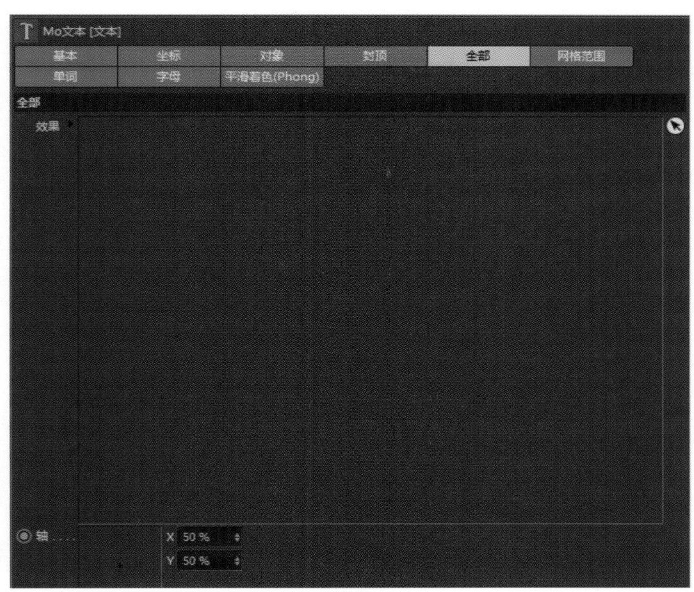

图5-3-13

### 追踪对象

追踪对象可以追踪运动物体上顶点位置的变化，生成曲线路径，产生非常有创意的视觉效果，其对象属性选项卡面板如图5-3-14所示。

图5-3-14

**追踪链接**：追踪的对象。

**追踪模式**：控制当前追踪路径生成的方式，包含追踪路径、连接所有对象和连接元素三种。其中，“追踪路径”是以运动物体定点位置的变化作为追踪目标，在追踪过程中生成曲线；“连接所有对象”指追踪物体的每个顶点，并在顶点间产生路径连接，一般为两个以上对象；“连接元素”是追踪以元素层级为单位的追踪连接。

**采样步幅**：在追踪模式为追踪路径时激活，设置追踪对象的采样间隔，数值越大，每段动画中采样次数越少，形成的曲线精度越低，曲线也会越不光滑。

**追踪激活**：取消该项时不会产生追踪路径。

**追踪顶点/只用TP子群**：勾选时，追踪对象会追踪运动物体的每一个顶点，否则只追踪中心点；勾选则只使用TP子群。

**手柄克隆/包括克隆**：手柄克隆是被追踪的物体为一个嵌套克隆对象，包含仅节点、直接克隆、克隆从克隆。其中，“仅节点”是追踪对象以整体的克隆为单位进行追踪，只产生一条追踪路径；“直接克隆”以每一个克隆物体为单位进行追踪，每一个克隆物体都会产生一条追踪路径；“克隆从克隆”是追踪对象以每一个克隆物体的每一个顶点为单位进行追踪，此时克隆物体的每一个顶点都会产生一条追踪路径。

**空间**：当追踪对象自身位置属性不为0，空间方式为“全局”时，追踪曲线与被追踪对象完全重合；空间方式为“局部”时，追踪路径和被追踪对象之间产生间隔，间隔距离为追踪对象自身的位置属性。

**限制**：设置追踪路径的起始和结束时间，分为无、从开始以及从结束。“无”是从被跟踪物体运动的开始到结束，追踪曲线始终存在；“从开始”是选择该项后，右侧的总计将被激活，追踪路径从运动起始开始到总计设定的时间结束；“从结束”是选择该项后，右侧的总计被激活，追踪路径的范围为运动当前帧减去总计数值。

**生长模式**：分为完整样条和独立分段两个选项，选择任意模式都需要配合开始、终点参数产生效果。

**开始/终点/偏移**：设置样条曲线的起始生长值、结束生长值以及从起点到终点范围内，样条曲线的位置变化。

**延长起始**：勾选后，当偏移值小于0时，运动样条会在起点处继续延伸；取消则在起点处终止。

**排除起始**：勾选后，当偏移值大于0时，运动样条会在结束处继续延伸；取消则在结束处终止。

**目标样条/X导轨/Y导轨**：将对象直接拖入右侧框中，分别作为目标样条、目标X/Y导轨。

**类型**：设置追踪过程中生成的曲线类型，该类型与样条工具的类型一致。

**闭合样条**：勾选后，追踪对象生成的曲线为自动闭合样条。

**反转序列**：反转生成曲线的方向。

点插值方式与前面功能相同。

## 运动样条

使用运动样条可以创建出一些特殊形状的样条曲线，其对象属性面板如图5-3-15所示。

**模式**：分为简单、样条和Turtle三种，不同模式对象激活的标签选项也会随之变化，每种模式都有独立参数设置。

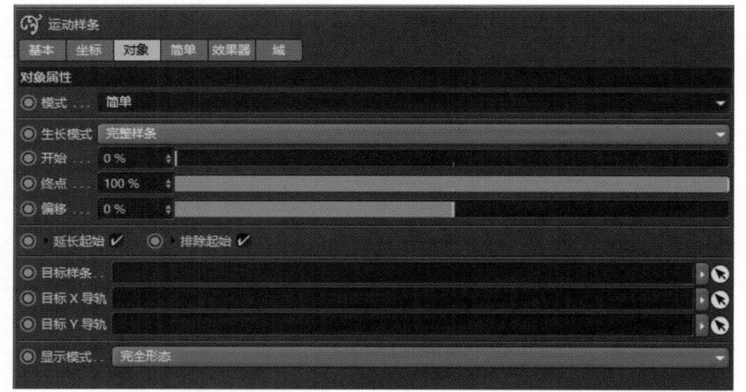


图5-3-15

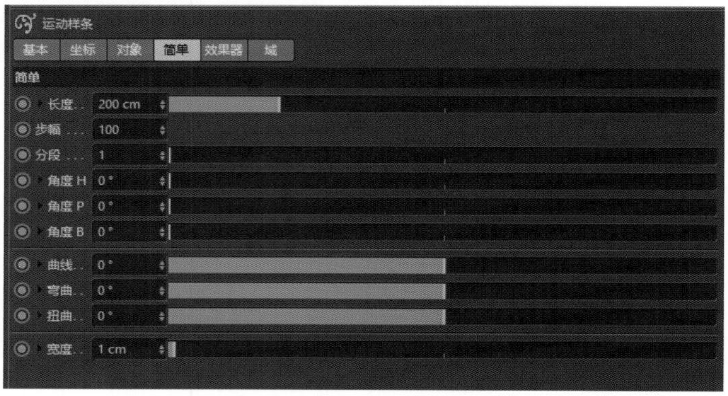

图5-3-16

**显示模式**：运动样条的显示模式，分为“线”“双重线”“完全形态”三种。

当运动样条对象属性面板中的模式选择简单时，才会激活简单属性面板（图5-3-16）。

**长度**：设置运动样条产生曲线的长度，单击左侧小箭头也可在弹出的样条窗口控制运动样条的长度。

**步幅**：控制运动样条产生曲线的分段数，值越高曲线越光滑。

**分段**：控制运动样条产生曲线的数量。

**角度H/P/B**：控制运动样条在H/P/B三个方向上的旋转角度，也可以单击角度左侧的小箭头控制角度。

**曲线/弯曲/扭曲**：设置运动样条在三个方向上的扭曲程度，也可以单击小箭头控制。

**宽度**：设置运动样条产生曲线的粗细。

效果器参数，为运动样条添加一个或多个效果器，效果器作用于当前运动样条。

域参数，为当前运动样条添加一个或多个力场，力场效果作用于运动样条。

### 运动挤压

运动挤压为一个紫色图标工具，在使用中需要一个被挤压对象作为挤压变形器的父层级或者同层级。其对象属性面板如图5-3-17所示。

**变形**：当效果器属性面板中连入了效果器时，该参数控制效果器对变形物体作用的方式，分为从根部、每步两种。“从根部”是物体在效果器下整体变化相同；“每步”是在效果器下产生递进式变化。

**挤出步幅**：设置变形物体挤出的距离和分段数，数值越大，距离越大，分段越多。

**多边形选集**：通过控制多边形选集指定只有多边形物体表面的一部分受到挤压变形器的作用。

**扫描样条**：当变形设置为从根部时激活，指定一条曲线为变形物体挤出时的形状，调节曲线形态控制最终变形物体挤出的形态。

变换及效果器属性面板与前文相同。

### 多边形FX

多边形FX可以对多边形样条或者面产生不同影响，同样作为紫色图标工具，也需要一个对象作其父层级或者同层级，其对象属性面板如图5-3-18所示。

**模式**：分为整体面（Poly）分段，即对多边形或样条进行位移、旋转、缩放操作时，以多边形或样条的独立整体为单位；部分面（Polys）样条是对多边形或样条进行位移、旋转、缩放操作时，以多边形的每个面或样条的每个分段为单位。

变换、效果器、衰减与前文相同。

### 运动图形选集

运动图形选集可以限定某个运动图形下

图5-3-17

图5-3-18

的物体受效果器控制的范围，只有运动图形的选集部分完全受到当前运动图形内效果器的影响。如图5-3-19所示，设置运动图形选集，在运动图形“克隆”标签栏自动添加运动图形选集标签，为运动图形添加随机效果器，将运动图形选集标签拖入效果器选择栏，得到示例效果。

#### MoGraph权重绘制画笔

运动图形权重绘制画笔为运动图形直接进行权重绘制的画笔工具。

#### 线性克隆工具

直接进行线性克隆的快速克隆工具，选择对象单击线性克隆工具后，拖拽场景中克隆物体，物体将随着方向进行线性克隆；对象窗口中会出现一个将该对象作为子层级的克隆物体。

#### 放射克隆工具

直接进行快速放射克隆的工具。选择对象后单击放射克隆工具，物体将呈放射状克隆。对象窗口中会出现一个将该对象作为子层级的克隆物体。

#### 网格克隆工具

同上，直接进行网格克隆的快速克隆工具。

### 5.3.2 效果器

效果器按照各自不同功能与操作特性对运动图形产生不同效果的影响，与此同时，也可以对物体对象进行直接变形，使用起来灵活多变，可以独立使用，也可以相互配合。对于效果器的创建使用，将效果器拖到运动图形效果器参数面板下的空白框即可，也可选择对象后直接点击菜单栏>运动图形>效果器。创建后，可在效果器属性面板查验效果器是否生效，如图5-3-20所示。

图5-3-20

#### 群组效果器

群组效果器顾名思义可以将多个效果器打成一组，同时起作用，该选项卡面板如图5-3-21所示。

**强度**：控制效果器共同作用的强弱。

**选集**：控制选集，可将选集拖入右侧框中。

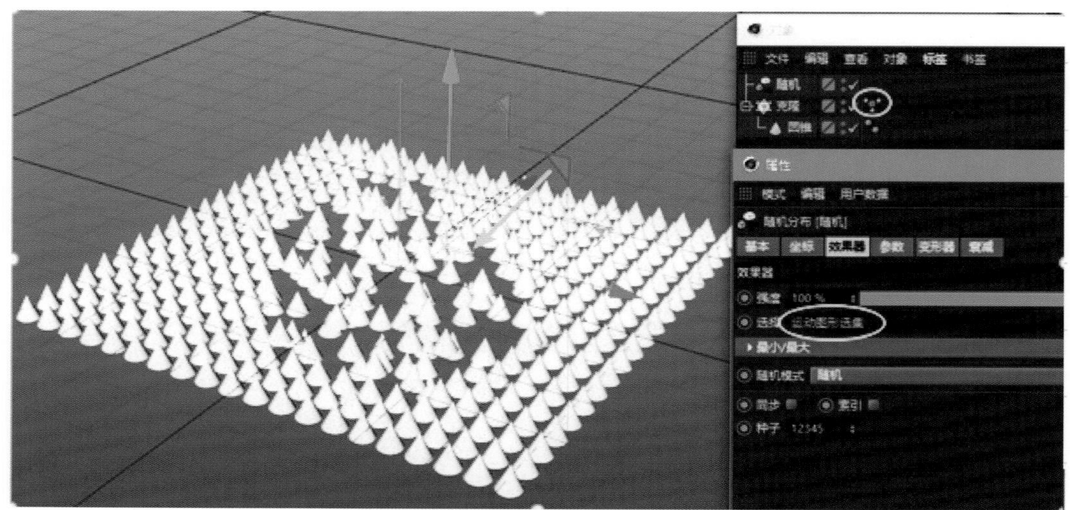


图5-3-19

**重复时间**：勾选则激活重复时间，可以在开始帧和结束帧选择需要重复的时间效果。

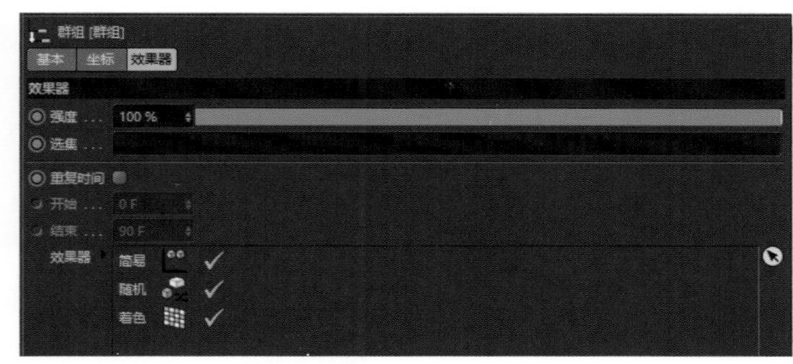

图5-3-21

**开始/结束**：设定开始与结束的时间。

**效果器**：放置效果器。

## 简易效果器

简易效果器通过一些面板参数的设置对对象产生一定影响。简易效果器的属性选项卡面板如图5-3-22所示。

图5-3-22

强度、选择属性与前面的效果器相关属性相同。

**最大/最小**：控制当前变化的范围。

简易效果器的参数属性面板如图5-3-23所示。

图5-3-23

**变换模式**：将效果器的效果作用于物体的位置、缩放、旋转属性上，分为相对、绝对和重映射三种。

**变换空间**："节点"为被克隆物体以自身坐标为基准进行变换；"效果器"是克隆物体以简易效果器的坐标为基准；"对象"是以克隆物体的坐标为基准。

**位置/缩放/旋转**：对位置、缩放以及旋转的设置。

**颜色模式/使用Alpha强度**：分为三种，"关闭"即不会产生影响；"开启"则产生影响；"自定义"即可以通过调节颜色参数来定义。使用Alpha强度为带有透明通道的强度。

**权重变换**：一般指将当前效果器的作用施加给运动图像的每个节点，控制每个运动图形物体受其他效果器影响的强度。

**U向/V向变换**：运动图形物体内部的U向/V向坐标，可以控制效果器在运动图形物体U/V向的影响。

**修改克隆**：对多个物体进行克隆，调整修改克隆属性时，可以调整分布状态。

**时间偏移**：调节带有动画时的开始时间偏移值，默认从0帧开始。

**可见**：勾选可见。

在简易效果器的变形器选项卡下，针对变形模式的几种效果如下。

**关闭**：不起作用。

**对象**：效果器作用于每一个独立对象本身。

**点**：进入点级别模式时，效果器作用于物体每一个顶点。

**多边形**：作用于每一个多边形的平面。

### COFFEE

COFFEE效果是以外部编程语言COFFEE语言来实现，如图5-3-24所示。

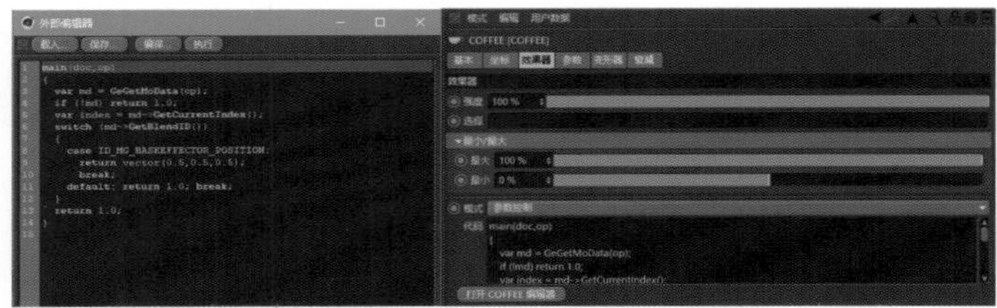

图5-3-24

其他属性与前文类似。

### 延迟效果器

延迟效果器可以使运动图形的运动产生延迟效果。这里不再赘述效果器属性选项卡下的强度和选集。其模式共有三种，如图5-3-25所示。

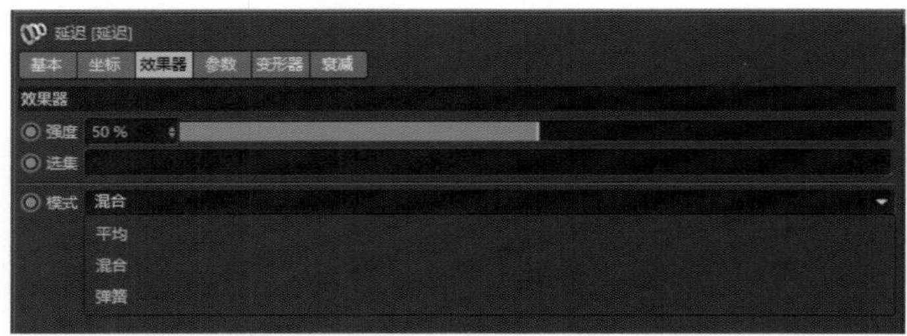


图5-3-25

**平均**：平均模式下的物体在产生延迟效果的过程中速率保持不变。

**混合**：混合模式下速率由快至慢。

**弹簧**：弹簧模式下延迟效果产生反弹效果。

参数属性下可以任意调整位置、缩放以及旋转的参数，变形器及衰减属性与前文相同。

### 公式效果器

利用数学公式对物体产生影响、营造效果，默认为正弦波公式。效果器选项卡面板如图5-3-26所示。这里不再赘述前面讲过的类似属性功能。

图5-3-26

**公式**：在公式属性右侧框内可以自由编写所需数学公式。

**变量**：提供编写公式过程中可使用的内置变量。

**t-工程实际**：越接近0运动速度越慢。

**f-频率**：默认时不参与，当编入公式时参与计算。

## 继承效果器

通过继承效果器，运动图形的位置、运动动画可以从一个对象转移到另一个对象。效果器选项卡面板如图5-3-27所示。这里不再赘述前面讲过的类似属性功能。

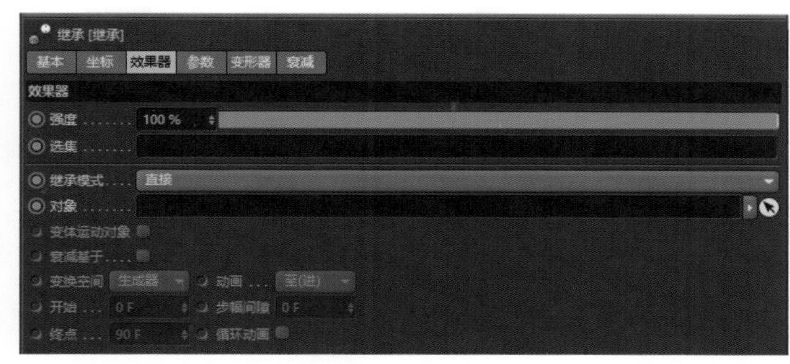

图5-3-27

**继承模式**：分为“直接”“动画”，其中“直接”是继承物体直接继承对象的状态；“动画”是继承物体可以继承对象的动画。

**对象**：将对象直接拖入右侧空白区域。

**变体运动对象**：勾选后，继承物体状态在向对象物体状态变化时，会根据对象物体的形态变化；不勾选则保持自身原有形态。

**衰减基于**：勾选继承物体将会保持某一时刻状态而不再产生动画。

**变换空间**：控制当前继承的作用位置，其中“生成器”为以生成器工具的坐标位置为基准；“节点”则是以自身所在位置为基准。

**动画/开始/终点**：控制动画、开始与结束时间。

**步幅间隙**：当空间属性为节点模式时，调整步幅间隙可以调整运动时间。

**循环动画**：勾选后动画循环播放。

## 推散效果器

顾名思义，推散效果器是以一个力量将运动图形按规律推散开来，形成特殊的效果，效果器属性面板如图5-3-28所示。

图5-3-28

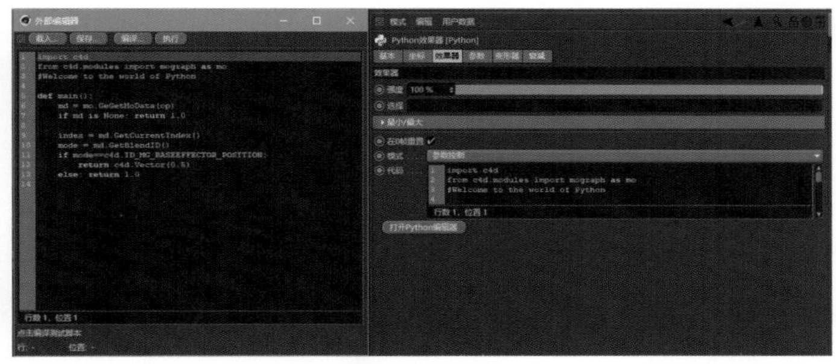

图5-3-29

**模式**：其中“隐藏”即隐藏推散效果器作用；“推离”是从内部向四周推离；“分散缩放”是有层次地离散；沿着“X”“Y”“Z”是沿着某一个固定的轴向推离开。

**半径**：设置半径的大小。

**迭代**：控制迭代的数值。

## Python

以外部编程语言Python来编写效果器的作用，如图5-3-29所示。

## 随机效果器

随机效果器可以对运动图形的位置、大

小、旋转、颜色以及权重值产生随机化影响，在实际创作中使用频率很高。这里不再介绍与其他效果器类似的属性。其特殊属性介绍如下（图5-3-30）。

图5-3-30

**随机模式**：四种随机模式中，“随机”与“高斯”都是非常常用的效果，其中“高斯”的程度比“随机”的程度略低，而“噪波”“湍流”内部会自动生成一个3D随机噪波，生成不太均匀的随机效果。

**同步**：勾选显示同步效果。

**索引**：勾选显示索引效果。

**种子**：调节随机种子数。

### 重置效果器

可以将对象拖入效果器框中产生重置，如图5-3-31所示。

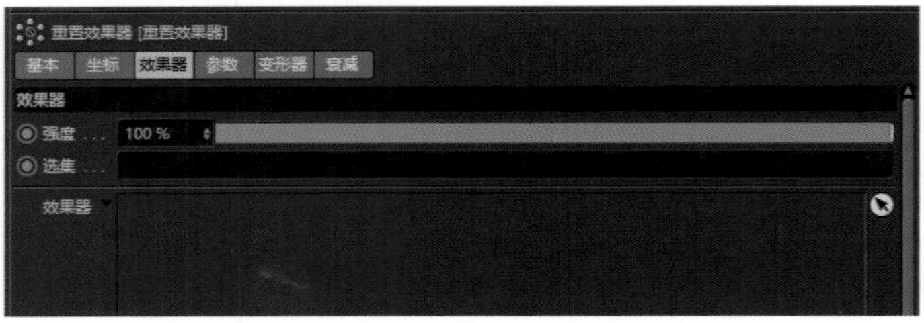

图5-3-31

### 着色器

应用颜色材质纹理的灰度值对运动图形对象产生影响，将某种纹理按照一定的方式投射到克隆对象上，其特殊属性面板如图5-3-32所示。

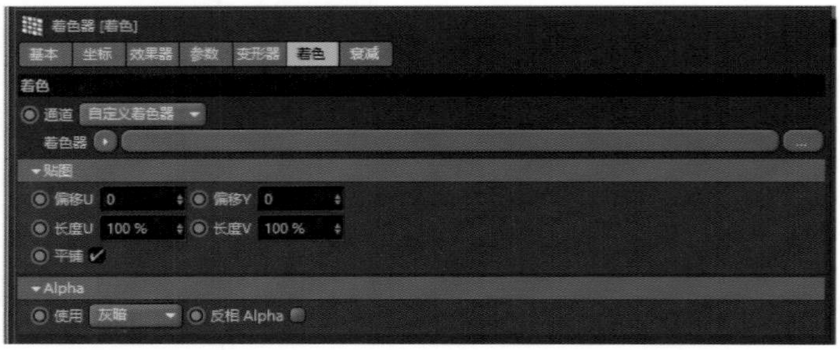

图5-3-32

**通道/着色器**：当通道为自定义着色器时，点击下面“着色器”最末尾的三个小点按钮，从外部选择一张预存纹理导入，也可用当前工程当中的材质通道来影响运动图形。通道属性的指定是针对材质球中相对应的属性进行指定，指定材质后可以通过着色器属性下方的采样、模糊偏移、模糊程度进行处理。

**偏移U/偏移V**：调节U/V位移。

**长度U/长度V**：产生U/V拉伸。

**平铺**：勾选以平铺方式影响变化属性。

**使用**：“Alpha”下可以通过Alpha通道来影响属性；“灰暗”将使用纹理的灰度值来影响；“红”“绿”“蓝”分别用单色去影响属性。

**反相Alpha**：反转图形的Alpha通道。

### 声音效果器

声音效果器可以指定一个.wav或者.aif格式的音频文件，根据音频文件频率的高低，对物体的变换属性进行控制，这里注意需要无压缩的文件。声音效果器属性面板如图5-3-33所示。相同属性不再赘述。

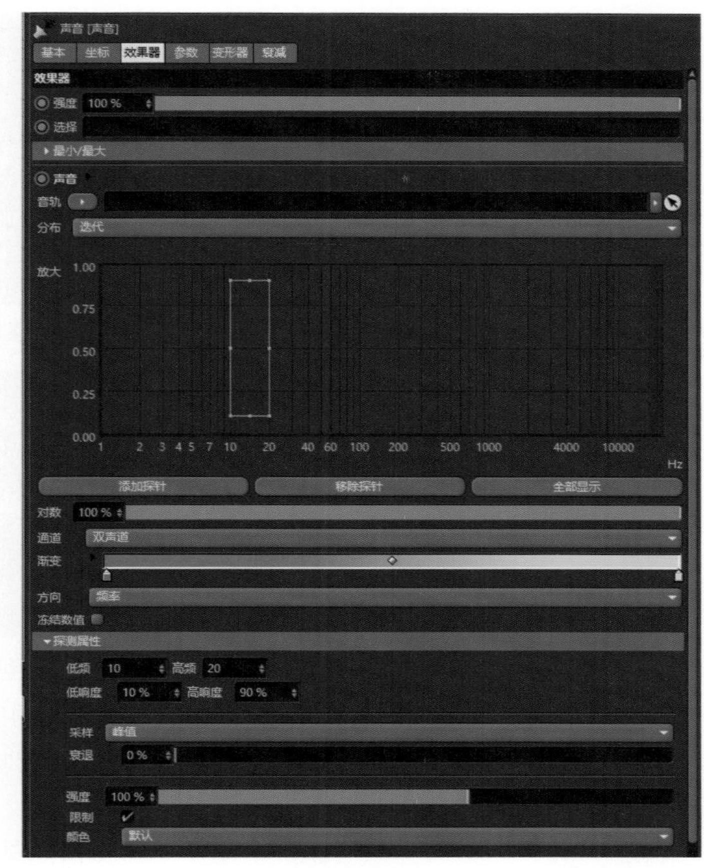


图5-3-33

**音轨**：从外部导入声音轨道。

**分布**：分布的方式。

**放大**：编辑音频的图谱范围，可以添加和移除探针，也可以缩小后全部显示。

**对数**：调节对数百分比数值。

**通道**：左右双声道的选择。

**方向**：模式的选择。

**冻结数值**：勾选后将冻结当前数值。

**探测属性**：探测的相关属性，包括高低频、采样、衰退、强度以及颜色等设置。

## 样条效果器

样条效果器可以将运动图形等对象按照先后顺序排列在一条样条线上。将对象的首尾两者分别排列在样条的起始处和结束处，中间的对象就会根据不同的设置依次排列。样条效果器的属性面板如图5-3-34所示。

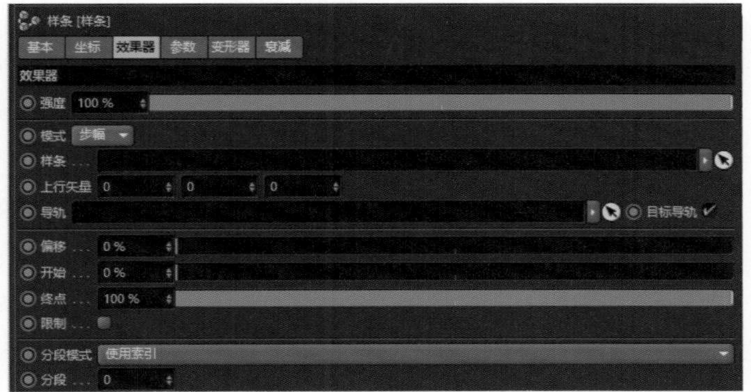


图5-3-34

**模式/样条**：分为步幅、衰减、相对。其中，“步幅”模式下，运动图形会按照顺序等距排列到指定曲线上；“衰减”模式下，每个运动图形物体在曲线上的位置取决于曲线效果器的衰减项参数数值，根据衰减值的大小运动图形会排进曲线；“相对”模式下，运动图形物体或对象物体在X/Y/Z轴向上存在差异时，可以保留原有差异。

**上行矢量**：可以手动定义上行矢量，有效避免运动图形沿着曲线排列的过程中产生跳转角度的效果。

**导轨**：可将样条拽入导轨右侧框，使样条曲线作为目标导轨。

**偏移**：控制运动图形沿着曲线方向进行偏移的大小。

**开始**：控制运动图形在曲线开始端到结束端的分布范围。

**终点**：控制运动图形由结束端到开始端的分布范围。

**限制**：控制运动图形排列位置超过曲线长度以后的状态，注意此时偏移不为0；若不勾选，则从起始端超出的部分再次从结束端流入；勾选则超出的部分消失。

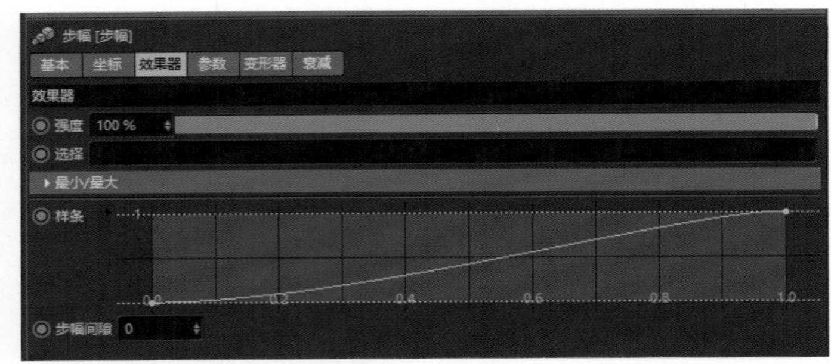

图5-3-35

图5-3-36

**分段模式/分段**：通过不同分段模式，调整运动图形在多段曲线上的分布方式。“使用索引”是默认状态下只有一条完整曲线排列，分段指定在曲线当中某一段进行分布；“平均间隔”为运动图形平均分布在多段样条上，每段曲线内指定对象都将保持不变；“随机”即通过不同种子数随机调整多样化形态；“完整间距”是保持固定间距。

### 步幅效果器

步幅效果器可以使对象物体产生递进式的属性变化，其属性面板如图5-3-35所示。

**样条**：使用曲线编辑窗口可以调整所控制的对象物体中，从开始到最后物体所受到影响的强度，曲线调节效果也会实时反映到对象物体上。

**步幅间隙**：控制对象物体中，第一个物体到最后一个物体所受到影响强度递进变化的插值方式，当值大于0时影响强度递进的程度不同。

### 目标效果器

目标效果器可以使所有对象物体的方向朝向一个物体，或是摄像机本身，也可以让对象彼此朝向。目标效果器属性面板如图5-3-36所示。

**目标模式**：可以从目标模式中选择对象目标、朝向摄像机、下一个节点以及上一级节点。其中，“对象目标”是将对象的Z轴始终保持指向目标对象，拖入一个对象到下方空白框，则可以用来作为一个具体的目标对象；“朝向摄像机”即对象物体的Z轴以当前的视图摄像机为指向目标；“下一个节点”是每个对象物体会把它在对象面板中的下一个物体作为自己的目标朝向；“上一级节点”即每个对象物体都会把它的上一个对象物体作为自己的目标朝向。

**使用Pitch**：勾选Pitch，对象的Z轴会指向对象目标，若不勾选则不会产生高度视线跟随，只在水平作用，默认为勾选。

**转向**：勾选转向，物体会反转指向轴，从Z轴变为-Z轴。

**上行矢量**：根据不同实际指定任意轴向，或者指定对象为上行矢量。指向上行矢量可以用来避免对象发生跳转。

**排斥**：勾选目标物体靠近时会对物体产生位置排斥效果。

### 时间效果器

时间效果器不需要对其他参数进行设置，均为前文讲过的参数，它主要利用运动图形的运动时间来影响对象物体属性的变换。

### 体积效果器

体积效果器可以用来定义一个范围大小，在这个范围大小内影响对象的变化属性，相同属性参数可参考前文，其中效果器属性面板如图5-3-37所示。

**体积对象**：即设计师可以将几何形体拖入体积对象右侧框内，该几何体便可以影响运动物体的变化属性值。如图5-3-38所示，运动图形矩阵被体积效果器对象圆环所影响。

图5-3-37

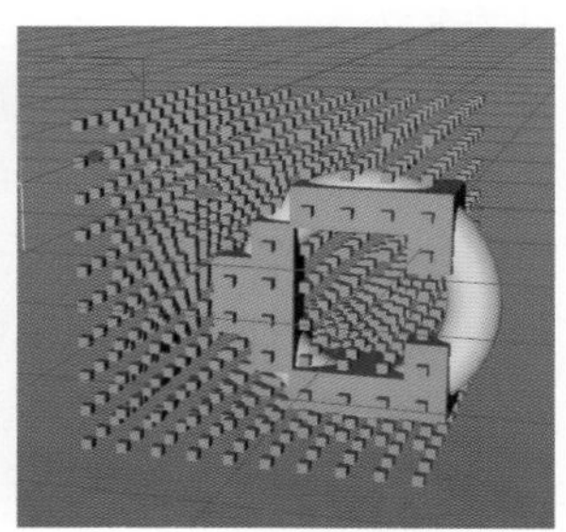

图5-3-38

## 5.4 | 运动图形综合案例——think

“think”为运动图形综合创意案例，渲染其中单帧的效果如图5-4-1所示。

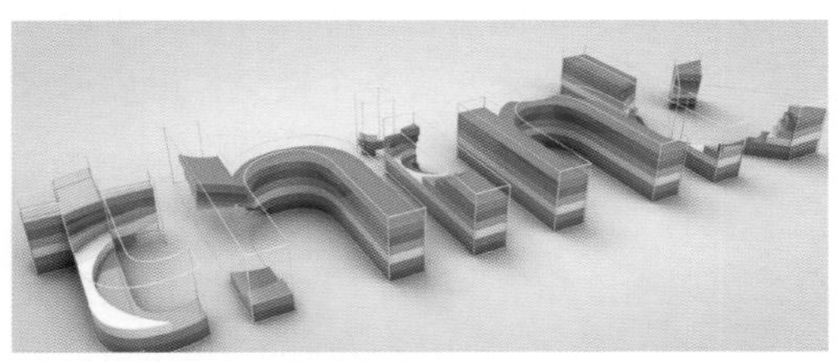

图5-4-1

### 创意思路

在我们思考动态图形设计的创意时，怎样简明清晰地确立我们想要表达的核心呢？对于think这个词汇，涉及思想、思维、思考、思索等词汇的相关概念，那么如何进一步凝练并应用动态图形来表达呢？

首先最直观的是，我们希望看见think这个词汇的字体直接出现在画面中，明确这一点之后，自然可以推想到：希望针对字体本身做一些改变，然而单纯改变字体的花体字设计这一创意思路，只能说比较符合传统的平面设计手段，到了动态图形设计中，我们需要打开思维，以运动的、发展的、变通的思维来进行设计。

然后，怎样以运动的动态图形思路来创意呢？我们可能会想到将字体产生的过程“写”出来，这是一个非常直线的思路；我们也可以想到相类似的，比如“描摹”“填充”“灌注”这个字体。那么，我们需要有一个对象，比如think的字体框架，如图5-4-2所示。

图5-4-2

在字体框架中“描摹”出实体，便能很自然地形成动态图形，呈现出“思维是流动”的理念。这种呈现正是think这个动作本身的含义。

最后，选择什么样的颜色来确立风格？思维是敏捷、活跃和灵活的，所以倾向于选择明快的色调，联系到“大脑”平时在大家心中的印象，因而选择藕粉色或者从肉粉色系到红色系的渐变转化作为主要颜色，如图5-4-3、图5-4-4所示。

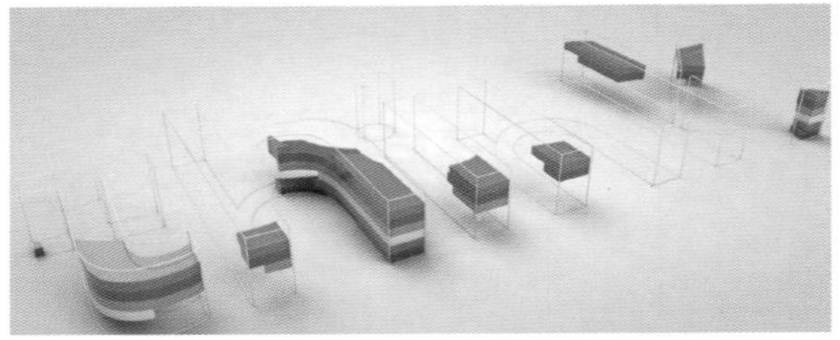

图5-4-3

图5-4-4

## 制作原理

①首先来看字体的白色框架部分，使用文本工具创作think对象，转化为可编辑化对象样条，以连接工具连接，如图5-4-5所示。

②以小多边形样条扫描连接字体对象，为其赋予一个白色材质球，如图5-4-6所示。

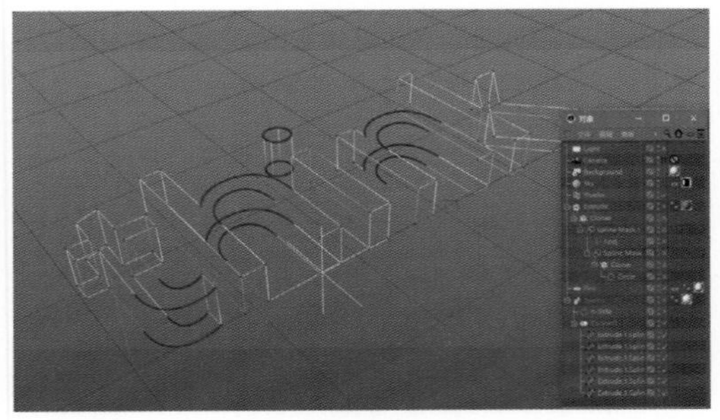

图5-4-5

图5-4-6

③制作填充框架字体的动态图形部分。我们希望制作一个渐次的阶梯状来体现层次感和律动感，这时可以通过克隆一个台阶来达到具有多个台阶的目的；进一步增加阶梯的造型感，可以考虑让阶梯中间以布尔运算的方式相减，从而镂空一部分，同样可以克隆一个圆盘镂空来实现多个镂空；最后通过着色器来控制它们的渐次动态展现。

具体制作时，先看用来镂空的圆盘部分，可以通过样条小圆环先以网格模式克隆，然后挤压出镂空圆盘，也可以最后再挤压，如图5-4-7所示。

④创建一个样条布尔作为克隆圆环对象的父级，使克隆圆环成为一个合集，为样条布尔对象添加着色效果器来观察动态图形变化的效果。我们知道，着色效果器是以颜色贴图通过位置、缩放、旋转等参数的变化来得到运动图形的变化效果，这里选

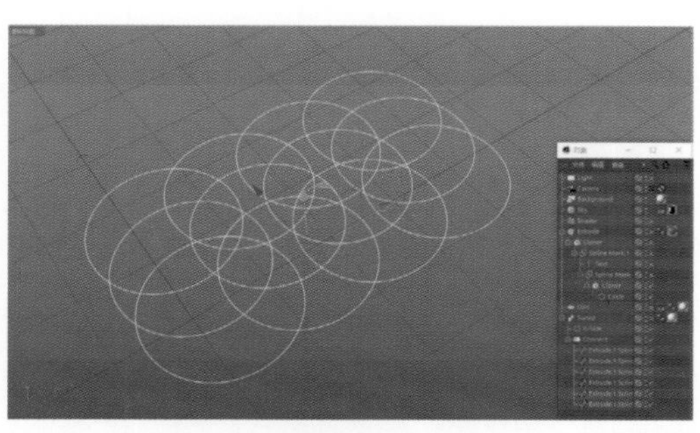

图5-4-7

择“位置”在X、Z轴，缩放在-1左右的范围内变化，为着色器加载噪波纹理，系列效果如图5-4-8～图5-4-10所示。

图5-4-8

图5-4-9

图5-4-10

⑤创建一个相同的think文字对象，对文字对象与圆圈对象作样条布尔运算，以文字对象减去圆圈对象，得到我们想要的镂空文字效果，并作为同一个着色效果器的应用对象，得到动态图形的镂空文字效果（图5-4-11～图5-4-13）。

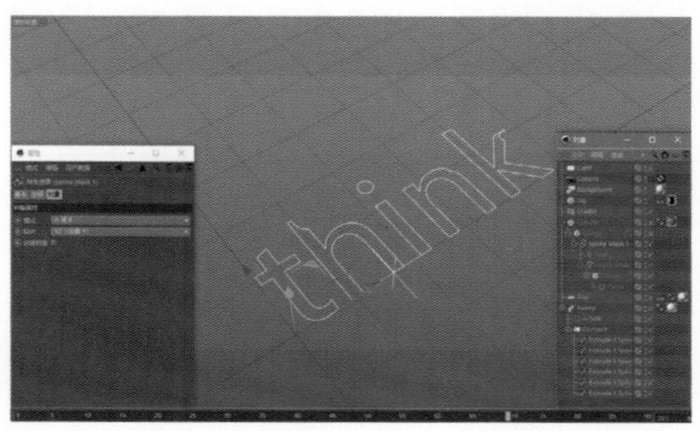

图5-4-11

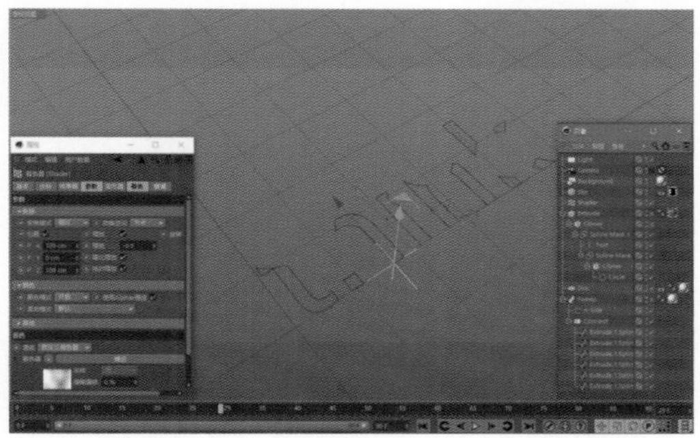

图5-4-12

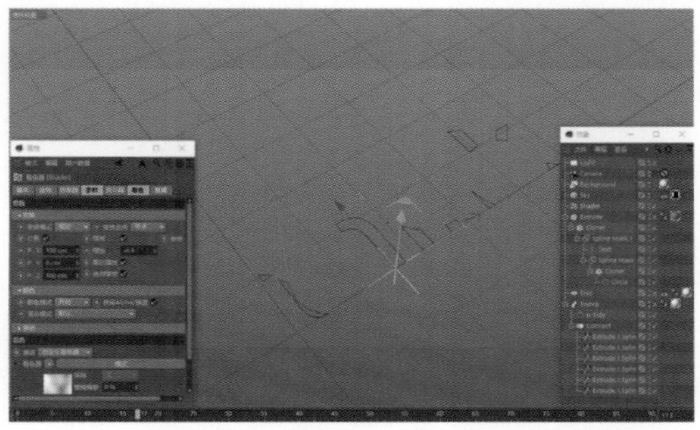

图5-4-13

⑥以线性克隆的方式克隆刚才完成的文字与圆圈样条布尔对象，应用相同的着色器，得到如图5-4-14、图5-4-15所示的效果。

图5-4-14

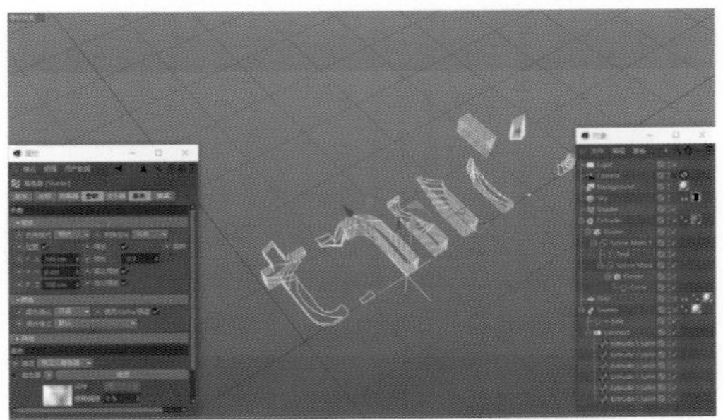

图5-4-15

⑦挤压 克隆对象 ，应用在同一个着色器效果下，为挤压对象添加一个红色的材质球，如图5-4-16、图5-4-17所示。

图5-4-16

图5-4-17

⑧打开刚才制作好的文字框架，得到如图5-4-18所示的效果。

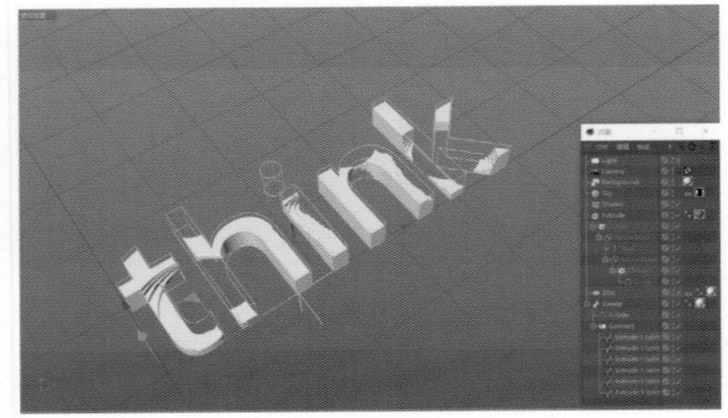

图5-4-18

⑨为场景添加一个大圆盘 作为底面，为其添加一个乳白色的材质球 ，同时添加一个合成标签 ，设置其投影、可见和光线等属性为勾选，如图5-4-19所示。

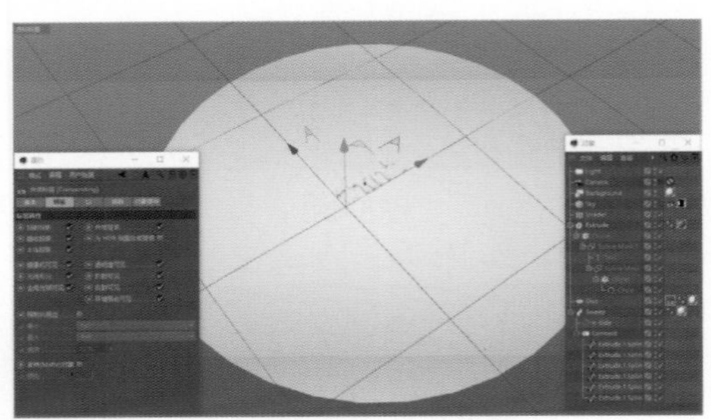

图5-4-19

⑩为场景添加天空、背景、摄像机与灯光等设置，其中天空 使用了发光的纹理通道 ，同时，添加合成标签 ，对投影、可见和光线等属性进行选择，如图5-4-20所示。

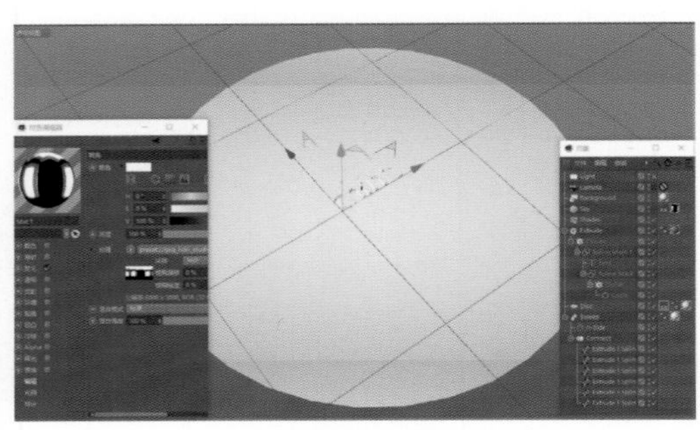

图5-4-20

⑪添加一个背景对象，为其设置一个白色渐变纹理，如图5-4-21所示。

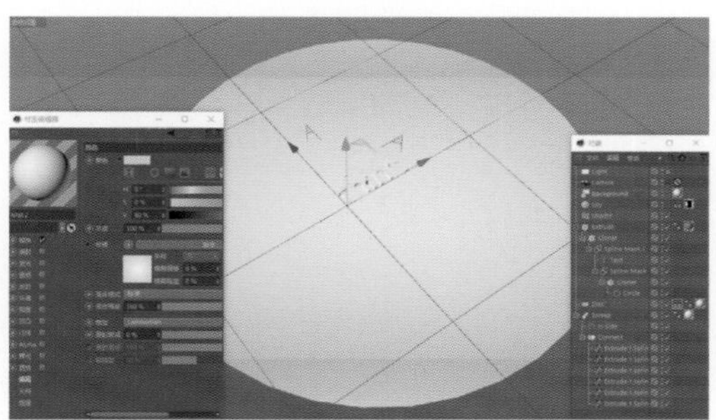

图5-4-21

⑫为场景添加区域灯光对象和摄像机对象，为摄像机调整好视角，添加一个保护标签，如图5-4-22所示。

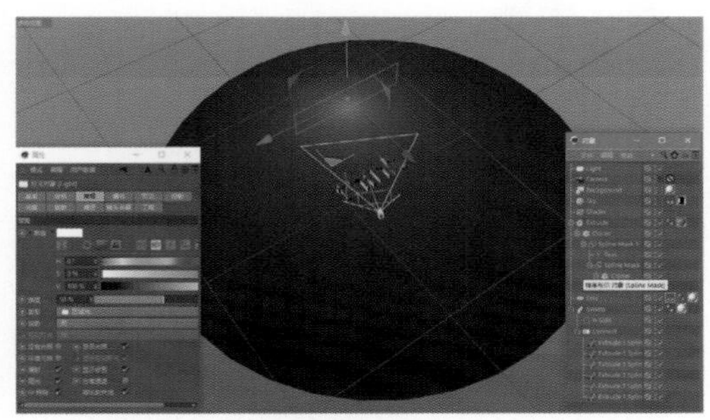

图5-4-22

⑬进入摄像机视图，得到如图5-4-23所示的效果。

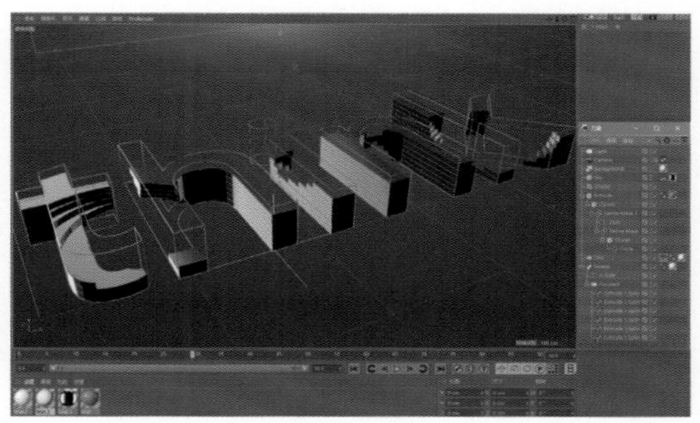

图5-4-23

关于材质、摄像机、标签等功能的使用在后面章节会详细讲解。

## 设计逻辑与要点

以运动、发展、变化的思维方式来考虑整个动态图形设计的架构。

充分理解运动图形和变形器的技术逻辑，明白通过设置什么属性能达到哪些变化效果。

多思考效果之间的结合使用，打开思维，创造不同的设计，这也是动态图形设计不同于其他设计的独特魅力。

扫码看案例高清图

# 进阶篇

# 色彩与材质

## 6.1 | 色彩特性

### 基本色彩原理

关于动态图形设计，我们已经研究了基础的元素、空间的尺度、时间的长度，其实另一个关键设计元素——色彩的地位也尤其重要，它是我们能看见并感知的最明显的视觉内容之一，尤其是画面的整体色彩与基调，是作品给人的第一印象，同时也是对作品风格进行审美评判的首要依据，或清新明快，或沉稳大气。本章所关注的动态图形设计的色彩特性，涉及一些基本的色彩原理、画面的混合模式，以及基础调色。

色彩在视觉设计相关行业中是一个非常重要的元素，包括调色、色彩心理、色彩对比、色彩突出强调等。CG设计较之以往的传统手绘更具有表现力，其优势在于编辑、修改、完善方面的灵活、自由与便捷；如果我们了解色彩如何在计算机系统中记录、编码与计算，那么便可以更具有技术逻辑与思维方法地去运用它。现实自然界中的色源于太阳光源照射到物体上被折射和反射出来的一部分光，被人的眼球所感知。我们对低频、中频和高频光辐射的感知对应了我们对红色（Red）、绿色（Green）和蓝色（Blue）的感知，这同时定义了色彩的三原色（RGB）（图6-1-1）。

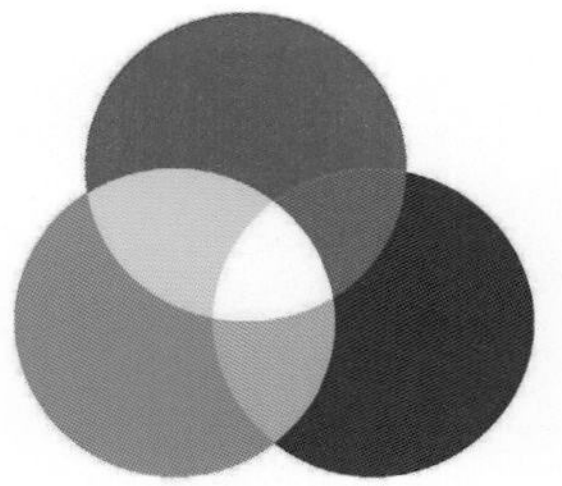

图6-1-1

我们描述色彩的特征时主要涉及HSB三属性，即色相（Hue）、饱和度（Saturation）以及亮度（Brightness）。色相是色彩可以被识别的最明显的特征，比如是蓝色还是红色；饱和度是形容色彩的深浅、强烈程度，比如深蓝色、浅红色；而亮度是色彩的整体色调，或明亮或暗淡，比如明亮的淡蓝色。

色调是亮度和暗度之间的明暗关系，各种图像色彩模式下原色的明暗程度，其级别范围是从0到255，共256级色调。例如对于灰度图像，当色调级别为0时，为黑色，级别为255时，即白色，中间是各种程度不同的灰色。在RGB模式中，色调代表红、绿、蓝三种原色的明暗程度，对于红色就有淡红、浅红、深红等不同的色调。色调是色彩外观的基本倾向，在明度、纯度、色相这三个要素中，某种因素起主导作用，可以称之为某种色调。色调的信息来自亮部、中间调和阴影，这三者传递了一个物体的大小、材质等信息。在CG设计软件中，往往以直方图或柱状图的形式提供给我们一个直观的色调变化数据，直方图的水平轴显示的是颜色范围，从左到右依序排列从黑到白逐渐变亮的颜色，垂直纵轴则是每个独立色调的像素计量器。绝大多数有连续色调的图片，会在直方图上呈现“山脉”形状，表现不同阴影、中间调以及高光的曲线，理解色调直方图对于调色非常重要，如图6-1-2、图6-1-3所示。

图6-1-2

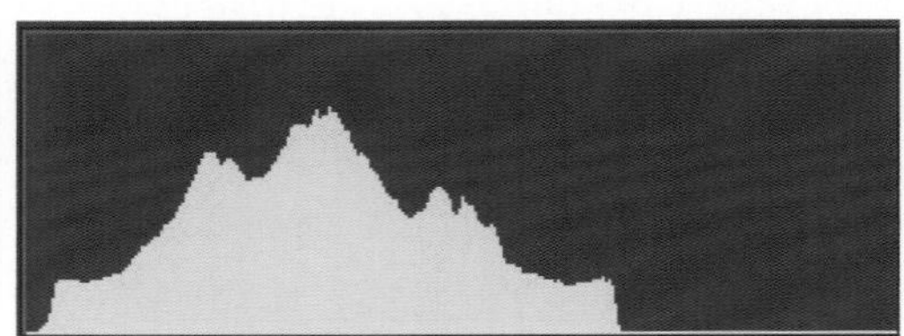

图6-1-3

一个存储在计算机里的数字图片或者视频是由三原色通道构成的RGB颜色通道，通常我们还会加入透明度和灰度信息的阿尔法通道，即RGBA信息，比如当调整一个透明通道的明暗信息并设置关键帧动画时，渐变或淡入淡出效果便设置完成了。通常情况下，当我们把一个特殊的阿尔法通道合成到图像或者视频，使部分像素透明而留下其余部分时，可以达到我们常说的抠像和遮罩效果，这一点非常重要，它决定了后期合成基础，比如利用亮度信息的亮度键控，或者利用蓝色或绿色等关键颜色的色度键控。

## 混合模式

合成可以理解为不同层的画面放置叠加，叠加有多种不同计算方式。在面对颜色材质的叠加时，我们必然会思考叠加的模式是怎样计算的，如果是上面一层直接覆盖下面一层，那么叠加便成为覆盖而毫无意义，因而计算机运用不同的数学算法模型得出不同的混合模式，把来自不同“层”的像素进行混合合成，得到最终的合成像素。

其中，正片叠底是上层的每一个像素的亮度值乘以下层像素的亮度值，从而得到新合成的像素；增添类型的混合模式是使得色彩合成效果更加明亮，比如常见的添加、滤色、变亮、减淡等混合模式；插值、柔光则使原始像素的色彩变得更浅。

## 基础调色

调色主要分为两大类，一类是对同一个视频的固定画面进行色彩叠加的调色处理，使得不同类型的元素和谐地融合在同一个画面之中，最上层图形的色彩应该与下层的相互匹配，几乎所有的后期合成软件都具有调色功能，比如色盘、阴影、灰度、高光、曲线等；另外一类也被称为分级调色，从技术层面来说，其和前者的操作功能相同，不过前者是针对一个纵向的画面合成调色，后者则是一个从时间轴看是横向的视频整体调色，其目的在于使得整个动态图形设计作品的每个镜头拥有相同的色调，从而达到设计上的视觉完整与和谐。

##  6.2 | CINEMA 4D 材质基础

### ■ 6.2.1 材质与表现

材质是对象表面的属性，形状一样的物体往往因为材质的不同而千变万化。例如在现实世界中，小球，皮球、木球、铅球等都是球形物体，之所以给人的感受千差万别，就在于有人体五感来帮助判断，其中80%以上来自视觉上材料给人的不同质感；而在三维世界中，我们判断的依据100%来自在现实世界所积累的视觉经验，亦即这个小球“看起来”像是“皮质”还是“木质”的；每一种材质都有自己的特性，无论是金属、木材，还是玻璃等，三维软件正是模拟这种材质特性。

在三维软件中，每一种材质是分通道的，不同的通道通过不同的计算方式叠加混合。

### ■ 6.2.2 材质编辑器

双击创建好的材质球，可以打开CINEMA 4D的材质编辑器，左侧上部分为材质预览区，在材质预览区点击鼠标右键弹出“显示形式”选择框，这些形式仅仅是材质预览的显示，例如圆角立方体、平面、圆环等；左侧下部分为材质通道区，右侧则为所选各通道的属性，在左侧选中某一通道，右侧便会显示该项的属性设置，鼠标右键点击材质球的预览区还可以调节预览各种显示，如图6-2-1所示。

**▶▶ 主要有哪些材质通道，分别有什么效果?**

#### 颜色

**颜色**：是物体的固有色，我们可以选择任意的颜色作为物体的固有色，可以根据需要切换是否为紧凑型的显示颜色方式、色轮、光谱、是否从图像取色、RGB、HSV、开尔文温度、颜色混合、色块，以及取色器。

**亮度**：固有色的整体明暗度。

**纹理**：可以从外部文件加载贴图作为物

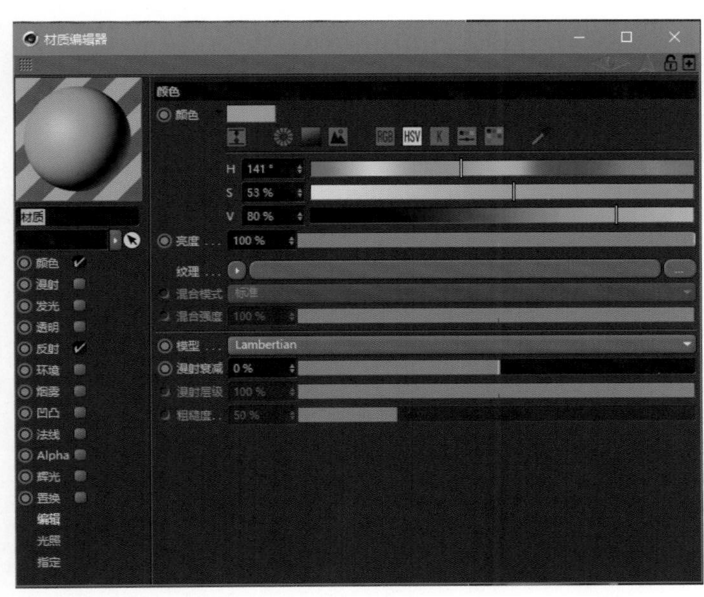


图6-2-1

体的外表颜色。纹理选项是每个材质通道都有的属性，单击小箭头 可弹出多种可供选择的预置纹理效果，如图6-2-2所示。

其中，“清除”即清除所加载纹理效果；“加载图像”为加载任意图像来实现对材质通道的影响；选择“创建纹理”会弹出“新建纹理”窗口以便自定义创建纹理；“编辑”可以打开着色器界面进行进一步设置，同时可以对着色器进行复制和粘贴；加载预置/保存预置是将添加设置好的纹理加载进来，保存在计算机中。

“噪波”是着色器的一种，属于程序着色器，单击纹理预览图，可以进一步设置噪波的着色器参数，页面右上角的箭头 可以来回切换以查看设置；“渐变”可进一步设置渐变颜色和类型；“菲涅尔”指菲涅尔效果，来自“菲涅尔效应”，当物体透明且表面光滑时，表面法线和观察视线的夹角越接近90°，物体的反射越强，透明度越低，反之，夹角越接近0°，反射越弱，透明度越高；“颜色”是通过修改颜色来控制材质通道的属性。

图6-2-2

“图层”“着色”“背面”“融合”“过滤”可以打开加载对话框，可进行多次加载，也可删除，单击纹理可再次加入各种纹理效果，进一步调整各种属性设置。

“MoGraph”是多个MoGraph着色器，适用于MoGraph对象，分为多重着色器、摄像机着色器、节拍着色器、颜色着色器，其中多重着色器是将模式切换为索引比率，对象可以显示多个纹理效果，如图6-2-3所示。摄像机着色器可以将摄像机从对象窗口拖入摄像机载入栏，摄像机中显示的画面会被当作贴图添加在场景对象上，可进一步调整其水平/垂直缩放、前景/背景设置等；节拍着色

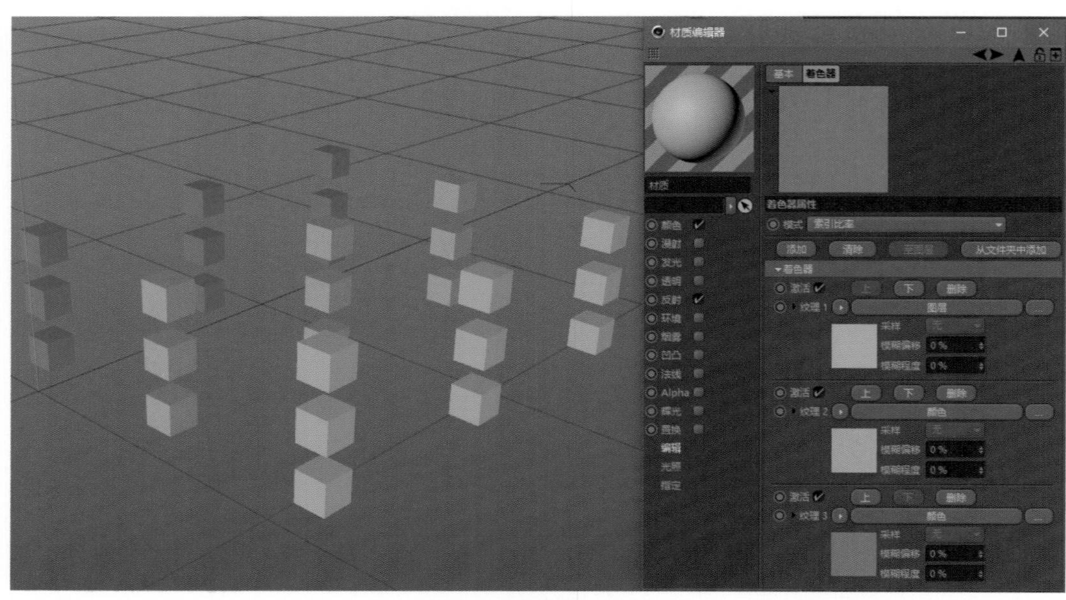

图6-2-3

器可以输入节拍每分钟的数值，控制颜色改变的频率，曲线调整颜色改变的强弱；颜色着色器在索引比率模式下，可以根据样条的曲率改变。

“效果”，提供像素化、光谱、变化、各向异性、地形蒙版、扭曲、投射、接近、样条、次表面散射、法线方向、法线生成、波纹、环境吸收、背光、薄膜、衰减、通道光照、镜头失真、顶点贴图等多种效果，其中比较常用的有各向异性、投射、环境吸收等。

“素描/卡通”提供了划线、卡通、点状、艺术的风格化效果。

“表面”提供多种物体仿真纹理，如木材、大理石、星系等；“Substance着色器”可以从外部文件导入通道。

“多边形毛发”是模拟毛发的一种纹理，可以对颜色、高光、次级以及光照等进行调节。

**混合模式/混合强度**：混合模式是以不同的模式类型，如标准、添加、减去、正片叠底模式来对图形颜色通道显示进行混合叠加，同时可以控制贴图的混合值大小。

**模型/漫射衰减**：分为Lambertian和Oren-NaYar两种模式，可以调整其衰减程度，其中在Oren-NaYar模式下，漫射层级和粗糙度被激活，可以分别调整其大小。

### 漫射

漫射是光线投射在粗糙表面上发生的向各个方向反射的现象，在实际创作中，是结构略微复杂（表面凹凸不平或形体变化）的对象在光照射下一种更真实化的反应。如图6-2-4所示，为一组较为复杂结构的对象添加“漫射通道：纹理-环境吸收”效果时，有漫射通道和无漫射通道下的渲染结果对比。

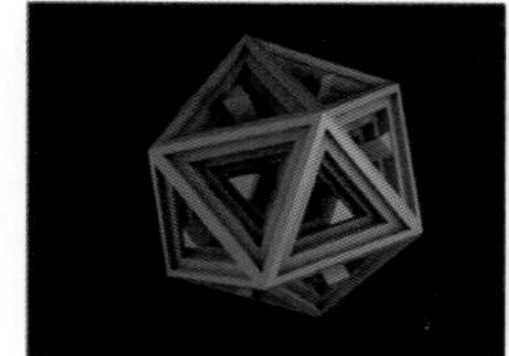

图6-2-4

漫射通道调节漫反射光线的强弱。物体呈现出的颜色跟光线照射的颜色密切相关。在漫射属性面板中，可以调节漫反射“亮度”，可以选择是否勾选“影响发光”“高光”以及“反射”，同时和颜色通道一样，“纹理”可以加入各种纹理效果来叠加影响以漫射程度，也可以使用混合模式和混合强度进一步进行调节，如图6-2-5所示。

图6-2-5

### 发光

发光属性用来表现自发光的物体，如火源、电视屏幕、灯管等，它并不产生灯光的真正发光效果，不能用作场景中的照明光源，但在开启全局光照以及GI渲染时，物体就像一块反光板一样吸收光子产生发光效果，可以充当光源，照亮周围的场景和物体对象，如图6-2-6所示。

图6-2-6

在发光属性面板中，可以调节发光颜色、亮度、纹理，也可以进一步调节混合模式和强度，如图6-2-7所示。

### 透明

透明通道常常用来模拟玻璃、水、玉质等材质对象，物体的透明度是一种视觉上的呈现效果，是一种通透感，它可以由颜色的亮度和明度信息来决定，如图6-2-8所示。

“折射率”是体现一般材质的重要数值，软件提供预设折射率，常见的有，真空/空气：1.000；水：1.333；玻璃：1.500；水晶：2.000；酒精：1.360；绿宝石：1.576；红宝石：1.770；石英：1.644；钻石：2.417。图6-2-9所示为透明通道渲染效果图。

实际创作时，一般默认勾选“全内部反射”和“双面反射”，还可以根据材质特性在纹理选项加载纹理来进一步设置透明效果。透明玻璃具有菲涅尔特性，可以设置“菲涅尔反射”，查看视角越正透明度越高。纯透明的物体不需要颜色通道，对于玉石、水、玻璃等彩色透明效果，可以设置“吸收颜色”属性，也可以进一步设置其模糊程度和采样精度。

### 反射

反射和颜色是创建材质时默认勾选的选项，只要有光就会发生反射，反射通道决定反射能力。CINEMA 4D最新的版本已经把高光整合进入反射通道，选择“默认高光”，会展开关于高光的一些设置：类型、衰减、粗糙度、反射强度、高光强度以及凹凸强度的调节，比如可以通过调节得到一个非常锐利的高光反射（图6-2-10）；层颜色、层遮罩、层菲涅尔以及层采样是对反射的一些具体属性的调节，比如通过调节亮度值来定义反射，同样也可以加载纹理来控制强度和内容，模糊度可以调节反射的清晰程度，采样值可以提高模糊质量，调节遮罩和菲涅尔效果（图6-2-11）。

### 环境

环境可以虚拟一个环境当作物体的反射

图6-2-7

图6-2-9

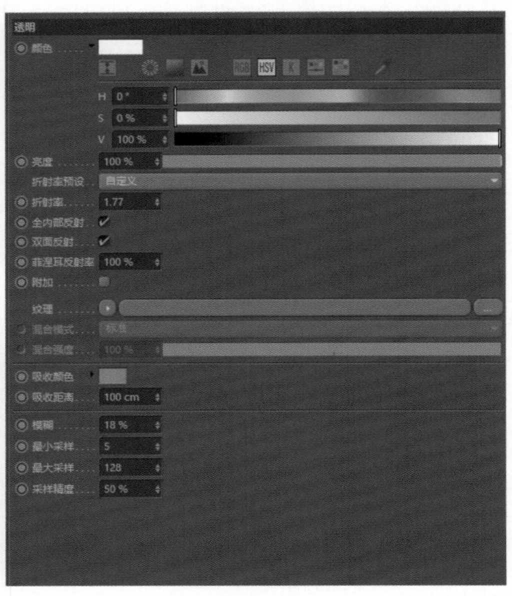

图6-2-8

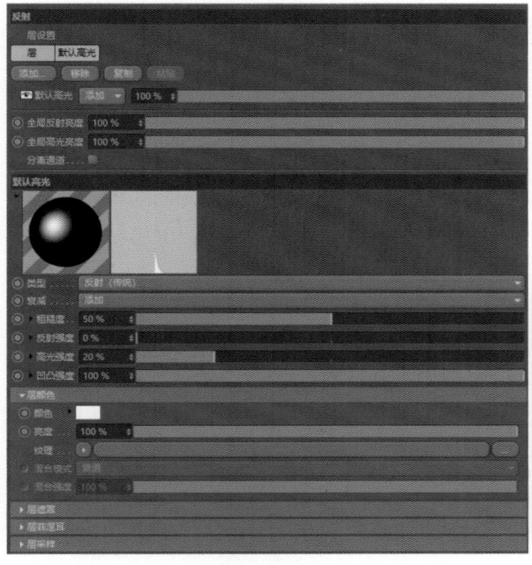

图6-2-10

图6-2-11

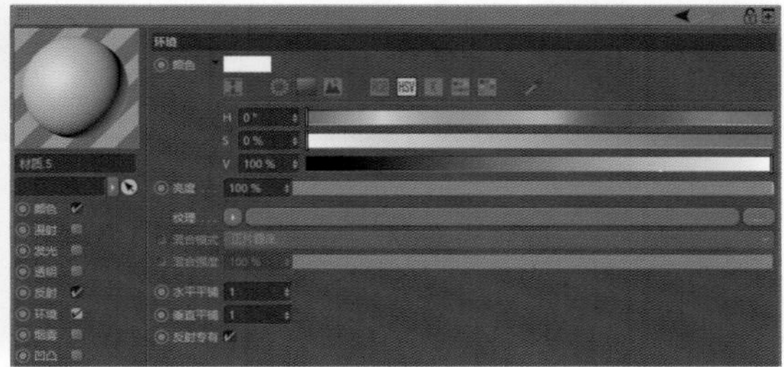

图6-2-12

来源，这样做的好处在于计算资源的高效节省，可以比反射通道更快渲染。在属性中，可以选择纹理加载作为反射贴图，也可以控制颜色、亮度以及平铺等设置，如图6-2-12所示。

### 烟雾

烟雾效果可以配合周围场景环境一同使用，为材质赋予烟雾笼罩的气氛。设置烟雾的颜色、亮度、距离，可以进一步模拟对象在烟雾环境中的可见距离，如图6-2-13所示。

图6-2-13

### 凹凸

用贴图的黑白亮度信息来显示凹凸起伏的强度，而这个凹凸在视觉上而非模型本身，对物体法线没有影响，它会为物体添加上模拟真实的纹理质感，在属性中以纹理的叠加来控制表面的“伪”凹凸效果，可以调整强度、视差补偿、视差采样以及MIP衰减来进一步控制视觉效

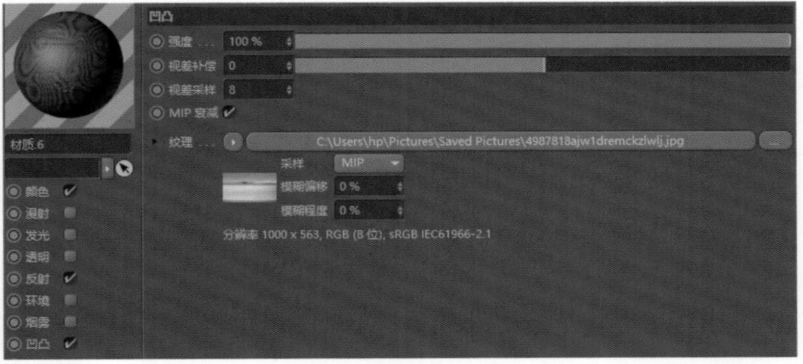

图6-2-14

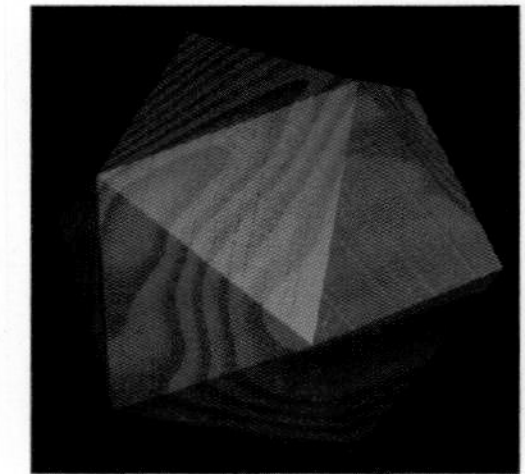

图6-2-15

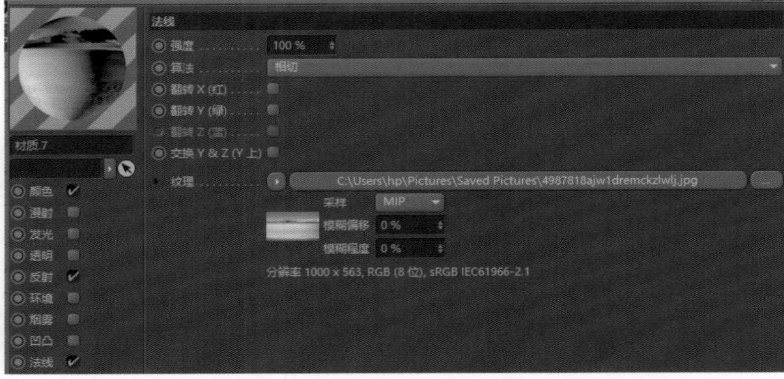


图6-2-16

果，如图6-2-14、图6-2-15所示。

## 法线

法线通道是指在纹理中加载法线贴图，使得低精度、低面度模型显示出高模型效果。法线贴图是从高精模型上烘焙生成带有3D纹理信息的特殊纹理效果（图6-2-16）。如图6-2-17所示，带有法线贴图纹理的比没有带法线贴图纹理的更高模。

图6-2-17

## Alpha

Alpha通道是通过图片本身的亮度信息对物体进行透明镂空处理的方式，亮度信息是纯黑到纯白的过渡，纯黑相当于没有光线即透明镂空，纯白则是光线全部集中混合，即为有亮度信息的部分，如图6-2-18、图6-2-19所示。

## 辉光

辉光是使物体表面发光，模拟霓虹灯、路灯等质感，可以进一步设置它的内外强度、半径、随机值以及频率值等，如图6-2-20、图6-2-21所示。

## 置换

置换是不同于前面凹凸甚至法线通道的真正意义上的纹理置换，会比凹凸通道计算更多的效果和细节，当然也会耗费更多的计

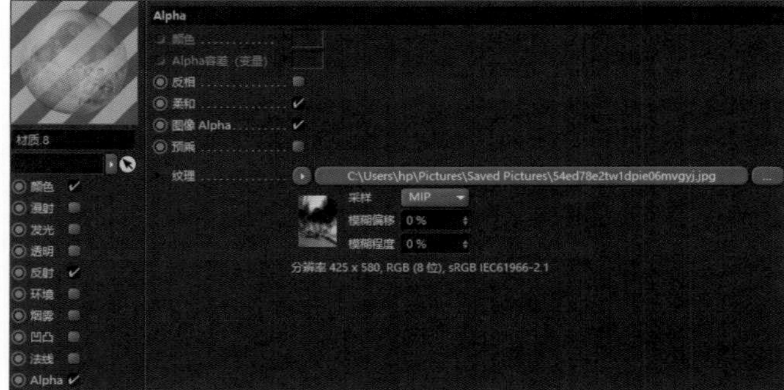


图6-2-18

图6-2-19

图6-2-20

图6-2-21

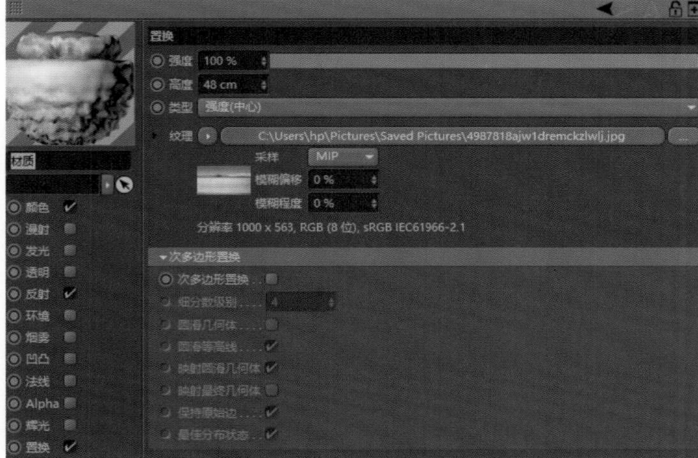


图6-2-22

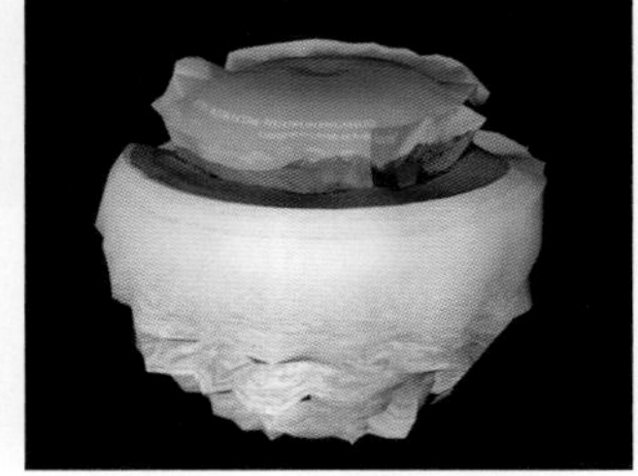

图6-2-23

算时间而降低效率。进入属性面板可以调节置换的强度、类型等参数，如图6-2-22、图6-2-23所示。

### 编辑

编辑面板是对材质显示的设置，“动画预览”可在视图中预览带有动画的纹理，勾选则可在编辑视图中显示；“纹理预览尺寸”可以进一步选择精度更高的预览，计算量随着精度的增大而增加；“编辑器显示”可以选择显示的通道；“反射率”可以选择并控制环境覆盖的纹理贴图和贴图角度；“视图Tessellation”可以选择视图模式，如图6-2-24所示。

图6-2-24

### 光照

光照属性面板控制场景中光照参与全局照明、GI区域光及焦散的相关设置，如图6-2-25所示。

图6-2-25

### 指定

指定面板显示该材质所赋予的物体列表，如图6-2-26所示。

图6-2-26

## ■ 6.2.3 纹理标签

当为对象指定材质后，对象窗口后的列表会出现一个专门的纹理标签，如果对象被指定了多个材质，则会出现多个纹理标签，单击纹理标签会出现标签属性（图6-2-27、图6-2-28）。

图6-2-27

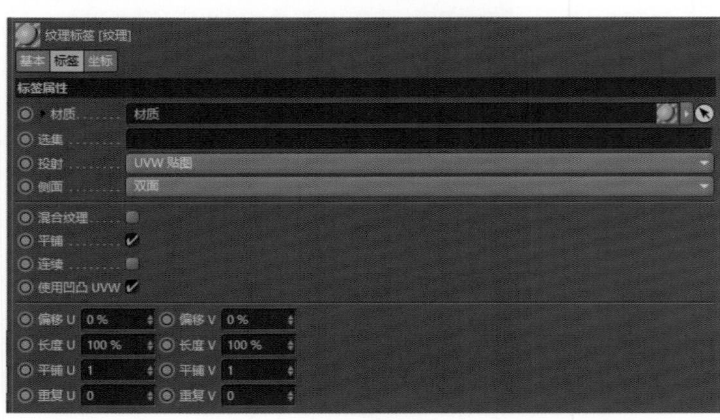


图6-2-28

在纹理标签的选项卡下，标签为常用选项卡，其属性具体如下。

**材质**：拖入材质选项。

**选集**：创建选集后，可以把多边形选集拖入该栏，此时只有多边形选集包含的面指定该材质，可以为同一个对象的不同面指定不同的材质。

**投射**：当材质内部通道包含纹理贴图时，可以由投射参数来控制贴图在对象上的投射方式，分别为球状、柱状、平直、立方体、前沿、空间、UVW贴图、收缩包裹、摄像机贴图。

**侧面**：侧面参数用于设置纹理贴图的投射方向，分为双面、正面和背面三项，在对象上可以分别设置正面和反面，实现双面材质，其中正面指法线面，背面指法线面的背面。

**混合纹理**：一个对象可以被指定多个材质，出现多个纹理标签时，新指定的标签会覆盖前面的标签材质，但是如果指定的有镂空材质，则相当于一个混合材质。

**平铺**：平铺U/V选项是设置纹理图片在水平方向和垂直方向上的重复数量。

**连续**：当平铺U/V的值大于1时，勾选纹理图像。

**使用凹凸UVW**：当纹理贴图的投射方式为UVW贴图，以及应用凹凸通道时启用。

**偏移U/V**：设置纹理贴图在水平方向和垂直方向上的偏移距离。

**长度U/V**：设置纹理贴图在水平方向和垂直方向上的长度。

**平铺U/V**：设置纹理贴图在水平方向和垂直方向上的平铺次数。

**重复U/V**：设置纹理贴图在水平方向和垂直方向上的最大重复次数。

## 6.3 | 材质示例

在前文学习中，为了渲染效果的对比，我们已经多次介绍过材质的调节使用，比如基础元素模型“2019”新年海报案例中，模型的质感需要依靠打光和材质来赋予，以体现金属表面的颗粒质感、投影的真实效果等（图6-3-1）。

图6-3-1

对于金属质感的材质球的设置，主要在于对反射通道的调节（图6-3-2）。

图6-3-2

天空材质的设置来自在发光通道下加载HDR纹理贴图的方式（图6-3-3）。

图6-3-3

再比如，三点式布光雕像案例的材质调节，在于反射与高光的设置（图6-3-4）。

图6-3-4

在Studio布光案例中对于酒瓶的材质反射与颜色通道的设置，如图6-3-5所示。

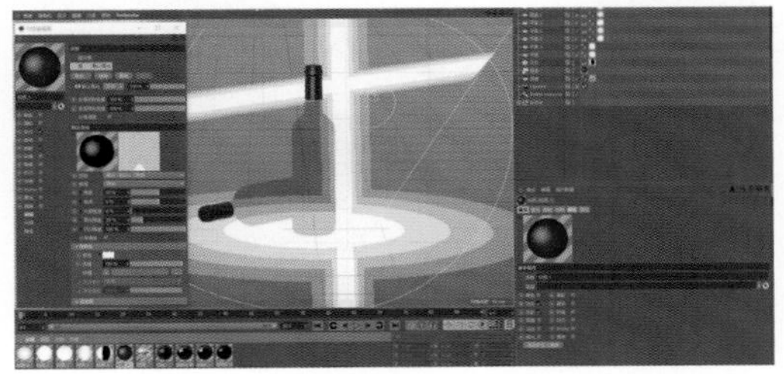

图6-3-5

对于黑色玻璃透明和凹凸通道的材质设置，如图6-3-6所示。

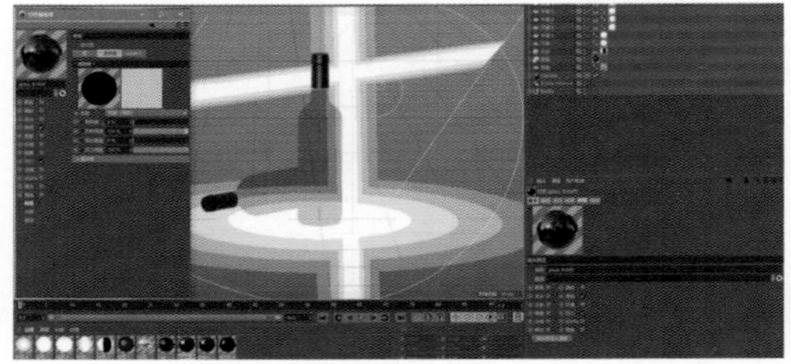

图6-3-6

对场景中的反光板也做了材质的特殊处理，主要在于对透明通道和发光通道的设定，尤其对于透明通道中渐变纹理的加载，通过加载渐变纹理，产生从两边透明到中间不透明的纹理渐变，使得反光板可以达到两边半透明中间不透明的透光效果（图6-3-7）。

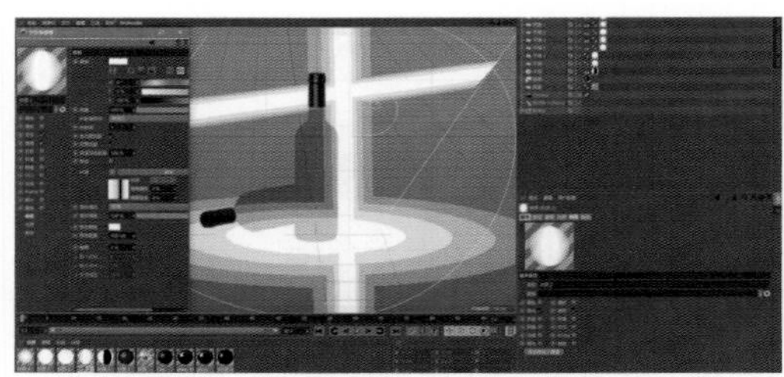

图6-3-7

在Studio布光案例中，对小球发光通道的发光板材质设定，加载了渐变纹理（图6-3-8）。

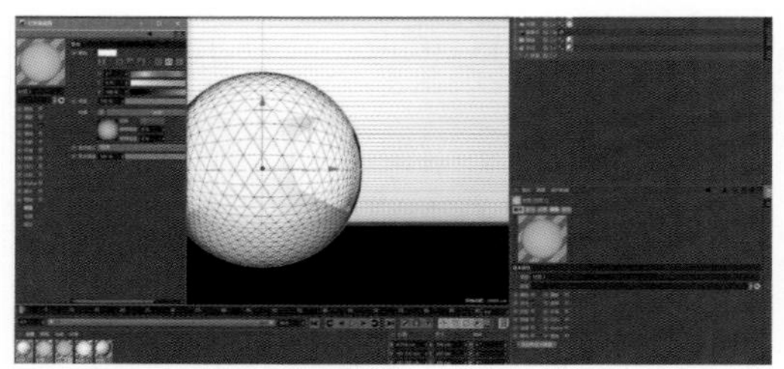

图6-3-8

在物理天空布光案例中，对于建筑模型中塔顶部分赋予渐变紫色的材质，同时，为了降低较为复杂模型产生的相互投影效果而取消勾选默认的反射通道；同理，建筑模型墙面的藕粉色材质设置也做类似处理，如图6-3-9所示。

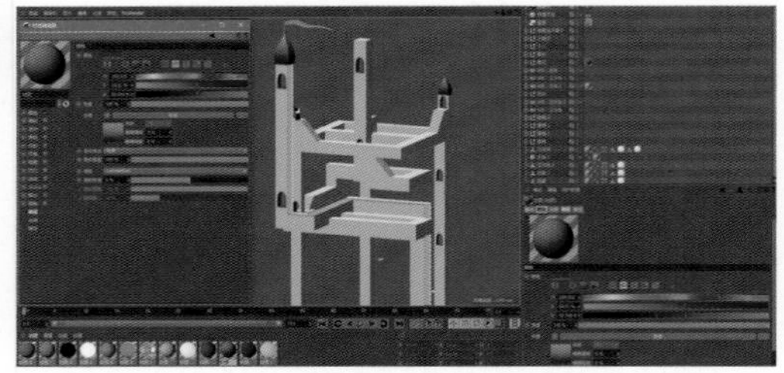

图6-3-9

在复杂架构模型中，对类似河流的蓝色发光材质设定如图6-3-10所示。

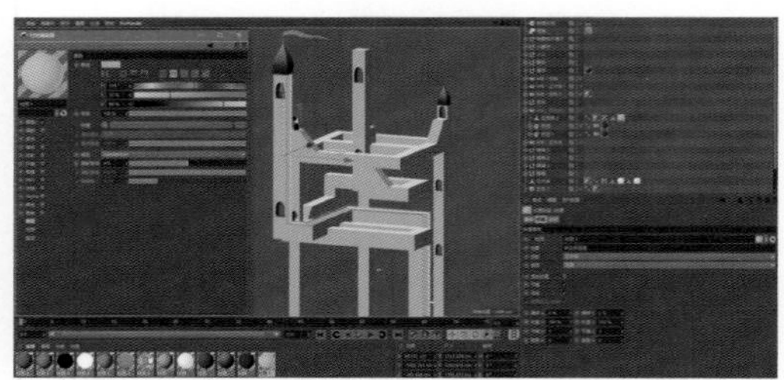

图6-3-10

扫码看示例高清图

# 摄像机与跟踪

## 7.1 | 摄像与镜头

### 镜头与剪辑

镜头从拍摄的角度来解释是摄像机从开机到停机之间的一段连续记录的画面，一旦这个连续记录画面的原本时空关系被打断，那么这个连续镜头就结束了。以往传统意义上的拍摄镜头按照时间轴的处理关系主要有蒙太奇剪辑、连续性剪辑以及长镜头，前两者是依据不同的叙事逻辑关系与时空关系将需要的镜头剪辑在一起的方式。

**蒙太奇剪辑**是将并不连续的时空镜头序列解构开来，按照需要重新设计、剪辑、组接，形成新的叙事表达，传递不同意义；这种剪辑方式从视觉层面上看，所呈现的时空是不连续的、跳跃的或者间隔的，动作也可能是不完整的，比如打斗镜头，可能一拳出去下一个镜头接的并不是真实打的过程，而是挨打者的倒地动作。蒙太奇本身来自法语Montage的翻译，原意便是构成、装配，它是信息传递和时空设计的有效手段，最早在电影艺术中被运用，现在也逐渐衍生到视觉艺术设计领域。在动态图形设计这种叙事性并不太强的领域，蒙太奇常常用来设计信息的呈现和镜头转换时空间的对接。

**连续性剪辑**则往往用来处理一整个事态发展过程，或者一系列完整运动，从而描述一连串的时空逻辑关系，比如连续性的完整追踪镜头，完全可以利用空间和动作的前后关系完成跳跃、奔跑等拍摄，而又使得连续性的剪辑节奏适宜、视觉景别变换丰富，别有趣味。不同的镜头在剪辑后往往仍然保持着完整、流畅、连续等原则，尤其是运动、情景发展以及时空关系。

**长镜头**准确地说是一种拍摄手法，它主要是相对于较短镜头而言的称呼。以往用来交代空间调度关系、人物互动关系等情境时常以长镜头的方式来拍摄。长镜头这个“长”字的长度并没有明确的界定，而是由长镜头的视觉感受和意趣来决定的。在数字制作技术出现之后，数字长镜头在电影语言表达上的张力突破了现实物理拍摄的限制，使得长镜头的长度可自由控制，人们可以通过计算机制作一段非真实的开机、停机画面，在视觉上保持时空和镜头运动的一致性，这对电影语言表达的改变与发展意义深远。

### 转场

转场是从相对完整独立的镜头转到另外一个镜头，并通过特殊设置转化这种关系，最普遍的转场就是直接硬切，没有任何特殊处理和光学技巧地直接切换镜头。在动态图形设计上直接切换转场会淡化时间间隔，更准确地表达运动的统一和整体。常用的技巧转场是两个画面之间采用淡入淡出、叠化、黑白场、翻页、定格、分屏、遮挡、翻转等方式进行镜头前后切换，因为画面效果较为强烈，除了在一些戏剧性的镜头中还能看到之外，绝大多数的叙事类视频已很少见到这种技巧性转场了，反而在信息传递等动态图形设计的视频中较为常见，不仅起到连接镜头的作用，本身也存在着一些镜头语言所要表达的语法在内。通过这些转场设计可以强调动态图形的信息传递，从而突出中心。

## 7.2 | CINEMA 4D 摄像机

在CINEMA 4D中，我们所看到的视图窗口本身就是一个默认的“编辑器摄像机”，就像在创立项目伊始便有一个默认灯光照亮了场景世界一样。默认摄像机是软件在建立项目文件时自带的一个虚拟摄像机，可以观察场景中的变化，但在实际艺术创作和动画设置中，为“编辑器摄像机”添加关键帧后，我们便处在“第一视角”中操控视图，这样不便于我们的视图操控和动态观察，因而我们需要创建一个真正的摄像机来制作动画。

创建摄像机的方式有两种：①在菜单栏选择创建>摄像机，有任意摄像机可选；②长按工具栏按钮，弹出可供选择的6种摄像机，如图7-2-1所示。

CINEMA 4D提供了摄像机、目标摄像机、立体摄像机、运动摄像机、摄像机变换以及摇臂摄像机6种摄像机，其中基本功能都相同，也各有特征。

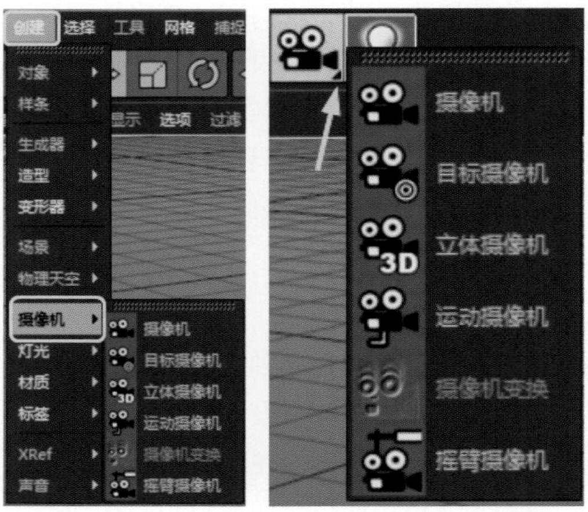


图7-2-1

### 7.2.1 摄像机及基本属性

默认摄像机在项目创建之初便默认存在，想要修改它的属性，在属性面板中点击模式，找到摄像机即可（图7-2-2），打开后就可以在属性面板中看见关于摄像机对象的若干属性（图7-2-3）。可以看到，这里的摄像机都是没有关键帧按钮无法设置动画的。关于投射方式，也可以在视图框上找到摄像机选项进行选择（图7-2-4）。

摄像机也叫自由摄像机，可以直接在视图中自由控制摄像机的推拉摇移。单击对象面板中的白色摄像机框图标，可以进入摄像机视图。进入摄像机视图亦即从第三视角转入第一视角，可以像操作透视图一样对摄像机进行摇移、推拉以及平移，也可以按住键盘“1”“2”“3”的同时，点击鼠标左键来操作，属性面板中基本、坐标的参数和其他对象类似。

摄像机属性面板的对象选项卡具体如下（图7-2-5）。

**投射方式**：不同视图的投射方式，一般直接在编辑视图上调整。

**焦距**：焦距越长，可拍摄距离越远，视野越小，也就是我们所说的长焦镜头，默认36mm为最接近人眼视觉感受的焦距。

图7-2-2　　图7-2-3　　图7-2-4

图7-2-5

**传感器尺寸**：修改传感器的尺寸，焦距不变，视野范围发生变化，在现实摄像机上传感器尺寸越大，感光面积越大，成像效果会越好。

**视野范围/视野（垂直）/缩放**：摄像机上下左右的视野范围和缩放大小，若修改焦距或传感器尺寸都会影响到视野范围。

**胶片水平偏移/胶片垂直偏移**：在不改变视角的情况下，改变对象在摄像机视图中的位置。

**目标距离**：目标点与摄像机的距离，目标点是摄像机景深映射距离的计算起点。

**使用目标对象**：勾选使用的目标对象，则焦点对象默认激活。

**焦点对象**：焦点对象框，可以任意拖拽对象到框中，也可以用箭头选择。

**自定义色温/仅印象灯光**：调节色温，影响画面色调。

**导出到合成**：勾选后导出到合成。

在渲染设置中将渲染器切换成物理渲染器，此时便激活了物理选项里的属性，在摄像机属性面板的物理选项卡下，主要影响画面的有以下参数，如图7-2-6所示。

**电影摄像机**：勾选后显示电影摄像机。

**光圈**：模拟现实摄像机的光圈数值，控制光线透过镜头进入机身内感光面的光量装置，光圈值越小，景深越大。

**曝光/ISO/增益**：模拟现实摄像机的曝

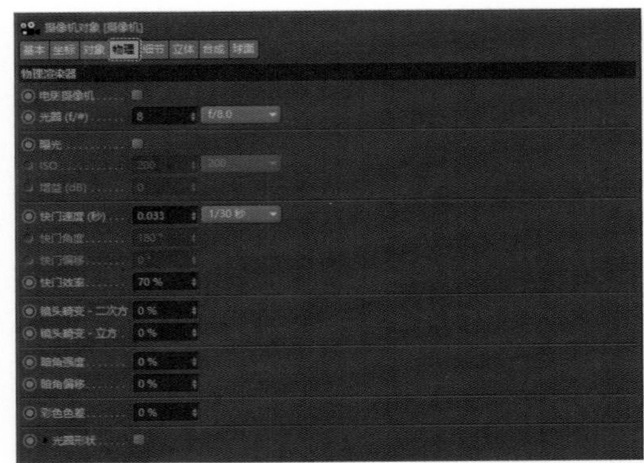

图7-2-6

光、感光度以及增益值的调整。

**快门速度/角度/偏移/效率**：快门速度越快，拍摄高速运动的物体就会呈现越清晰的图形。

**镜头畸变-二次方/立方**：镜头变形的不同模式和程度。

**暗角强度/暗角偏移**：可在画面四角压上暗色块，使画面中心更加突出。

**彩色色差**：色差的百分比。

**光圈形状**：控制画面光斑的形状，可为圆形、多边形等。

细节选项卡如图7-2-7所示。

**启用近处剪辑/近端剪辑/启用远端修剪/远端修剪**：勾选启用远近剪辑，并调节修剪的参数值。

**显示视锥**：勾选显示。

**景深映射-前景模糊/开始/终点**：前景模糊勾选以及起点、终点的距离。

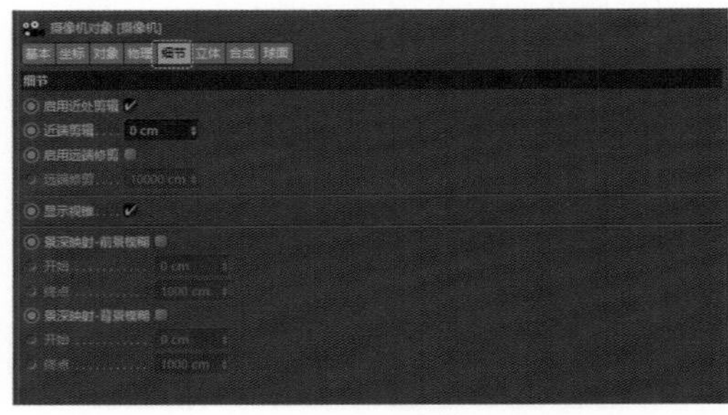

图7-2-7

**景深映射-背景模糊/开始/终点**：背景模糊勾选以及起点、终点的距离。

3D摄像机创建后，立体的选项激活。3D摄像机是两个摄像机以不同机位同时拍摄画面，透视视图便显示红绿重影画面。在立体属性选项卡中可以调节摄像机模式、安置方式等参数，用来模拟3D影像拍摄，如图7-2-8所示。

在合成选项卡中，会在视图窗口中，为摄像机画面启用一系列辅助合成的辅助线，如网格、对角线、三角形、黄金分割、黄金螺旋、十字标等，同时也能自由绘制这些辅助线，如图7-2-9所示。

球面属性是用来做VR的新功能，激活球面属性选项卡之后，在视图窗口中会显示一个球形的经纬线，如图7-2-10所示。

**启用**：勾选启用则下面的属性被默认激活。

**FOV辅助**：视场角辅助的类型，等距长方圆柱指一个球形经纬线辅助，穹顶则是半球形。

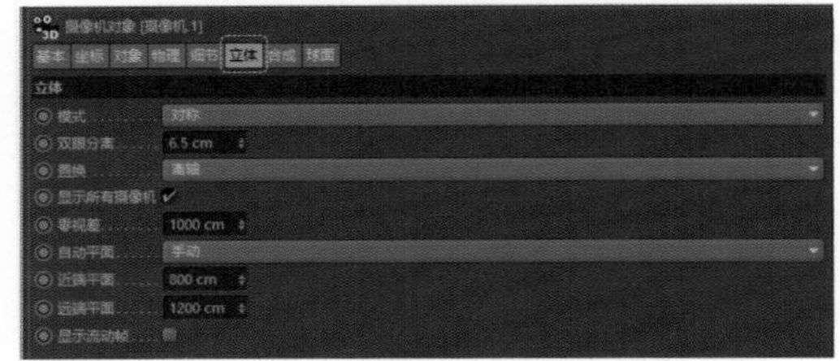

图7-2-8

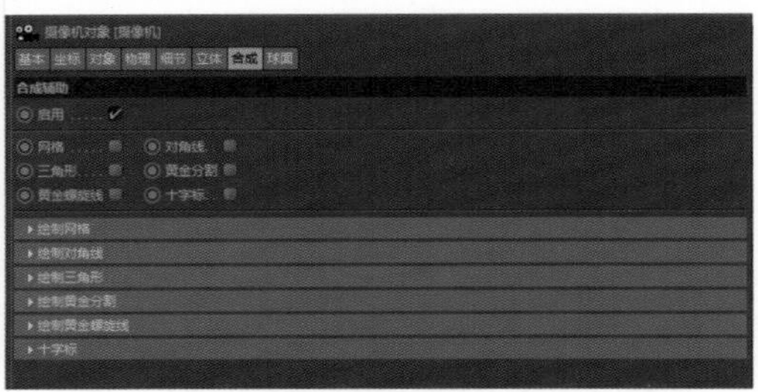

图7-2-9

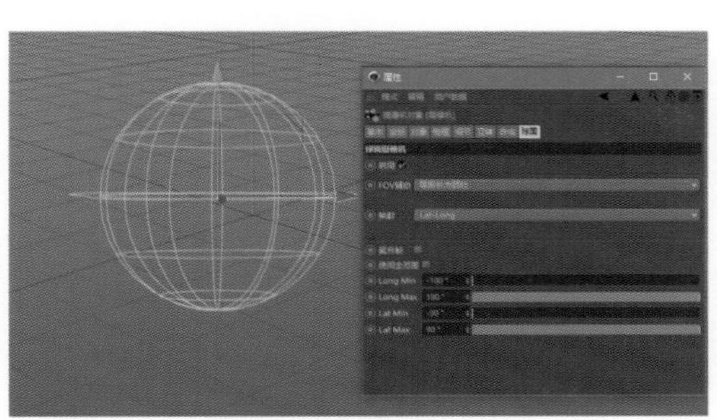

图7-2-10

**映射**：映射方式的不同选择。

**契合帧**：勾选契合帧。

**使用全范围**：勾选显示完整的360°球形线。

**Long Min/Max**：Longitude，经线的最大、最小值。

**Lat Min/Max**：latitude，纬线的最大、最小值。

目标摄像机创建后，在目标选项卡属性下，目标属性已默认激活，如图7-2-11所示。

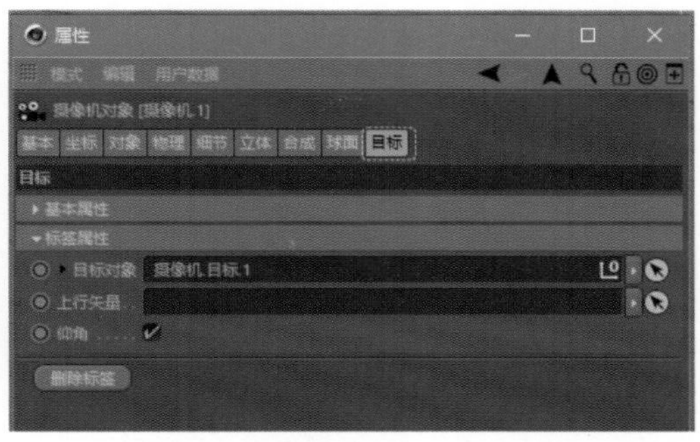


图7-2-11

**基本属性**：可以更改目标点的名称、所处的图层等属性。

**目标对象**：将其他对象拖入目标对象栏中，当作摄像机的目标点，选择最后面的黑色箭头后直接选择对象，可以进行细致的目标点识别，可以设置目标点在视图中的显示方式。

**上行矢量**：摄像机目标指向。

**仰角**：勾选仰角。

运动摄像机的创建，是用来模拟真实世界人体手持摄像机的运动跟拍效果，得到一种较为真实的晃动的镜头效果。在运动摄像机的不同选项卡下分别代表不同的模拟功能（图7-2-12）。其基本属性与前文类似。

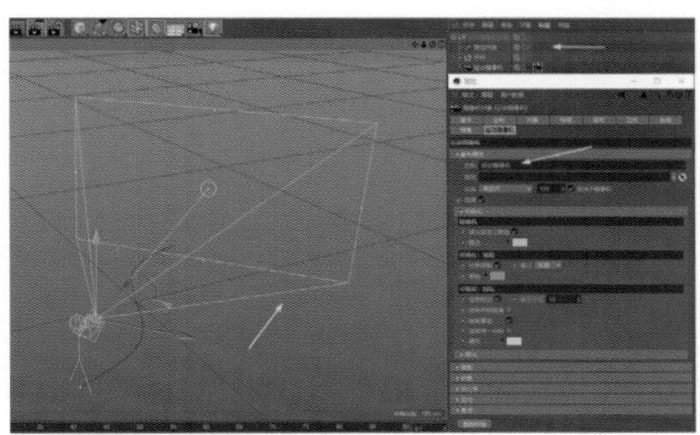

图7-2-12

**可视化**：指可以将摄像机的装配、目标等操作可视化显示，并调整参数，在视图中可以显示一个可视化的绿色小人，以及黄色的目标点，也可以直接进行绘制操作。

**导出**：可精确选择目标、脚步以及头部的位置矢量。

**装配**：人操控摄像机的参数。其中，动画用来模拟人和摄像机运动的参数数值；动力学控制物理脚部、头部、手部以及目标焦点的拟真调节。

**运动**：控制人的步幅、头部的旋转、摄像机的旋转和位置等参数。

**焦点**：定义焦距、自动对焦、变焦以及深度控制等属性。

摇臂摄像机的创建，用来模拟真实世界的摄像机平移、摇移运动，模拟在现实世界中的摇臂式摄影机。这样的功能设计可以在拍摄时从场景上产生大的场面调度，从场景上方产生垂直的和水平的控制，如图7-2-13所示。

在摇臂摄像机的基本选项卡中可以定位名称、图层、优先级等；可以调整可视化的

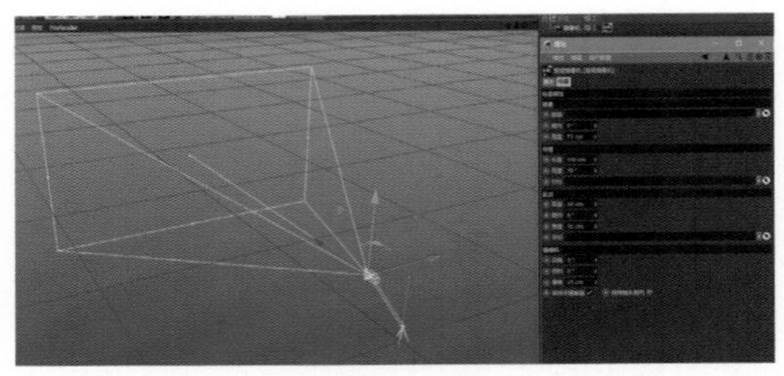

图7-2-13

操作，此时会有一个浅蓝色的摇臂图像在编辑视图中。

摇臂摄像机选项卡面板如下。

**基座**：可以选择场景中的已有物体，也可以是空白对象，将对象（物体对象或者曲线对象）拖入链接框，或者以箭头选择对象，摄像机的位置将被定义在连接基座所在的位置。需要注意，当使用样条线时，曲线和摇臂摄像机的Y轴方向向上；可以控制朝向，即摇臂摄影机沿底座垂直轴向的旋转方向；也可以控制高度。

**吊臂**：长度指摇臂摄像机吊臂的长度；高度指摄像机吊臂向上或者向下的平移；目标指可以拖拽一个对象到目标属性右侧框来控制吊臂的指向。

**云台**：高度定义摇臂末端到摄像机的垂直距离；朝向指头部的水平旋转；宽度指末端的横向宽度；目标同样指可以拖拽一个对象控制云台的指向。

**摄像机**：仰角是垂直向上或者向下地旋转摄像机；倾斜是沿着摄像机的拍摄方向倾斜角度；偏移指沿着拍摄方向移动摄影机位置；勾选保持吊臂垂直后，当吊臂高度发生变化时，摄像机的拍摄角度保持不变；勾选保持镜头朝向后，调整摄像机基座的朝向时，摄像机方向保持不变。

## ■ 7.2.2 摄像机反求与运动跟踪

现实生活中拍摄的影像来自于实景图像，而当代影视、动画以及很多视觉设计作品来自于计算机生成，也就是我们常说的CG（Computer Generation）。将虚拟对象合成到背景画面之中，需要对拍摄背景进行摄像机运动路径的反求。

摄像机反求是通过对2D画面影像连续播放特征进行分析，得到画面跟踪点，然后再进行跟踪点的3D解析，根据透视原理，软件计算出摄像机的运动形式、焦距以及空间等信息，从而可以将我们的视觉对象元素以相同的运动路径跟踪在画面特定点中，得到与摄像机拍摄下来共同运动的视觉效果，使得三维和实拍素材完美融合。

简单来说，分析画面，得到跟踪点，再依据跟踪点解析得出摄像机运动方式以及空间信息，具体步骤如下：

首先，对画面处理摄像机反求以及运动跟踪。

其次，对画面内的空间信息进行轴向、原点等修正。

再次，进行简单的场景模拟重建。

最后，结合其他插件和软件进行分层渲染与后期合成。

而一般情况下，进行运动跟踪画面分为以下几种：

首先，静态场景，仅摄像机运动，最为常见，需要使用运动跟踪。

其次，摄像机静止，拍摄对象运动，如行人，需要使用对象跟踪。

最后，摄像机和拍摄对象都在动，可能需要硬件辅助拍摄的变体运动，比如运动捕捉。

CINEMA 4D的运动跟踪模块简洁、高效，对跟踪后的空间坐标设置明确，畸变矫正也清晰、易用，选择主菜单中的运动跟踪，可以直接添加功能在对象面板中，选择该功能，其影片素材属性面板如图7-2-14所示。

素材设置：影片素材可导入拍摄文件素材；重采样用于调节画面的清晰质量；开始/结束帧控制画面跟踪的开始与结束时间位

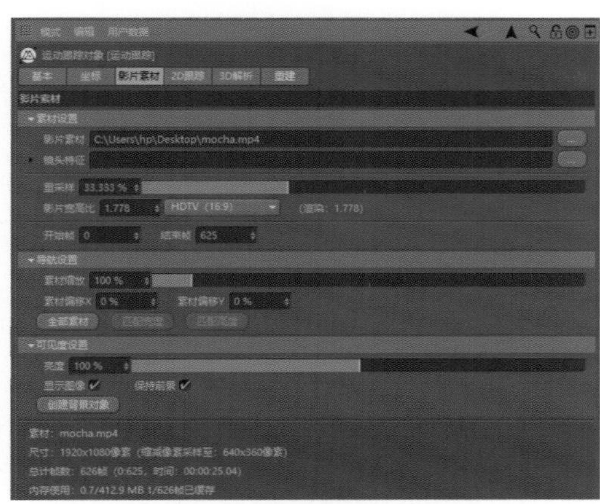

图7-2-14

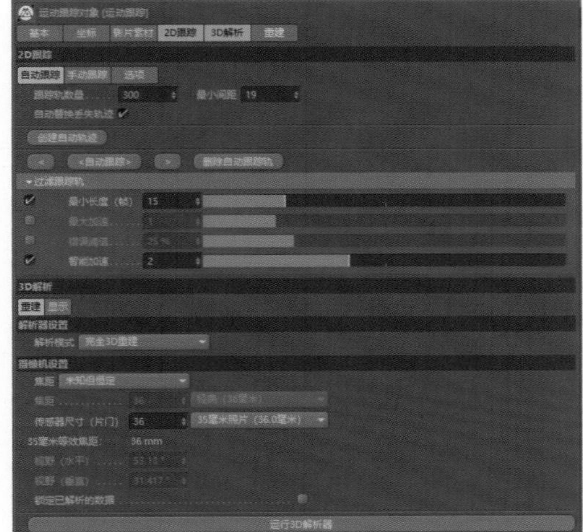

图7-2-15

置；也可以选择完全解析，直接打开素材解析自动创建运动跟踪。

导航设置：素材缩放的比例，以及在X/Y轴向上的偏移值等。

可见度设置：素材的亮度，是否显示图像和保持前景，以及创建背景图像等。

设置好影片素材后，进行2D跟踪与3D解析，其属性面板如图7-2-15所示。

### 运动跟踪操作示例

这里以第一种跟踪为例。在2D跟踪中，最常用的为自动跟踪，选择“<自动跟踪>”，软件进行自动跟踪运算，得到许多跟踪小红点，如图7-2-16所示。在下一步骤中，将这些小红点转化为空白物体，让对象跟踪空白物体，这样可以得到我们需要的运动跟踪效果。选择“运行3D解析器”进行解析，解析完成后，在对象面板中可以得到许多自动特征点，如图7-2-17所示。

按照步骤，还需要对空间信息进行轴向、原点修正，这个步骤是通过摄像机的运动跟踪标签来完成的。选择运动跟踪对象，鼠标右键选择运动摄像机标签>矢量约束。矢量约束主要是为了让世界坐标来实现一些方向性的矫正。如图7-2-18所示，将矢量约束线的两段设置在纸箱边缘，并指定为Z轴，再创建一个矢量约束X轴，最后创建位置约束标签指定原点，得到如图7-2-19所示的结果。

最后，进行简单的场景重建，将三维图像小木块跟踪在画面当中，如图7-2-20所示。

在实拍视频中，可以通过摄像机反求与运动跟踪，得到真实、逼真、符合透视的合

图7-2-16

图7-2-17

图7-2-18

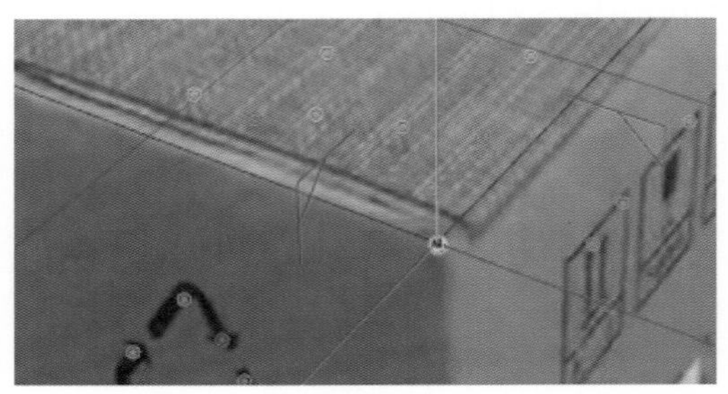
图7-2-19

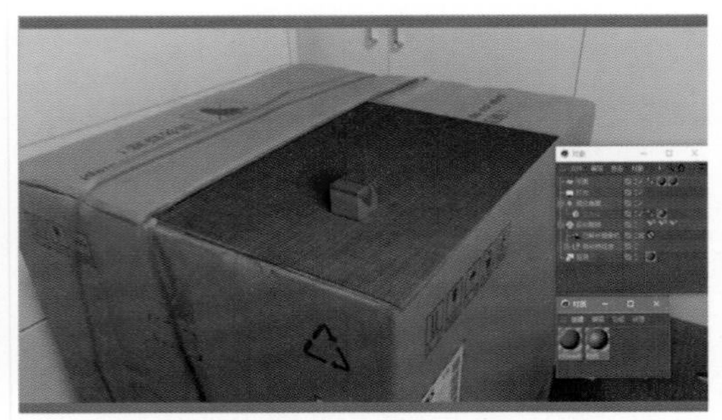
图7-2-20

成效果，这对于运动图形设计的风格变化会起到良好的拓展作用。

扫码看示例高清图

## 7.3 | 摄像机运动案例——融媒大直播

### 创意思路

浙江卫视的节目“融媒大直播”的片头，因其现代、科技感、快节奏、融合、年轻、时尚等综合特点，非常适宜采用变化较为快速、景别区分较大的运动摄像机拍摄方式，通过对摄像机位置进行关键帧的设置，令摄像机拍摄到的视野镜头中的画面产生快速运动变化的效果，令人应接不暇，耳目一新。

### 制作原理

①进入摄像机视野，为当前镜头记录镜头标记，通过标记逐步调试确立摄像机视野拍摄到的画面效果，如图7-3-1、图7-3-2所示。

②退出摄像机镜头，回到默认摄像机视野，直观观察摄像机运动的路径和位置，为其设置、记录位置和旋转的关键帧，如图

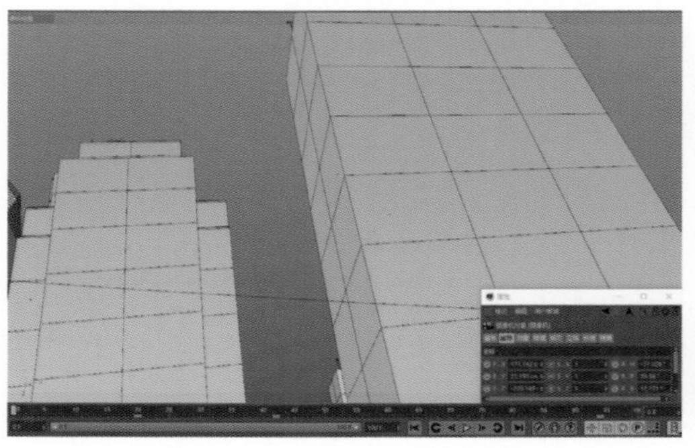

图7-3-1

7-3-3、图7-3-4所示。

③结合其他后期制作软件得到追踪结果实例图示（图7-3-5、图7-3-6）。

## 设计逻辑与要点

摄像机功能是制作时需要站在全局空间的角度考虑的最后一个步骤，也是设计之初要考虑的第一个步骤。设计师在制作之初就需要考量到整个空间场景如何在镜头中实现，我们最终看见的画面是怎样的，所以摄像机是在整个制作过程中都需要关注的重点。在空间中搭建的场景虽模拟现实世界，但摄像机运动镜头的拍摄要超越现实世界，运动图形设计更应“拍摄”出现实世界中摄像机难以完成的镜头，如大广角切换快速特写运动等。

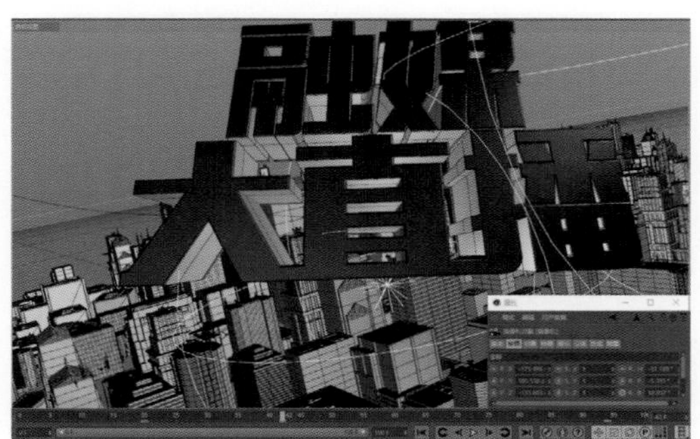

图7-3-2

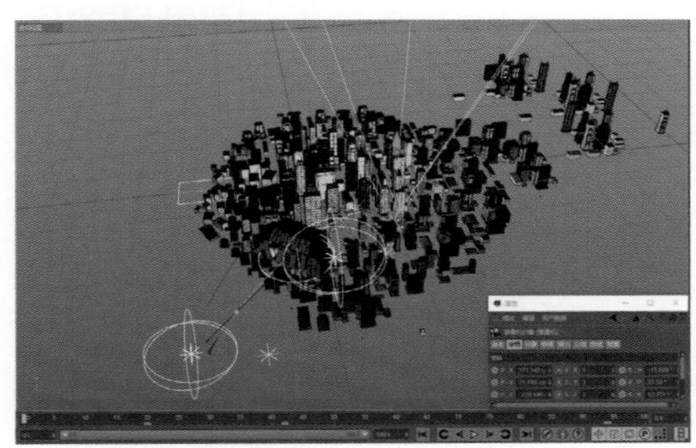

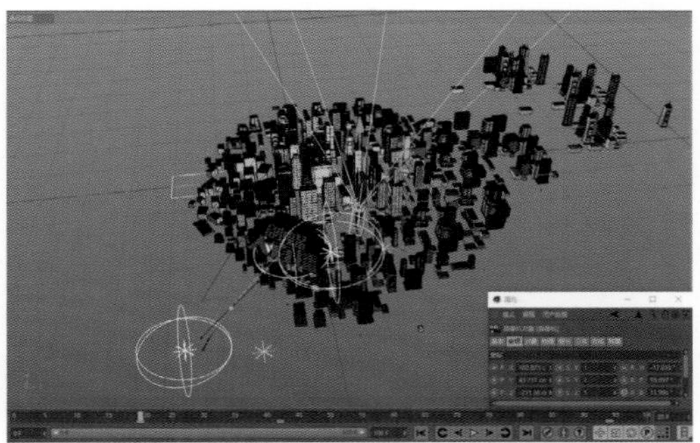

图7-3-3

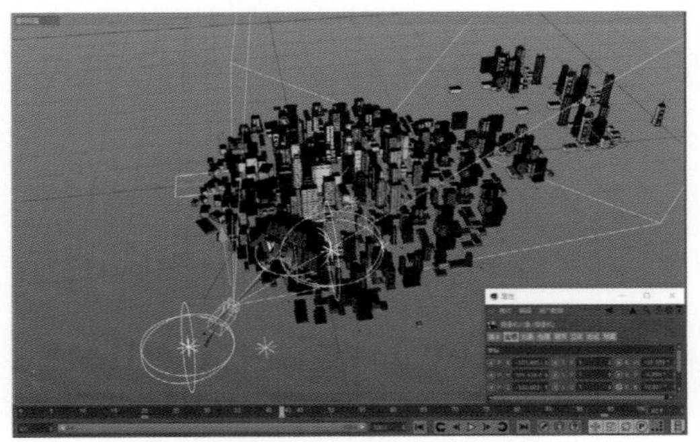

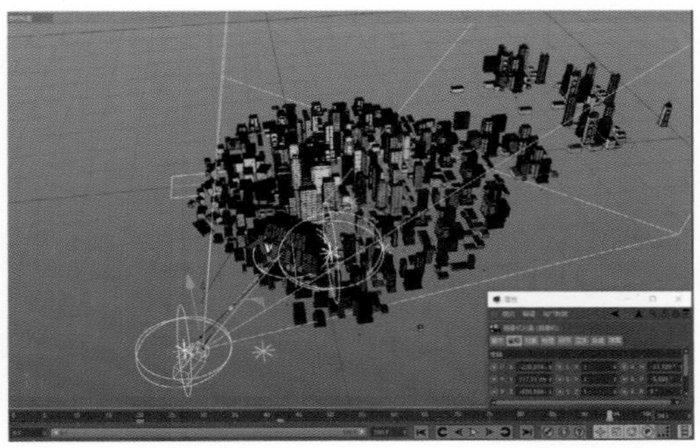

图7-3-4

图7-3-5

图7-3-6

扫码看案例高清图

# 元素变化与进阶

## 8.1 | 初始与变化

通过初始基础元素的自身形变与相互组合，可以创造出各种奇妙的变化，也可以设计出更多视觉呈现效果。

### 自体变化

现实世界的物体形态和生物形态千变万化。对于同一个固定对象，用平面手绘的方式描绘它们，从不同的视角可以绘制出不同的样态；而事实上，物体形态的固定只是瞬间性的，而变化却是永恒的，物体会发生各种变化，生物更是会发生各种运动。从这个层面上来说，从现实世界转化至虚拟空间，三维建模的模型也可以不是固定的，是可以发生自身的形变或者受到外力而发生各种改变的，通过基础元素的形变，从初始状态变化至最终状态。每一个变化的过程都是一个元素的进阶变化状态，比如溶解、爆炸、膨胀、碎裂、挤压、伸展、扭曲、斜切、螺旋、包裹、放缩等形变，都是在基础元素的模型上通过变形器或者在点、线、面的编辑变化上得来的。理解元素进阶形变的设计思维非常重要，它可以帮助我们打开思路，无论是建模基础元素的，还是设计运动状态的，亦或是开发创意造型的，设计师一定要多观察物体，抽象分析物体的初始形状，用逆向思维推导出最简便的建模方式。如图8-1-1、图8-1-2所示，用最简单的形变完成从球体到猫咪拟态的建模进阶过程。

图8-1-1

图8-1-2

### 群组变化

不同元素或者相同元素之间的组合、构成、排列、融合、分裂等规律同样可以成为动态图形设计元素进阶的有效思路，比如同一个对象的排列组合可以简单理解为对象克隆，克隆完成了从一到多的最简便的复现方式，有了从单个到“千军万马”的快速构成规律，也有了细胞式的有型整体的构成方法，在动态图形设计上非常方便地实现了视觉呈现的多元化、复合化，甚至是气场营造等。

组合、构成与排列等可以分为不同的构型类型：片段式、嵌套式、细胞式、克隆式等。片段式是将元素在设计空间中划分成为一个个片段，像电影中的一个情节镜头一样呈现出来；嵌套式类似于父子级的层级关系，可以层层嵌套下去，用于更好地控制元素之间的运动、形态和组合关系；细胞式是元素构型的有效手段，通过将每个元素理解为细胞，将不同的或者类似的元素组合为其他形态，每个元素与整体之间的关系就像细胞与生物体一样；克隆式主要是指相同对象元素构成与组合为阵列、网格、线条、蜂窝，或者其他各种形态。

## 8.2 | 编辑对象与编辑样条

### ■ 8.2.1 编辑对象

CINEMA 4D创作中所指的对象，往往有广义和狭义之分。广义对象指一般意义上我们在对象面板中可以处理的所有场景元素，而狭义对象是点、边以及面的集合。我们所说的编辑对象操作正是基于狭义的对象，也就是我们常说的参数对象转化为可编辑化多边形对象（也称为可编辑化对象或者多边形对象）后，可以选择的点、边、以及面三种编辑模式，按回车键可以在编辑模式之间进行切换，如图8-2-1所示。

对于三种模式中相似的功能将共同介绍。

#### 创建点

创建点命令在点、边、面模式下共有，选择该功能可以在任意多边形对象的边上点击创建一个新的点，快捷键是M~A。CINEMA 4D

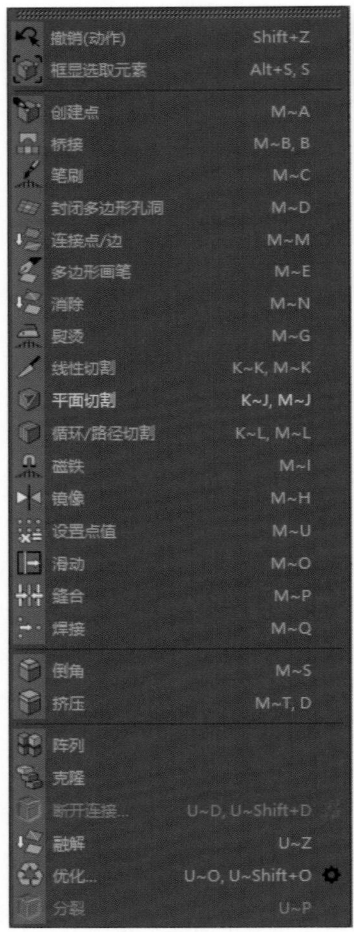


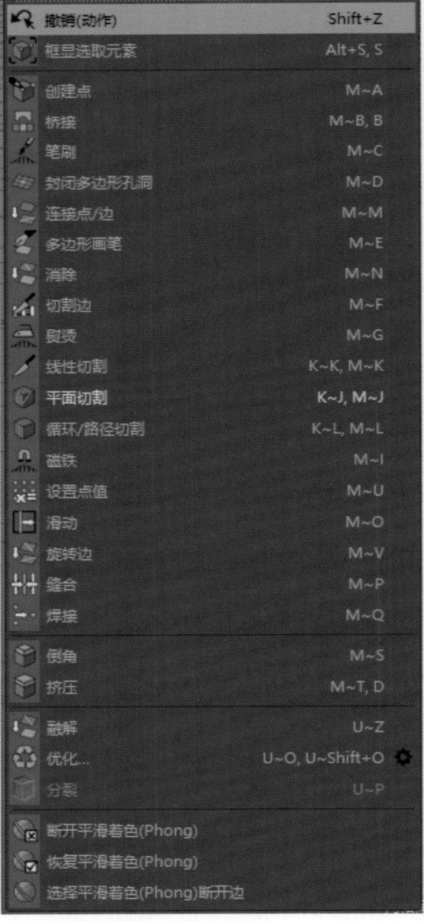

图8-2-1

中简便操作的快捷键很多，熟悉使用它们可以快速提高工作效率。在刚开始操作时，记不清快捷键可以按M，弹出图8-2-2所示的快捷工具提示框，选择工具“A…创建点”即可。

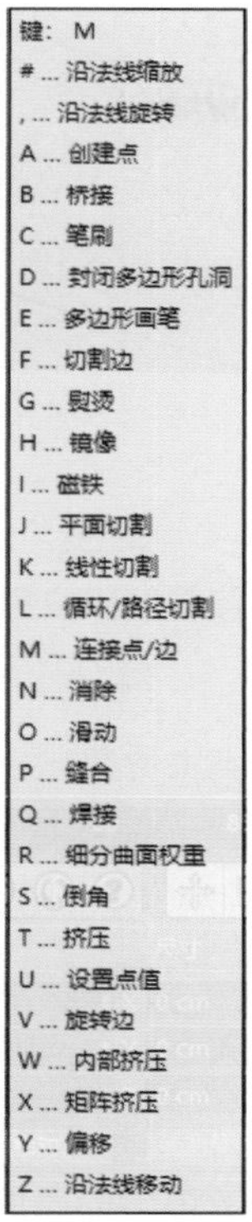

键：M
# ... 沿法线缩放
, ... 沿法线旋转
A ... 创建点
B ... 桥接
C ... 笔刷
D ... 封闭多边形孔洞
E ... 多边形画笔
F ... 切割边
G ... 熨烫
H ... 镜像
I ... 磁铁
J ... 平面切割
K ... 线性切割
L ... 循环/路径切割
M ... 连接点/边
N ... 消除
O ... 滑动
P ... 缝合
Q ... 焊接
R ... 细分曲面权重
S ... 倒角
T ... 挤压
U ... 设置点值
V ... 旋转边
W ... 内部挤压
X ... 矩阵挤压
Y ... 偏移
Z ... 沿法线移动
图8-2-2

### 桥接

桥接命令在点、边、面模式下共有，作用是将两者搭桥生成一个桥接面，前提是操作对象是同一个多边形，若是两个分开的对象，可以在对象面板中点击右键选择对象>连接对象，快捷键为M～B。

点模式下，需要依次选三到四个点生成新的面。

边模式下，是依次选择两条边生成新的面。

面模式下，操作有所不同，需要先选定两个面，切换为桥接工具后在空白处点击，根据出现的白色辅助线选择创建桥接面。

### 笔刷

笔刷命令在点、边、面模式下共有，类似于Photoshop的笔刷工具，用“软笔触”工具对多边形进行雕刻、涂抹，快捷键为M～C。在属性面板可以调节笔刷的笔触参数，如图8-2-3所示。

### 封闭多边形孔洞

在点、边、面模式下共有，用来将多边形的开口边界封闭与闭合，快捷键为M～D。

### 连接点/边

在点、边模式下共有，用来创建新的边。

点模式下，选择两个不在一条线但相邻的点创建两点之间的新边。

边模式下，选择相邻边，执行该命令，中间点出现新的边；若不选择相邻边，执行命令后，被选择边在中间点细分一次。

### 多边形画笔

在点、边、面模式下共有，可以在多边形对象上扩展绘制，也可以自由绘制多边形对象。

### 消除

在三种模式下共有，可以移除一些点和边，得到新的多边形而不产生孔洞，而直接“删除”会出现孔洞。

### 切割边

只存在于边模式下，用来切割边的工具。选中要分割的边后，再选择该工具，可以插入多条环形边，可在属性面板调节参数，如图8-2-4所示。

**偏移**：控制新创建边的位置。

**缩放**：控制新创建边的间距。

笔刷
选项
表面
预览
衰减 铃状
模式 涂抹
更新法线
强度 100 %
半径 24 cm
宽度 ... 50 %
0.8
0.4
0.0 0.1 0.2 0.3 0.4 0.5 0.6 0.7 0.8 0.9 1.0
图8-2-3

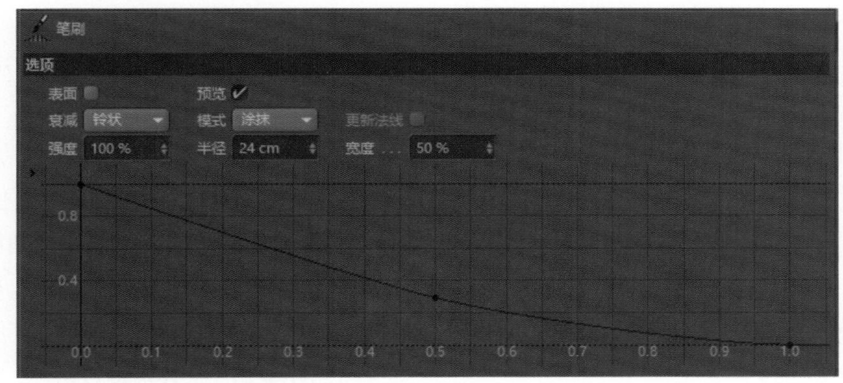

图8-2-4

**细分数**：控制新创建边的细分数量。

**创建N-gons**：勾选显示分割边。

### 熨烫

三种模式共有，按住鼠标左键调整点、线、面之间的平整度。

### 线性/平面/循环/路径切割

三种模式下共有，是非常常用的重要功能，即自由切割多边形的多种切割模式，分别为线性、平面、循环以及路径切割，可以在属性面板进一步调整其属性；快捷键分别为K～K、K～J、K～L，即快捷键K下对应几种切割快捷选择，如图8-2-5所示。

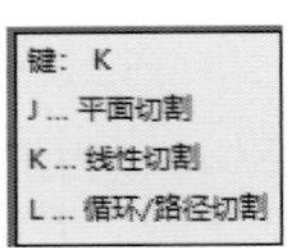

图8-2-5

### 磁铁

三种模式共有，类似于“笔刷”和“熨烫”功能，可以使用“软笔触”工具对多边形进行雕刻、涂抹，在属性面板调节笔触属性。

### 镜像

在点、面模式下精准复制对象，可以在属性面板进一步设置属性，如坐标系统和镜像平面等。

### 设置点值

三种模式共有，可以选择对点、线、面的位置进行精确调整与对齐。

### 滑动

边模式下，控制边的滑动，可以选择多条边同时滑动，可以在属性面板进一步调整其属性（图8-2-6）。

图8-2-6

**偏移**：当偏移模式为“等比例”时，可控制偏移位置百分比（－100%～100%）。

**缩放**：可以将滑动边沿着点的滑行方向上下移动。

**偏移模式**：“固定距离”模式下，滑动边的距离是固定的，而偏移距离即为滑动的距离。

**限制**：勾选限制则滑动不会超过相邻的两个边，否则可以超出两边。

**保持曲率**：默认不勾选，滑动边只能在多边形的表面滑动，勾选则会在起点与终点间生成的弧线上滑动。

**克隆**：勾选则选中的每一条边在滑动中被复制。

### 旋转边

边模式下，所选边会以顺时针方向旋转连接至下一个点上。

### 缝合

三种模式共有，可以实现点点、边边以及面面之间的对接。

### 焊接

三种模式共有，所选择的点、边、面合并在指定的一个点上。

### 倒角

三种模式共有，是令边角变圆润的工具，现实世界的真实物体往往边角圆滑，所以在建模时常常会用到倒角工具，属性面板如下（图8-2-7）。

**倒角模式**：实体与倒棱两种，默认为倒

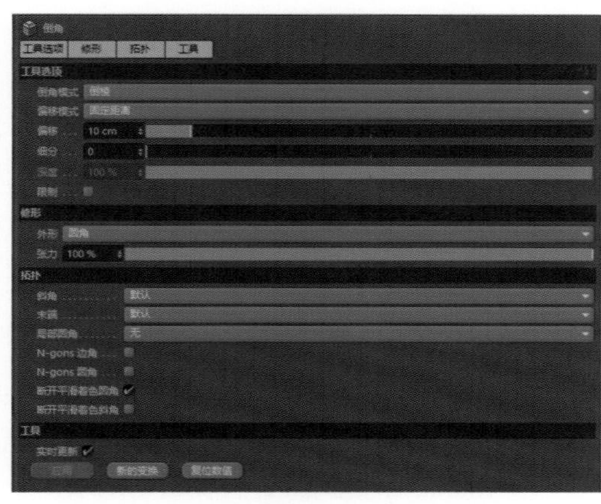

图8-2-7

棱模式，使物体的边形成斜面。

**偏移模式/偏移**："固定模式"指倒角在多边形表面所拉动的距离各边相等，这个距离就是偏移值；"径向"用于三边相交的顶点，生成球面圆角；"均匀"用于生成均匀倒角，距离由偏移值决定。

**细分**：控制倒角后新生成面的细分数量。

**深度**：在细分不为0时，可在物体倒角处创建圆弧形的倒角轮廓，"深度"控制轮廓外凸和内凹的移动。

**限制**：控制在倒角过程中，元素的倒角范围是否超出相邻元素范围。

**外形/张力**：对倒角形成的新区域给出外形结构，张力控制形状的百分比大小。

**斜角**：边模式下进行拐角拓扑结构处理。

**末端**：边模式下进行末端拓扑结构处理。

**局部圆角**：三边交点圆角处的处理。

**N-gons边角**：定义交点拐角处的细分结构。

**N-gons圆角**：定义边层级在倒角中新生面的细分结构，尽量避免杂乱的布线。

**断开平滑着色圆角**：勾选则多边形边缘产生的多边形面成为锐利硬化的转折。

**断开平滑着色斜角**：勾选后，顶点产生的多边形面产生锐利硬化的转折角。

挤压

三种模式下共有，使所选择的元素被挤压，可在属性面板进行进一步调节。

内部挤压

面模式下，使所选择的面挤压插入一个新的面。内部挤压的具体属性可在属性面板进行调节，和前面的倒角类似，"偏移"控制挤压的宽度，"细分"决定挤压的分段数。

矩阵挤压

面模式下，选择一个面会出现重复挤压效果，可调整属性选项卡中的参数来得到特殊的效果。

偏移

面模式下，使面发生偏移式移动的功能。

沿着法线移动/ 缩放/ 旋转

面模式下，使所选择的面沿着法线移动、缩放和旋转。法线是始终垂直于面方向的线。

对齐/ 反转法线

面模式下，可将所选择的面的法线对齐或反转。

阵列

点、面模式下按照一定规律复制所选元素，可在参数面板进一步设置。

克隆

点、面模式下类似于阵列的命令，效果为克隆呈现。

坍塌

面模式下，所选择的面使用功能后会坍塌消失形成一个点。

断开连接

点、面模式下，可以使所选择的面从多边形对象上单独分离出来。

融解

三种模式共有，融解点将选择点及交于

点的线融解消除为一个面；融解边即边消除融解为一个面；选择多个面则面消除成为一个整体面。

### 优化

三种模式共有，合并相邻、接近、重合在一起却没有焊接的点，可以选择属性面板的“公差”来控制优化的大小范围。一般情况下的操作是，进入点模式，按Ctrl+A选中所有点，然后选择优化。

### 分裂

面模式下，选择的面会被复制成为一个独立多边形。

### 细分

面模式下，细分所选择的面。

### 断开平滑着色

边模式下，选择后不会进行平滑着色处理。

### 恢复平滑着色

边模式下，恢复已经被断开平滑着色的边。

### 选择平滑着色断开边

边模式下，快速选出已经断开平滑着色的边。

### 三角化/ 反三角化

面模式下，选择的面变为三角面；反三角化则还原为四边面。

### 重建N-gons三角分布

当多边形为N-gons结构时，使对象结构成为三角面。

### 移除N-gons

当多边形对象为N-gons结构时，使对象恢复成多边形结构。

## ■ 8.2.2 编辑样条

样条是通过控制点曲线连接而得到的曲线，在曲线转化为样条对象之后，进入点模式，同几何体转化为多边形对象一样，通过在视图面板中鼠标右键选取操控工具，和编辑多边形对象相似的功能如创建点、磁铁、镜像、倒角、细分、焊接、断开连接等，在此不再赘述，下面介绍其他功能，如图8-2-8所示。

### 刚性插值

刚性插值是使经过同一点的线条拐角发生刚性、笔直的线性转折。

### 柔性插值

柔性插值是使经过同一点的线条拐角发生柔性、圆润的曲线弯曲。

### 相等切线长度

相等切线长度指样条贝塞尔点用于调节

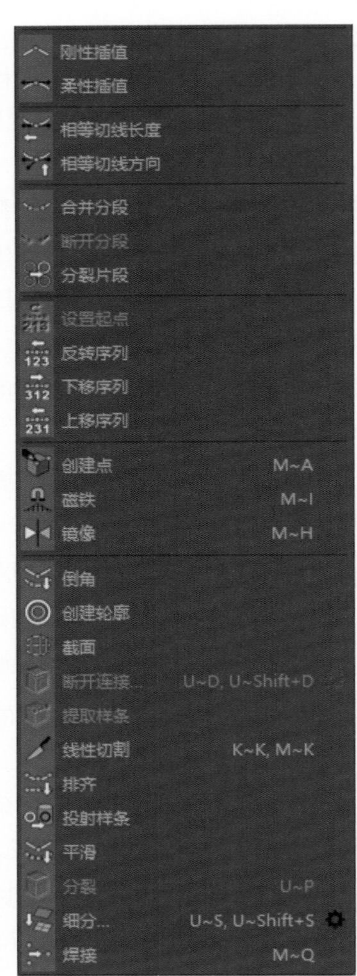


图8-2-8

曲率的两侧手柄长短相同。

### 相等切线方向

相等切线方向是贝塞尔点两侧的手柄平直在一条线上。

### 合并分段

合并分段是选择同一样条线内，两段非闭合曲线上，任意两个起始点与结束点，可以将两段样条线连接成一段样条线。

### 断开分段

断开分段是可以选择非闭合样条中除开起始和结束点的任意一个点，将与该点相邻的线段除去，成为一个单独的点。

### 分裂片段

使多段样条组成的样条各自成为独立的样条。

### 设置起点

闭合样条中选择任意一点作为起始点，非闭合样条中选择起始点或者结束点作为起始点。

### 反转序列

反转样条的方向。

### 下移序列

闭合样条中，样条的起始点变成样条的第二个点。

### 上移序列

闭合样条中，样条的起始点变为样条的倒数第二个点。

### 创建轮廓

创建轮廓，顾名思义是以原来样条为基础创建出它的轮廓，选择原样条，按住鼠标左键拖拽出一个新的样条，与原样条各部分等距，可以用来创建很多物体、形体、字体的内外轮廓。

### 截面

在两个不相交的样条间用鼠标绘制出相交的线，只要与两个样条线相交就有新的样条生成，可以对其进行生成器的处理。图8-2-9所示为使用放样功能后的效果。

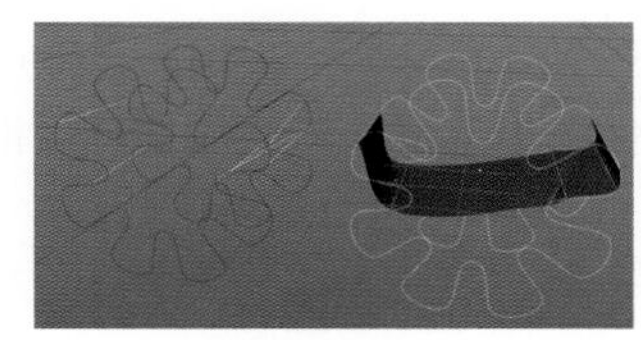

图8-2-9

### 排齐

选择样条上所有的点，执行排齐功能后，所有点将排齐为一条直线，该直线以原样条首尾点为断点。

### 投射样条

可将样条投射到对象物体上，用来做一些镶嵌、屏幕等。

### 平滑

选择样条上相邻两个或者两个以上的点，按住鼠标左键拖拽，可在两点间创建出更多的点，使曲线样条更加平滑。

## 8.3 | 标签TAGS

### 8.3.1 标签系统

标签系统是对象的属性标记，对对象进行了哪些功能设置，基本可以从标签上看出来。标签按照先后添加的顺序依次在对象属性面板的标签栏排列。在CINEMA 4D的对象窗口菜单栏中，第五个为标签菜单 文件 编辑 查看 对象 标签 书签，选择对象，点击标签可以添加任意标签。软件提供各种不同功能的标签，主要分为CINEMA 4D标签、Cineman标签、MoGraph标签、UVW标签、模拟标签、毛发标签、脚本标签、草绘标签、角色标签、运动摄像机标签以及运动跟踪标签，另外还有自动生成的材质标签、插件功能标签等。除了CINEMA 4D标签外，都是针对相关功能模块的标签，比如与运动图形模块相关的MoGraph标签、与动力学相关的模拟标签、与毛发相关的毛发标签、与角色动画相关的角色标签、与摄像机相关的运动摄像机标签、与运动跟踪相关的运动跟踪标签，可以说它们是模块功能的拓展；而CINEMA 4D标签则是整个软件的基本功能标签集合。

## 8.3.2 CINEMA 4D标签

CINEMA 4D标签繁多，这里就常用的CINEMA 4D标签分类下的标签进行相应属性详解。

### SDS权重标签

SDS权重标签，即细分曲面权重，改变对象的细分数，勾选激活后可以改变编辑器和渲染器的细分数，默认分别为2和3，如图8-3-1所示。

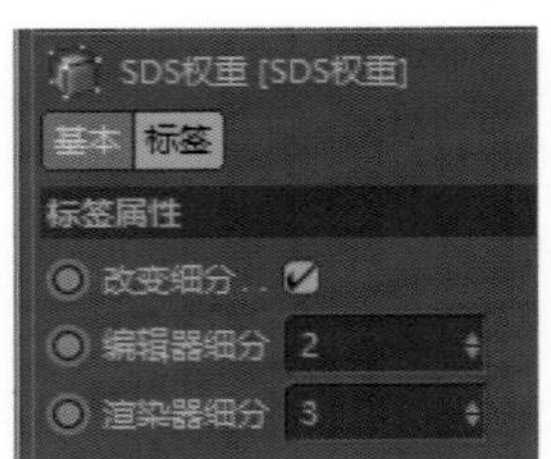


图8-3-1

### XPresso标签

XPresso标签是CINEMA 4D的高级连接窗口，可以把后台执行的表达式用图标的方式呈现出来，形成可视化、直观化、图示化的呈现效果，使创作更加直观和便捷，可以用来实现很多软件界面和菜单选择中难以达到的效果，很多命令需要使用编程语言来完成，如图8-3-2所示。

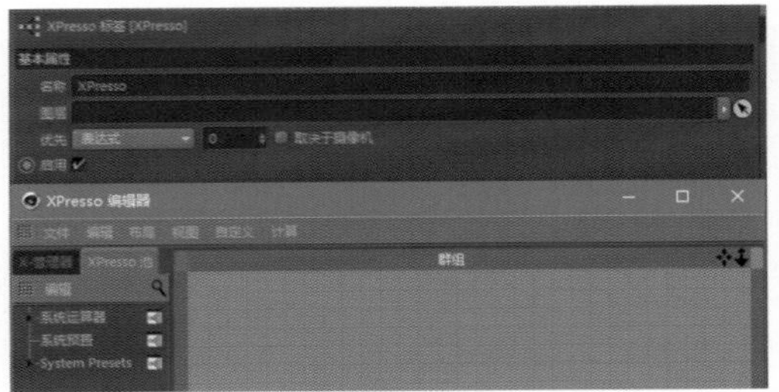

图8-3-2

### 交互标签

交互标签是CINEMA 4D用来做交互设计的工具标签，需要用到编程语言（图8-3-3）。

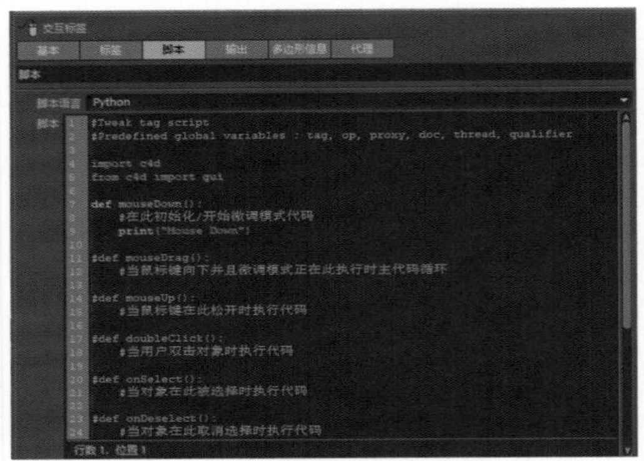

图8-3-3

### 保护标签

保护标签是为某一对象添加保护作用的，添加保护标签后，该物体的坐标将被锁定，如图8-3-4所示。

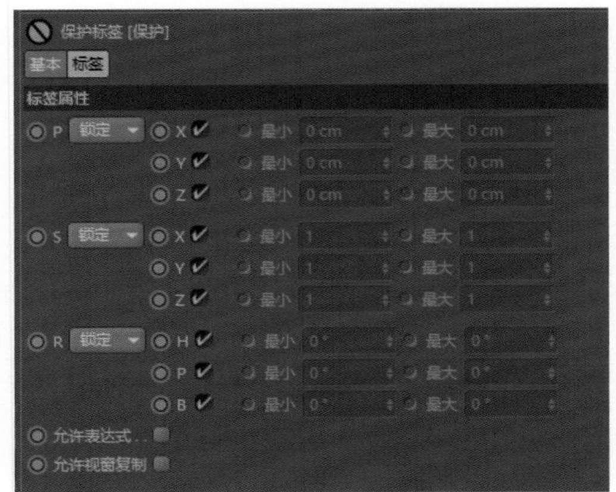

图8-3-4

## 停止标签

使某一功能失效的标签，主要针对生成器（绿色图标）和变形器（紫色图标）类功能，勾选开启，如图8-3-5所示。

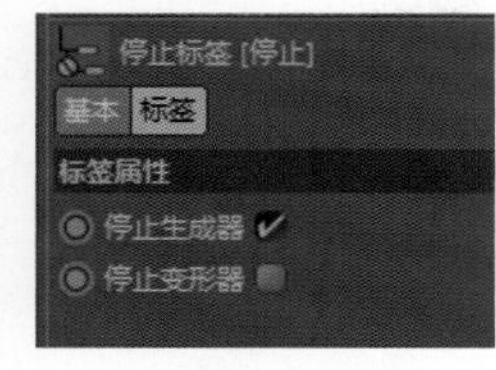


图8-3-5

## 合成标签

合成标签是CINEMA 4D非常常用的综合标签之一，功能属性较多。标签面板如图8-3-6所示。

**投射阴影**：控制当前物体是否产生投影，默认勾选。

**合成背景**：处理实拍素材与生成虚拟元素相结合的效果，材质的投射方式一般设为前沿，勾选则当前物体显示合成背景，默认不勾选。

**接收投影**：控制当前物体是否接收其他物体所产生的投影，默认勾选。

**为HDR贴图合成背景**：勾选则合成HDR贴图细节的背景，默认不勾选。

**本体投影**：控制光照下物体的投影是否会被自身接受，默认勾选。

**摄像机可见**：控制物体在渲染时是否可见，是否被摄像机可见，默认可见。

**透明度可见**：控制物体的背景是否渲染可见。

图8-3-6

**光线可见**：是折射、反射和环境吸收的总开关，默认可见。

**折射可见**：控制物体是否参与折射效果，默认可见。

**全局光照可见**：控制该物体是否参与全局光照计算。

**反射可见**：控制是否参与反射可见。

**环境吸收可见**：控制该物体是否参与环境吸收计算。

**强制抗锯齿/最大/最小/阈值**：是否开启强制抗锯齿，可设置其最大、最小以及阈值大小。

**迈特（Matte）对象**：即蒙版对象，控制蒙版是否可见，默认不开启。

**颜色**：控制颜色。

在GI选项卡下，勾选后可以单独控制该对象的GI强度，对不同GI参数进行渲染设置会有不同的效果，控制不同的强度比率、随机采样比率以及记录密度比率，另外可以启用强制QMC采样、透明忽视以及差补分组，如图8-3-7所示。

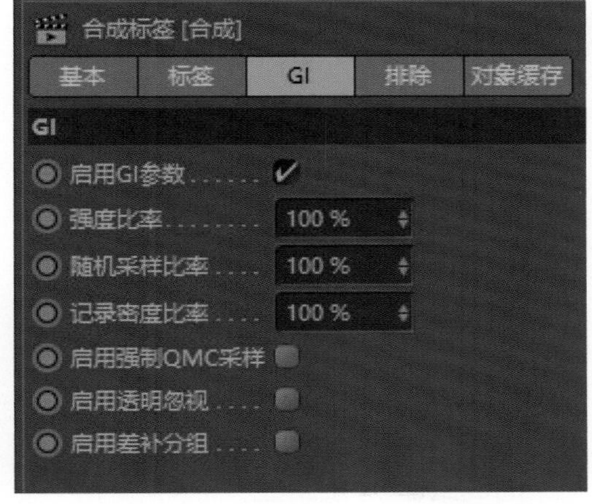


图8-3-7

在排除选项卡拖入排除对象，则会将对象需要排除的效果排除。

在对象缓存选项卡下，需要提取某对象的单独通道，可以使用对象缓存。

### 外部合成标签

外部合成标签主要用来输出CINEMA 4D的合成信息，到后期合成软件中再次加工合成，比如After Effect等，如图8-3-8所示。

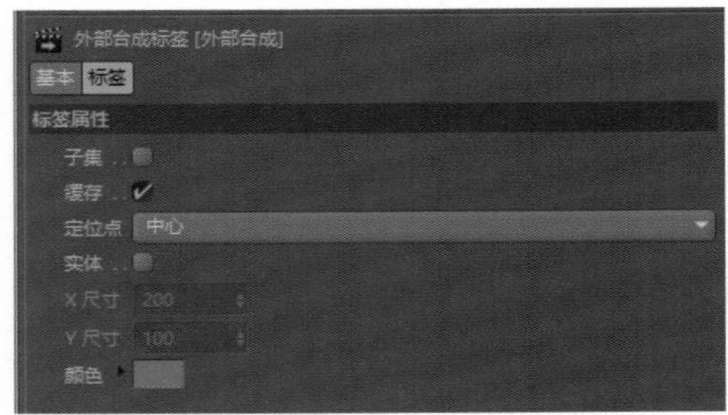


图8-3-8

### 太阳标签

给物体对象添加太阳标签，可以通过太阳标签来控制物体的经纬度位置（图8-3-9）。

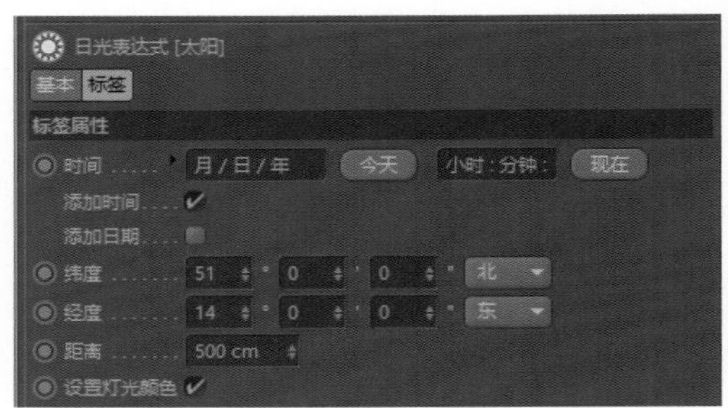


图8-3-9

### 对齐曲线

对齐曲线是用来实现对象沿着固定路线行走的标签，通过创建样条作为路径，使用对齐曲线标签来实现对象沿着路径移动的效果，如图8-3-10所示。

**曲线路径/导轨路径**：将绘制好的样条曲线拖入右侧的曲线框以确定曲线路径/导轨路径。

**切线**：勾选激活切线。

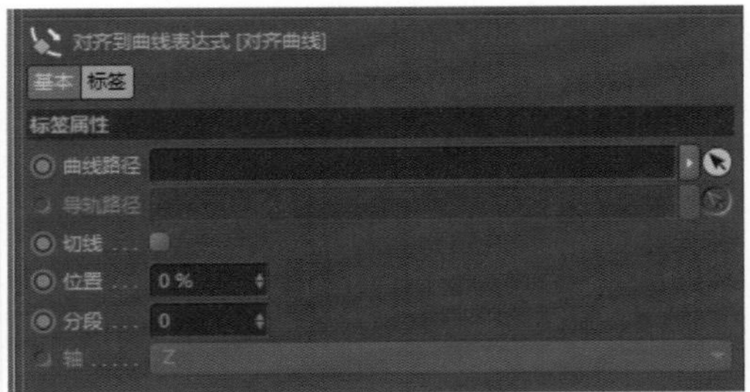


图8-3-10

**位置/分段**：选择位置和分段数。

**轴**：选择轴。

### 对齐路径

设置考虑对齐方向的帧数，如图8-3-11所示。

图8-3-11

### 平滑着色标签

作为最常见的CINEMA 4D标签，是为了设定多边形对象在编辑器中的显示效果，勾选角度限制可设定平滑显示的临界度数，如图8-3-12所示。

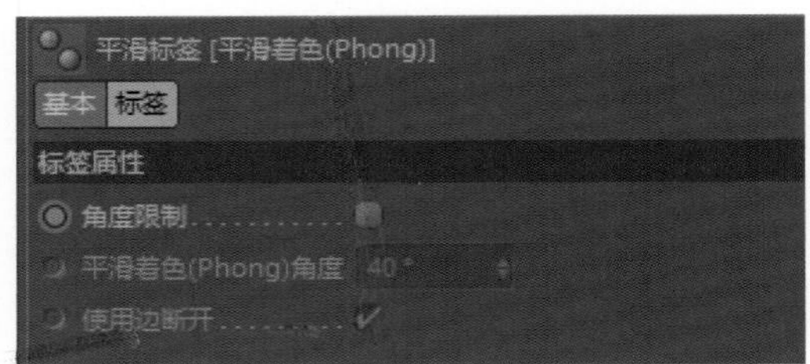


图8-3-12

### 建筑草坪标签

为建筑草坪添加材质。

## 待办事项标签

记录待办事项。

## 振动标签

为对象添加振动标签，可设定对象的位置、缩放、旋转在每个轴向上的振动（图8-3-13）。

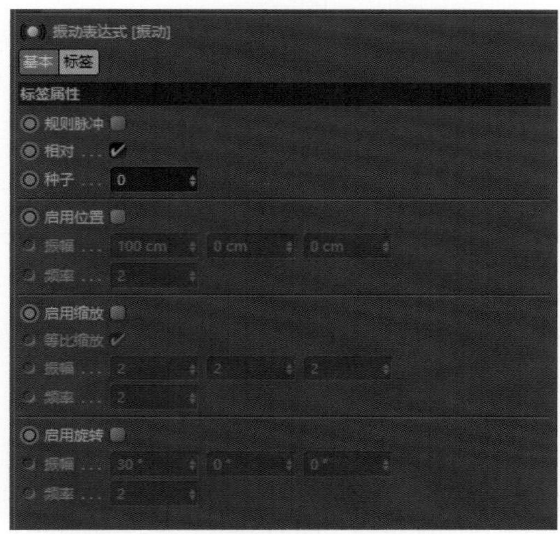


图8-3-13

## 摄像机矫正

通过摄像机进行镜头矫正，常结合运动跟踪功能使用。

## 显示标签

标签属性可以设定对象在编辑器中的着色模式、显示样式、可见性等，与在视图菜单中的显示、选项里的某些命令用法类似。残影是设定对象在编辑器中运动时拖动的残影，可以设定模式、步幅等，如图8-3-14所示。

## 朝向摄像机标签

添加朝向摄像机标签，对象的Z轴将始终朝向摄像机。

## 注释标签

添加解释性的注释标签。

## 烘焙纹理标签

是一个预操作，具有加快渲染、快速显示和节约资源的功能，为对象的材质通道效果

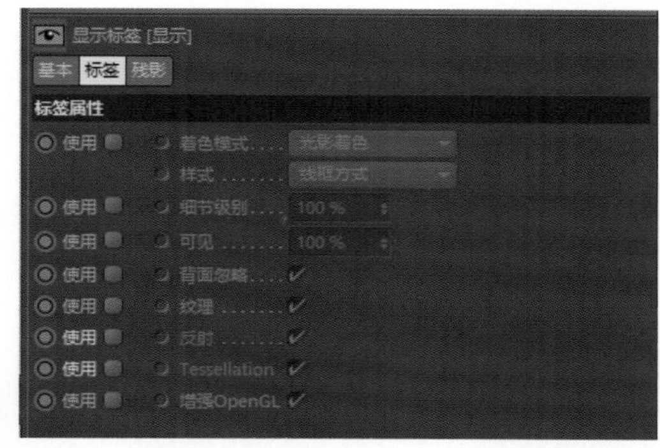


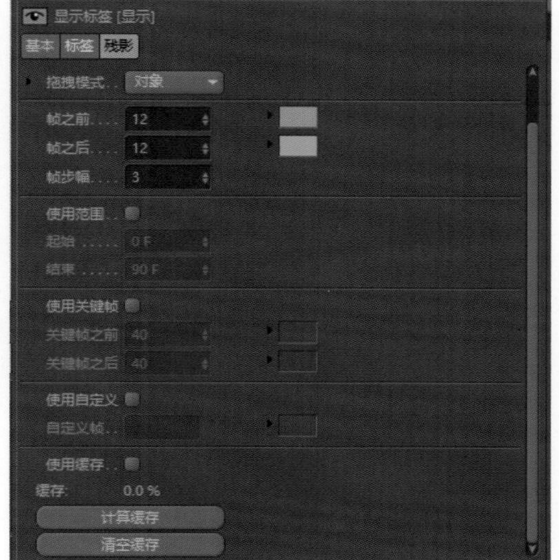


图8-3-14

烘焙出一张纹理，将烘焙好的纹理加载到材质通道即可还原通道效果，在大型工程制作中可加快渲染。在标签选项卡中，可以设定烘焙纹理的名称、格式、色彩信息、大小尺寸、取样、边框、延伸UV，以及背景；选项属性中下有色彩材质的各种属性参数设定；细节属性中可以设定烘焙纹理序列的初始结束时间、名称以及格式等，如图8-3-15所示。

## 目标标签

给对象添加目标标签，可将另两个对象分别拖入目标对象和上行矢量右侧框内，对象的Z轴和Y轴将分别指向两个目标，并始终保持朝向，如图8-3-16所示。

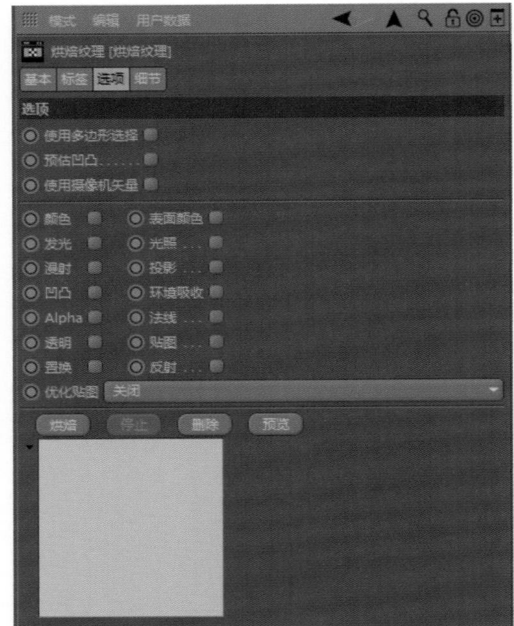


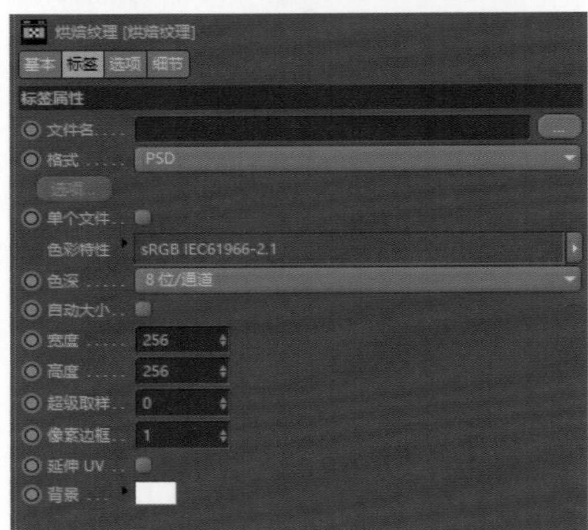


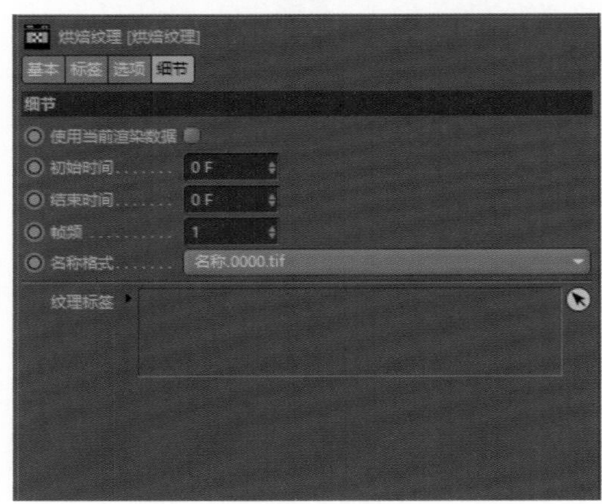


图8-3-15

图8-3-16

### 碰撞检测标签

用来打开或关闭所添加对象为碰撞检测，可选择不同的碰撞检测类型。

### 粘滞纹理标签

顾名思义，粘滞纹理标签是将纹理粘滞在对象上，当对象纹理采用平直投射方式时，对象局部形体发生变化，纹理也随之产生变化。

### 纹理标签

当为对象赋予材质时，纹理标签可和材质一样调节各种色彩材质的属性数值。

### 融球标签

为添加融球功能的对象继续添加融球标签，相当于使一个生成器继续生成，以提高标签属性中的强度、半径等属性。

### 转变优先级标签

转变对象的优先级。

### 运动剪辑系统标签

给运动对象添加运动剪辑系统标签，可进行运动剪辑层的再编辑，与时间线窗口的运动剪辑同步，在运动或者说动画片段之间做融合、变速等编辑。

### 运动模糊标签

可以为对象添加运动模糊效果，并配合在渲染中进行设置。

### 限制标签

为对象设置限制功能，使其标签失效，可以进一步进行局部选集设置。

### 顶点颜色标签

为顶点设置颜色标签。

## 8.4 | 建模综合案例——重游碑谷

这里我们借鉴苹果2014年度最佳游戏“纪念碑谷”，进行“重游碑谷”的建模。可以通过编辑对象和编辑样条工具自如地修改和再造基础模型，如图8-4-1所示。

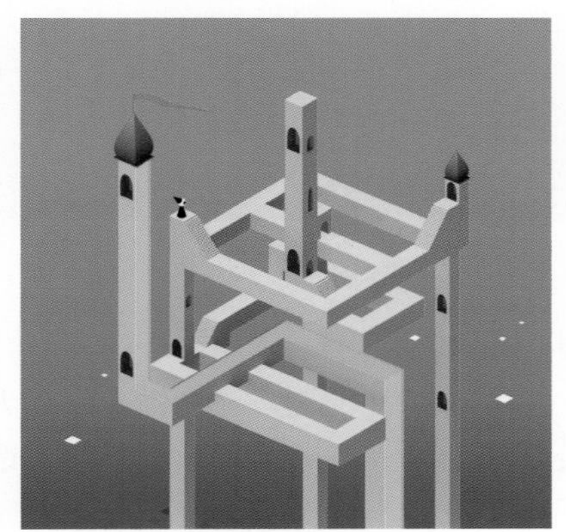

图8-4-1

### 制作原理

①建立一个小方块，添加材质球，如图8-4-2所示。

②在小方块的基础上进入前视图，新建小方块，设置好分段数，使得Y轴分段长度等于X、Z轴，转化为可编辑化对象；进入面模式，选择第一个面，点击右键选择偏移工具，将偏移值设为0，选择移动工具，将面直接拉出来形成L形回廊，也可使用更简易的方式选中面，按住Ctrl键直接移动，依此方法继续建模得到日字形回廊，如图8-4-3所示。

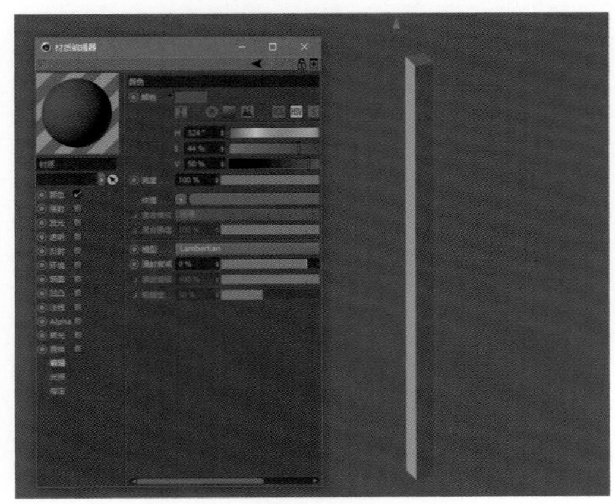

图8-4-2

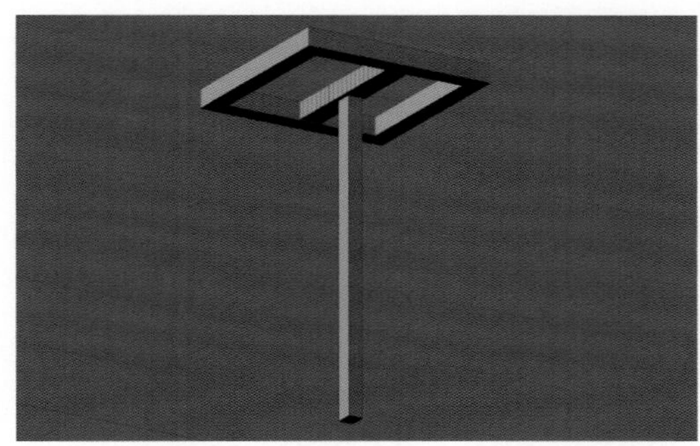

图8-4-3

③创建等宽楼梯，方法同上，建立小方块，设置好分段数；进入面模式，选择面，点击右键进行偏移，设置偏移值为0，切换为移动工具，拉动面形成台阶，也可使用更简易的方式选中面，按住Ctrl键直接移动，依次制作面台阶，如图8-4-4所示。

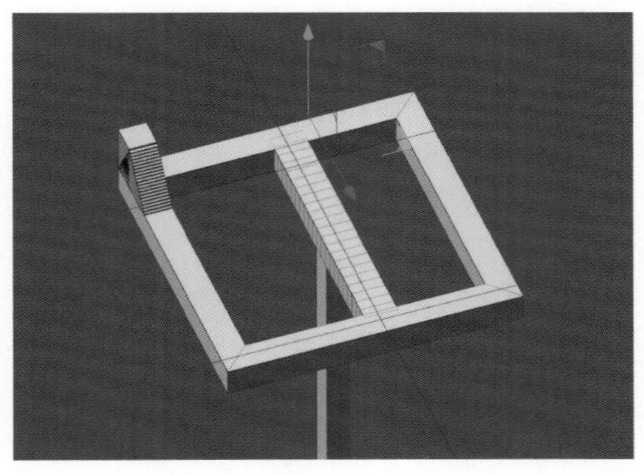

图8-4-4

④依次制作其他回廊与楼梯。创建一个球体，选择半球体，添加挤压伸展变形器

，改变属性因子数，得到半椭圆形球体，将其转化为可编辑化对象，选择封闭多边形孔洞，得到半球体作为半拱门；使用布尔工具，用Z字形回廊减去半圆球形，得到门洞；选择实时选择工具，选择Z字形回廊朝外的面，为其设置选集，添加不同的发光材质，如图8-4-5所示。

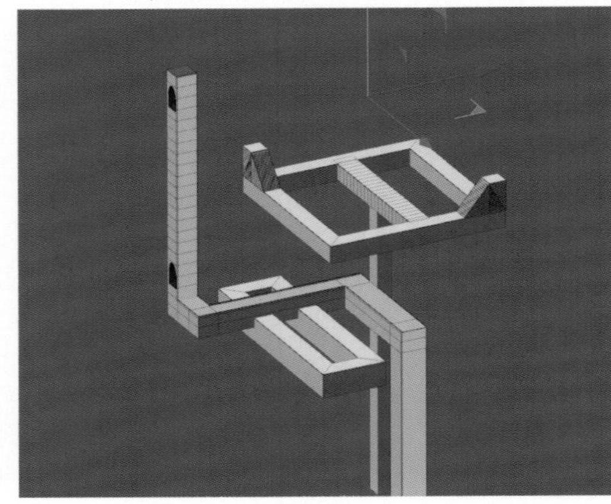

图8-4-5

⑤继续选择面，设置偏移为0，拉动挤压出其他走廊，连接整个建筑的二层，也可使用更简易的方式选中面后按住Ctrl键直接移动，复制制作好的楼梯，使得整个模型结构完整，如图8-4-6所示。

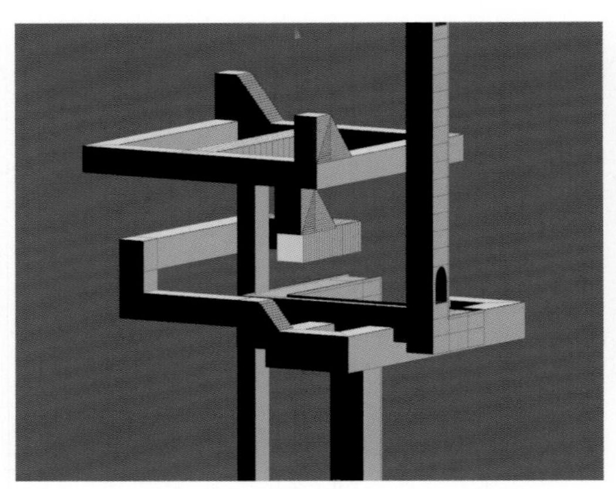

图8-4-6

⑥制作最中间的塔楼，以相同方式减去门洞，如图8-4-7所示。

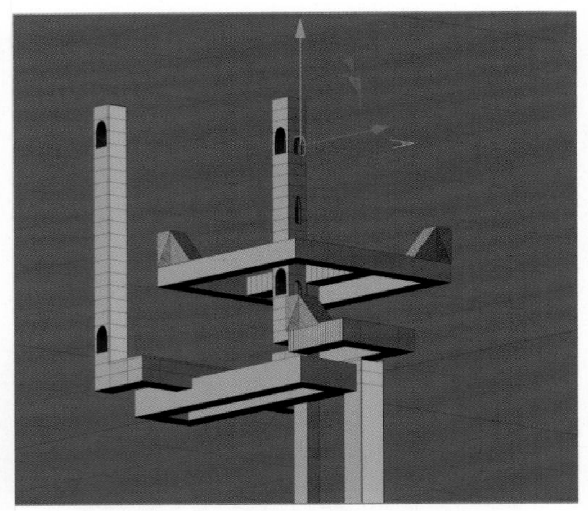

图8-4-7

⑦制作塔顶。创建一个角锥，增大其分段，为角锥添加一个膨胀效果器，选择匹配到父级，调节膨胀强度，得到塔顶形状，为其添加一个渐变材质；创建一个极细的圆柱体作为旗杆；绘制样条旗帜，挤压得到旗子，为其添加红色的材质球；创建两个圆锥体，一个作为小人的帽子，一个充当身体，创建一个球体充当头部，再创建一个球体充当眼睛，为其添加黑色和白色发光的材质球，如图8-4-8所示。

图8-4-8

⑧为场景添加漂浮的白色发光平面，添加灯光、摄像机以及环境设置等，如图8-4-9所示。

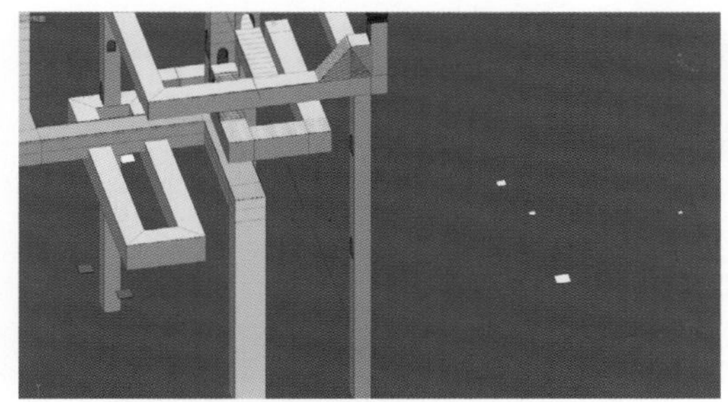
图8-4-9

## 设计逻辑与要点

对于进阶元素建模来说，建模的思路并没有发生变化，仍然是将基础模型转化为多边形对象后，在点、线、面模式下，通过更多的编辑工具得到更复杂更多变的模型。需要强调的是，仍然提倡在整个制作过程中，从主体到部分，从大块到细节，从简单到复杂，步步分解，逐步完成基础建模，尽量使用最少的步骤，最简便、最高效的方式，同时，相同颜色色系尽量使用同一个材质球，不仅可以节约计算资源，也可以使着色配色方案清晰整洁。制作建模方法多样，并不单一、局限，比如细节门洞的内侧弧线是平直还是弯曲等。

扫码看案例高清图

# 运动表现与动力学

##  9.1 | 运动属性

运动是动态图形设计中非常重要的基本元素之一，是视觉印象中最为显著的特征之一。与色彩、材质引起人的瞬间关注相比，运动则是以律动感持续地吸引人的注意。在手绘动画和先锋电影时期，运动的表现在技术上是困难且繁琐的，随着技术的不断更新与进步，使一个元素简单地动起来反而成为了次要问题。运动已经进一步成为设计中的一种重要元素，如何使得运动包含更多的信息传递，如何使运动的韵律、节奏和动态感诠释出更多的意义，如何设计使信息传达时保持明确性、完整性、连续性甚至趣味性、多元化、有次序，需要设计师对运动进行更深入的理解、研究以及实践，让运动成为一种有效的设计手段和表达语言，从而在动态图形设计中更有目的、更有针对性地对运动进行设计和运用。从语言学的角度看，运动图形设计中的运动方式、规则也有其表达信息的语言与语法，它从最早期的壁画、器皿纹样的动态感发展到绘画、雕刻中的韵律感，又在电影和动画中发展出的一套应用规则和方法，可以完整且有改善性、有创造性地被现代动态图形设计所消化、借鉴以及应用。

### 自体运动

自体运动是最常见的运动设计类型之一，设计对象就是我们的主体对象，也就是前面章节所说的动态元素，比如以图形、图像和自身为主体的对象运动。这些运动会涉及一些基础物理知识。

**方向**：当我们面对一个元素对象时，想让它动起来的第一个反应往往是——往哪儿动？这便涉及运动方向。运动的方向是设计元素变化的朝向。现实生活中，我们最核心的方向感知来自对地球的方向描述，以经纬度，东南西北，或者上下、前后、左右、深浅、顺时针、逆时针这些方位性的名词来描述我们的空间朝向感知；而在动态图形设计中，我们的方向是以屏幕为参照，往往依赖一定的坐标系去描述，运动方向不仅仅与动态图形设计的信息传递语言和语意有关，也与审美心理的期待和预判有关，比如社会文化习俗带给我们的从左到右的阅读习惯、行路靠右的生活习惯等。这会在一定程度上符合我们的心理舒适范围，一旦发生“不自在”的反向运动，便会在心理上产生一个舒适的“逆行”区域。这既需要设计师拥有丰富的理论了解，也需要有长期的经验积累。

**路径**：路径是紧接着要考虑的设计思考点。拟定朝向后，按照什么样的轨迹去运动，成为我们接下来要思考的问题。运动留在空间中经过的痕迹线就是轨迹。动态图形设计一大特点在于路径，即轨迹线也可以被保留而作为一种视觉设计元素。不同的路径在视觉上会体现出不同的特征，直线显得简约直接，折线具有力度感，弯曲弧线最接近自然界的常见规律，更显圆润，抛物线则较为灵动，螺旋线繁复而华丽……不同的路径线带给人的感知是不一样的，它在动态图形设计中不仅仅作为对象运动的轨迹，有时也可以是运动图形克隆后排列与组合的方式，或者渐次显现，或者随机消失，运用到设计上的层次多样且丰富。

**轴**：轴分为轴心与轴线，它是运动变化的一个参考基础点或者基准线，不同的轴心和轴线选择，对物体的各种运动状态的影响是不一样的。一般情况下，三维设计软件中对象的轴心默认都在物体的重心或者中心位置，轴线都在中心对称的位置。

**速度**：速度是运动的基础物理概念，呈现的是运动变化的快慢状况，速率表示物体运动速度变化的快慢程度，快速变化的设计元素给人的视觉印象是充满活力、轻盈、快乐，而缓慢的则稳重、优雅，有时也会显得沉重，不容易产生吸引力。现代生活的快节奏与高频率带来了动态图形设计的活跃发展，也间接决定了它们的一些气质与节奏。一般的运动设计会模拟现实世界人与物体的运动，即从静止到运动拥有明显的加速和减速的过程，符合现实物体的动力学规律。

**位移**：位移是动态元素对象自体运动的一种，即其在空间中的位置发生变化的运动。

**旋转**：旋转是动态元素对象围绕自身某个轴心或者轴线做的自转运动。

**缩放**：缩放是动态元素对象在自身大小尺度上发生改变，这是一种基于自身形状的形变；其他形变有膨胀、挤压、扭曲、弯曲、生长、拉伸等。

#### 视野运动

视野运动是把整个设计空间看做一个无边界的三维世界，而我们所看见的屏幕窗口只是其中的一部分，当这个窗口移动的时候，就会产生我们所看到的视野运动。三维软件的视野运动可以完全模拟真实摄像机的拍摄状态，主要有光学运动和空间位置运动两类。光学运动是摄像机机位不变而镜头发生焦距等光学的变化，比如在视角、透视、景深等方面的运动变化；而空间位置运动则主要分为推、拉、摇、移、跟、升、降、甩这些视野上的机位改变，它们模拟人的真实视觉体验，使动态图形设计更加生动，镜头律动更加丰富，更让人感到身临其境、引人入胜。视野运动实质上是对人体视线运动的一种扩展，当动态图形设计所面临的屏幕尺寸足够大的时候，还可以进一步考虑视线运动的吸引与突显。

#### 运动规律

运动规律是动态图形设计的基本，是动态图形设计更有表现力、更能表达的一种总结性的规律、原则，是我们在初学时或者瓶颈期可以参考、依据、遵循的一种方法，比如夸张、缓动、曲线圆弧、跟随、连锁反应、相互运动等。

#### 运动拟态

运动拟态也是动态图形设计中常用的表现方式。传统的叙事动画中常常以拟人的姿态动作来赋予非生物体以生命，比如给一支钢笔、一个杯子做出运动拟态，赋予它们生命，让它们动起来、活起来。动态图形设计同样会模仿一些物理动力学的拟态来诠释一些有意思的视觉效果，比如爆炸、弹跳、燃烧、竞速、碰撞、融合、振动、落体等。图9-1-1所示为球体破碎开的运动拟态。

图9-1-1

### 运动情绪

运动的情绪指有意识、有指向性地以元素的运动去传递情感，有时是通过节奏，有时是通过韵律，比如轻快的运动情绪是由轻盈、灵动、跳脱的运动带来的，而沉稳的运动情绪则来自缓慢、匀速、圆润的运动。

## 9.2 | CINEMA 4D动力学功能

CINEMA 4D的动力学是一个可以模拟真实物理世界运动效果的功能合集，这些运动包括碰撞、落体等。这是手动设置关键帧且需要多个步骤的关键帧动画，即使消耗大量时间也难以完美实现的。它在一定程度上节省了大量的创作时间，让设计师不囿于重复性和不具备创新性的机械工作。当然，动力学也不是万能的，它同样也需要进行多番调试才能达到理想的模拟效果。

图9-2-1

在菜单栏下的模拟中，是动力学相关的命令，如图9-2-1所示。

同时，在对象窗口，选择对象后点击鼠标右键，在弹出的窗口中选择模拟标签，将出现动力学的模拟内容，包含“刚体”“柔体”“碰撞体”“检测体”“布料”“布料碰撞器”“布料绑带”共7种模拟标签，如图9-2-2所示。

图9-2-2

### 9.2.1 刚体与柔体

#### 刚体

刚体指一般意义上无法肉眼可见其产生形变的物体，即在任何作用力下，体积和形状都不发生改变的物体，如大理石、铁器、木材、金属等。

创建一个球体，将球体在Y轴上向上移动；选择球体，点击鼠标右键，选择CINEMA 4D标签>模拟标签>刚体，可以发现在对象面板，球体的标签区新增了一个刚体的动力学标签，选择标签，属性面板会出现对应的参数选项卡，此时播放动画▷，球体就会产生一个向下坠落的动画。

### ▶▶ 刚体为什么会做自由落体运动?

在刚体的标签功能中，我们并未创建出新的对象，而是在原有模型基础上更进了一步，通过赋予其一个动力学的标签，把已经建模好的完整对象转化为了刚体。这个刚体之所以会做自由落体运动是因为整个工程场景默认模拟的是现实世界，刚体的自由落体也就是地球产生的重力落体。按Ctrl+D打开属性面板下的工程设置属性，可以看到动力学选项卡下的重力数值默认为1000cm/sec，如图9-2-3所示，这与现实世界中的重力大小接近，可以根据不同需求修改重力大小，也可以关闭为零来模拟太空失重，绝大多数情况下模拟现实世界而默认不变。

图9-2-3

创建一个平面，将平面置于球体下方，再次从0帧开始播放动画，此时球体仍然做自由落体动画，直接穿过平面，如图9-2-4所示。这是因为平面还没有被CINEMA 4D的动力学引擎识别。

为了让同一个工程场景中的平面被动力学的引擎识别而又不受到重力的模拟影响，需要将这个平面转化为碰撞体，在对象窗口中选择平面对象，点击鼠标右键，选择

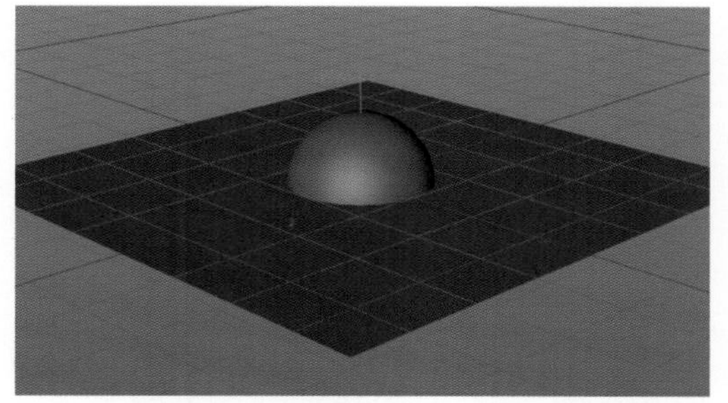
图9-2-4

CINEMA 4D标签>模拟标签>碰撞体，为平面对象添加碰撞体标签，重新将时间滑尺返回至0帧开始播放动画，球体和平面发生碰撞，如图9-2-5所示。

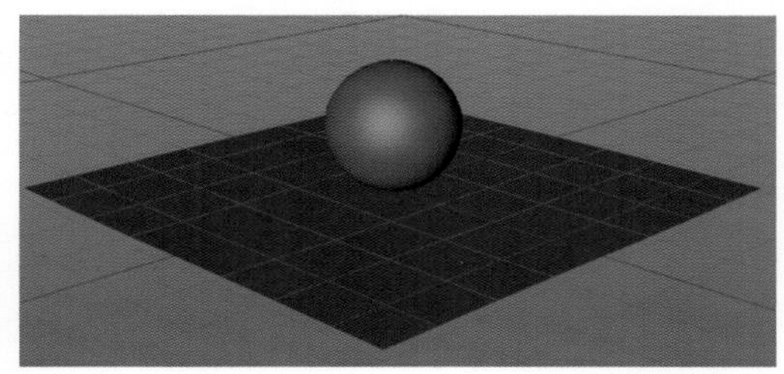
图9-2-5

需要注意的是，在动力学场景中，因为每次改动系统时都会对场景中的动力学对象进行重新计算，所以添加新对象标签或者调试参数后，都需要将时间滑尺复位至0帧，再重新播放动画观察。

### ▶▶ 动力学标签属性面板有哪些参数?

动力学属性选项卡如图9-2-6所示。

**启用**：勾选启用，若取消勾选，标签图标为灰色，动力学不产生任何作用，相当于未添加标签。

**动力学**：包含开启、关闭、检测；其中“关闭”说明当前动力学标签被转换为碰撞体；默认为“开启”，指对象被赋予模拟标签刚体，对象作为刚体而存在，参与动力学计算；“检测”指当前动力学标签被转换为检测体，当对象为检测体时，既不会发生碰撞，

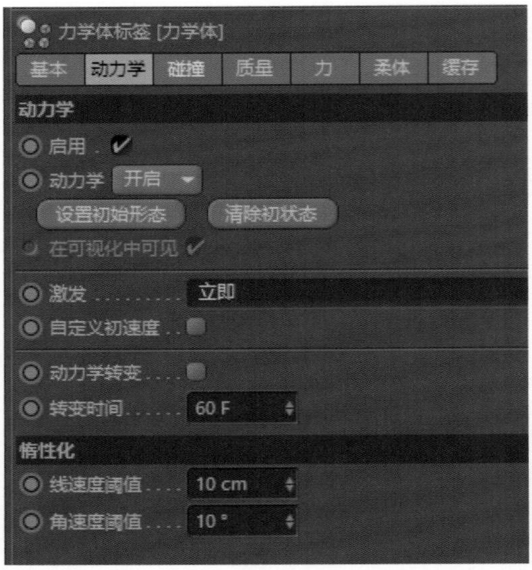

图9-2-6

也不会发生反弹，动力学对象将穿过这些物体。

**设置初始形态**：单击后，动力学计算完毕，将会把该对象当前帧的动力学状态设置为动作初始状态。

**清除初状态**：单击后可重置初始状态。

**激发**：包含立即、在峰速、开启碰撞、由XPresso。“立即”指物体动力学计算将立即生效；“在峰速”指当物体对象本身具有动画，如位移动画时，动力学将在物体动画运动的峰速开始计算，比如位移速度最快时，同时还会计算物理惯性；“开启碰撞”指物体对象同另一个对象发生碰撞后才会进行动力学计算；“由XPresso”指由Xpresso编辑器节点进一步控制。

**自定义初速度**：勾选后将激活初始线速度、初始角速度和对象坐标参数，可以自定义参数数值。初始线速度指对象在X/Y/Z上的速度数值；初始角速度指在H/P/B上的角度数值；勾选对象坐标后使用对象自身坐标系统，取消则使用世界坐标系统。

**动力学转变/转变时间**：在任意时间停止动力学计算，勾选后对象返回初始状态，转变时间定义返回到初始状态的时间。

**线速度阈值/角速度阈值**：优化计算速度，一旦一个动力学对象的速度低于阈值2秒，那么将省略进一步计算，并保持状态直到它碰到另一个对象。

碰撞属性选项卡如图9-2-7所示。

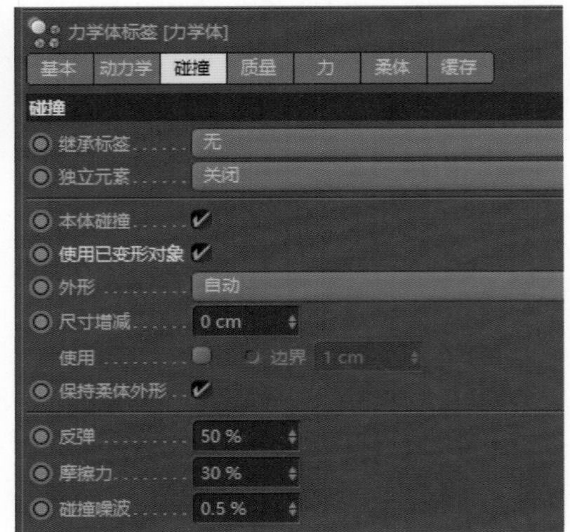


图9-2-7

**继承标签**：包含无、应用标签到子集、复合碰撞外形。其中，“无”指不参与基础标签；“应用标签到子集”是动力学标签将被分配到所有子集对象，所有的子集对象都将被进行单独的动力学计算；“复合碰撞外形”是整个层级的对象被计算，层级对象作为一个固定的整体存在。

**独立元素**：包含关闭、顶层、第二阶段以及全部。其中，“关闭”是整个对象作为一个整体碰撞对象；“顶层”是一层一层或者一级一级地将对象分别作为碰撞对象；“第二阶段”是一节一节地将对象分别作为碰撞对象；“全部”指每个元素单独作为一个碰撞对象，例如一段英文文本作为碰撞对象，则分别指将一整段文本、每一行文本、每一个单词以及每一个字母作为独立元素。

**使用已变形对象**：勾选使用已变形的选项。

**外形**：CINEMA 4D的动力学碰撞计算是一个计算量大且相当费时的过程，对象受到碰撞、回弹、摩擦等影响都会消耗计算量，这时就需要选择该选项内多个用于替代的形状来帮助设置。这些替身形状代替碰撞对象本身参与计算，在复杂的工程创作中将节省大量的渲染时间。不同外形会产生不同效果，可根据不同情况选择不同外形。

**尺寸增减**：用于设置对象的碰撞范围，数值越大，范围越大。

**使用/边界**：通常保持默认，勾选使用，激活边界，当边界为0时，将减少渲染耗时，但碰撞稳定性降低，数值过低时可能会产生错误。

**保持柔体外形**：默认勾选，动力学对象进行碰撞产生形变后，会像柔体一样反弹恢复原形，取消勾选则不会恢复，从而等同于刚性对象变形。

**反弹**：设置反弹大小，数值越大，反弹越强烈。

**摩擦力**：设置摩擦力的大小。

**碰撞噪波**：碰撞的行为变化，数值越高，对象则产生的运动越多样化。

质量属性选项卡如图9-2-8所示。

**使用/密度/质量**：分为全局密度、自定义密度、自定义质量。“全局密度”为默认选项，等于工程设置中动力学选项卡下的密度值；选择“自定义密度”激活“密度”设置，可自定义数值；选择“自定义质量”激活“质量”设置，可自定义数值。

**旋转的质量**：设置旋转质量的百分比大小。

**自定义中心/中心**：默认取消勾选，质量中心自动计算。如需手动设置质量中心，则应勾选后输入对应的对象坐标数值。

力属性选项卡如图9-2-9所示。

**跟随位移/跟随旋转**：设置跟随位移和跟随旋转的数值，给跟随位移和跟随旋转设置关键帧，数值越大，动力学对象恢复至原始状态的速度越快。

**线性阻尼/角度阻尼**：阻尼这个词指动力学对象在运动过程中，由于外界作用或者本身固有原因引起的动作逐渐下降或减弱的特性；线性阻尼/角度阻尼用来设置对象在动力学运动过程中，位移/角度上的阻尼大小。

**力模式/力列表**：力模式可选择“排除”或“包括”，当场景中存在其他场的作用力时，如果不需要该对象受到影响，那么可以将对象窗口中的该力场拖入力列表中，排除影响或包括影响。

**粘滞**：设置空气动力学中空气的粘滞力

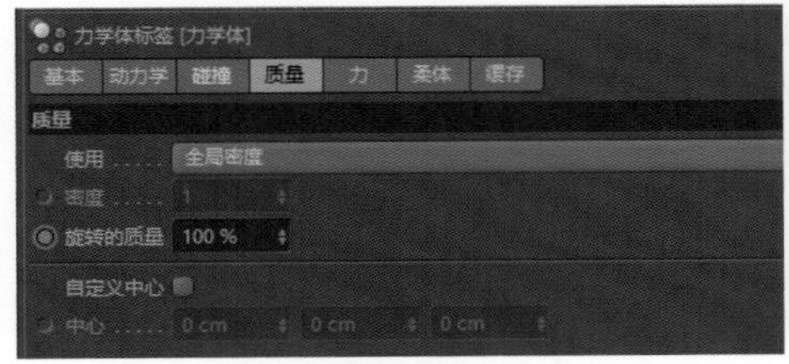


图9-2-8

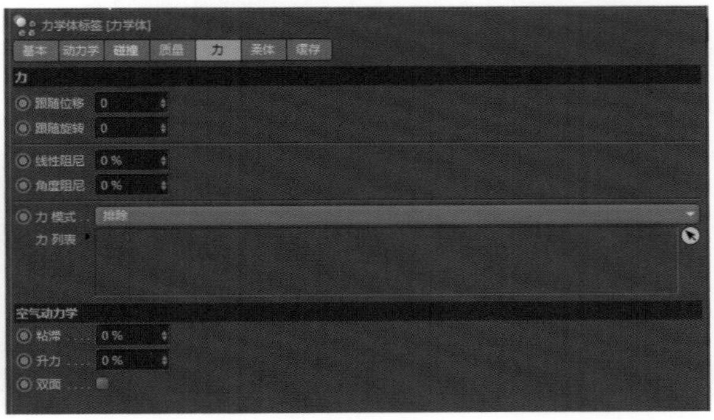

图9-2-9

百分比。

**升力**：设置空气动力学中空气的升力百分比。

**双面**：勾选则双面产生空气动力学影响。

柔体属性选项卡默认是关闭的，当选择“由多边形/线构成”后，动力学标签会由“刚体”变为“柔体”，即从刚体转为柔体。

缓存属性选项卡将在柔体中讲到。

### 柔体

柔体与刚体相对，指需要产生变形的物体，也就是说在力的作用下，体积和形状发生改变的物体，模拟现实实际中相对柔软的物体，比如气球、枕头等。添加柔体标签的方法与刚体相同。

柔体属性选项卡如图9-2-10所示。

**柔体**：包含关闭、由多边形/边构成、由克隆构成。其中，“关闭”指对象作为刚体存在；“由多边形/边构成”指对象作为普通柔体存在；“由克隆构成”是对象作为一个整体，比如像弹簧一样产生动力学动画。

**静止形态/质量贴图**：静止形态指对象部分发生柔体形变，而质量贴图则控制发生形变的范围。

例如，创建一个球体，按C键转化为多边

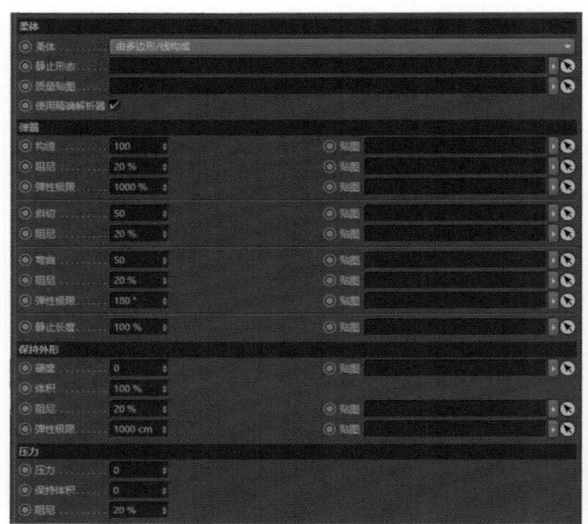


图9-2-10

形对象，进入点模式，选择球体上半部分的所有点，点击主菜单>选择，设置顶点权重，在弹出窗口中设置任意数值，如30%，设置完成后对象标签区自动添加“顶点贴图标签”。

为球体多边形添加“柔体标签”，将球体多边形拖入“静止形态”右侧选项框，将“顶点贴图标签”拖入“质量贴图”，从0帧开始播放动画，得到如图9-2-11所示的效果，只有被约束的点发生了动力学变化，而静止形态保持球体不变。

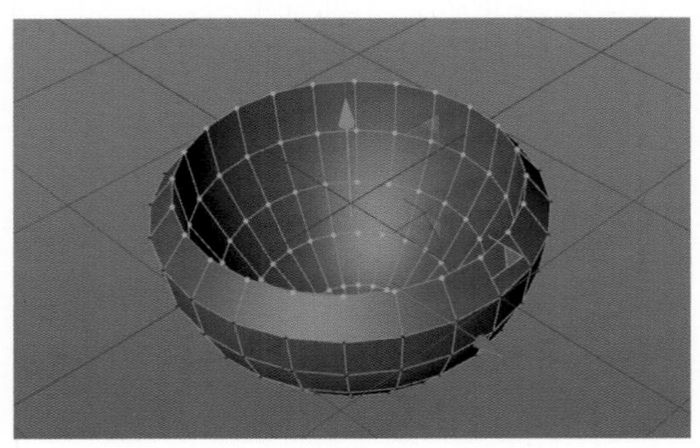

图9-2-11

继续来看图9-2-10所示的柔体属性参数，具体如下。

**构造/阻尼/弹性极限**：设置柔体对象的弹性构造，数值越大，对象构造越完整；阻尼用于调节影响构造的数值；弹性极限是弹性构造发生形变的极限。

**斜切/阻尼**：设置柔体对象的斜切程度，阻尼用于调节影响斜切的数值。

**弯曲/阻尼/弹性极限**：设置柔体对象的弯曲程度，数值越大，弯曲越大；阻尼用于调节影响弯曲的数值；弹性极限是弯曲发生形变的极限。

**静止长度**：动力学对象在静止时，柔体保持其原有形状，柔体变形的点也处于静止状态，当前未被施加力量；当动力学计算开始，重力和碰撞便会对这些点产生影响。

**硬度**：数值越大，柔体形变越小。

**体积/阻尼/弹性极限**：设置体积的大小、阻尼和弹性极限。

**压力/保持体积/阻尼**：压力是模拟现实世界中给对象施加压力产生的表面膨胀；设置保持本身体积的参数和阻尼。

缓存属性选项卡如图9-2-12所示。

图9-2-12

**本地坐标**：勾选后烘焙使用的是对象自身坐标，取消则是全局世界坐标。

**烘焙对象/全部烘焙**：在动力学设计预先测试时，为了方便操作和观察，可将调试好的动画进行预先“烘焙”，系统将自动计算当前对象的动画效果，并保存在内部缓存中，点击全部烘焙可以烘焙全部对象。

**清除对象缓存/清空全部缓存**：点击清除烘焙完成的动画预览缓存。

**内存**：显示烘焙结果所占的内存大小，清除后为0。

**使用缓存数据**：勾选后使用当前缓存文件。

## 9.2.2 粒子与力场

### 粒子Particle

粒子在物理学上是能够以自由状态存在的最小物质组成部分，比如原子、电子、光子等，在CINEMA 4D中和所有三维软件或者后期软件一样，粒子是用于创作特殊视觉效果的一种工具，或者说一种方式。

粒子的创建可以选择主菜单模拟>粒子>发射器，创建好粒子发射器，单击选择时间轴播放，发射器随着时间发射粒子，如图9-2-13所示。

图9-2-13

### 粒子属性

选择对象窗口上的粒子发射器，在属性面板出现其所有属性，其中基本、坐标以及包括与前文类似，粒子和发射器选项卡如图9-2-14所示。

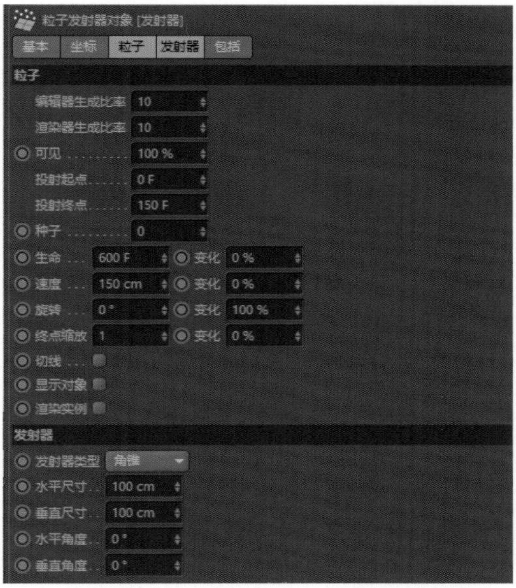

图9-2-14

粒子选项卡如下。

**编辑器/渲染器生成比率**：粒子在编辑器和渲染器中的反射数量。在操作时，为节省计算成本，可以将编辑器数量设置得比渲染器中略低一些。

**可见**：粒子在编辑器中所显示总量的百

分比。

**投射起点/终点**：发射器开始发射粒子的时间和停止发射的时间。

**种子**：控制发出粒子的随机状态。

**生命/速度/旋转/终点缩放/变化**：粒子生成后的死亡时间、运动速度、旋转角度、大小等，每个属性都可以控制随机变化程度。

**切线**：勾选切线，单个粒子的Z轴将始终与发射器Z轴对齐。

**显示对象**：勾选可将场景中的粒子替换为对象显示，替换对象需为粒子发射器的子物体。

**渲染实例**：勾选场景中的实例对象进行渲染。

发射器选项卡如下。

**发射器类型**：包含角锥和圆锥两种发射器类型。

**水平/垂直尺寸/角度**：发射器的水平和垂直方向上的尺寸与角度。

### 力场

力场在物理学中是一个很重要的基本概念，是指一种矢量场，与每点相关的矢量均可用一个力来度量，看不见，也摸不着，如引力场、磁场、电场等。在CINEMA 4D中同样可以构建这样一个存在力的作用却看不见的“力场”。

力场的创建，点击主菜单中的模拟>粒子中的任一力场，如图9-2-15所示。

图9-2-15

### 引力

引力场像现实世界的引力一样对粒子起到吸引或者排斥的作用，其属性面板中基本、坐标与前文类似，对象和衰减属性选项卡面板如图9-2-16所示。

图9-2-16

**强度**：引力强度大于0即为正值时，对粒子起到吸引作用力，当为小于0的负值时，为排斥力。

**速度限制**：限制粒子过快的运动速度。

**模式**：引力的模式，分为加速度与力模式，其中默认为加速度。

### 反弹

反弹场顾名思义能反弹粒子，其属性如图9-2-17所示。

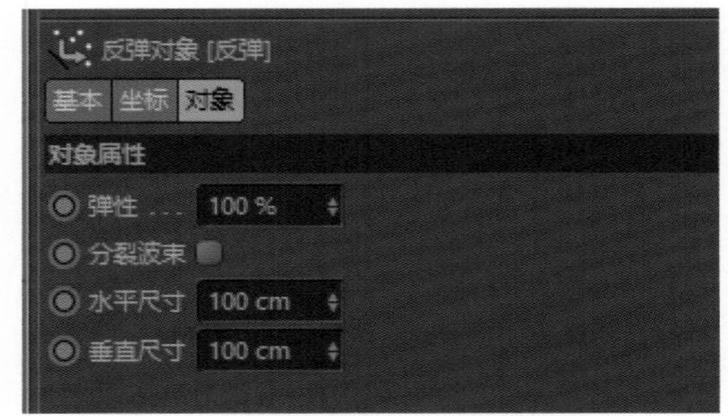


图9-2-17

**弹性**：反弹的弹力程度设置。

**分裂波束**：勾选可将粒子分束反弹。

**水平/垂直尺寸**：反弹面水平和垂直的大小设置。

### 破坏

破坏场可以终止粒子的生命，其属性如图9-2-18所示。

图9-2-18

**随机特性**：对进入破坏场粒子消灭的比重。

**尺寸**：破坏场尺寸大小。

### 摩擦

摩擦场对粒子运动起到阻碍、延滞等作用，其属性如图9-2-19所示。

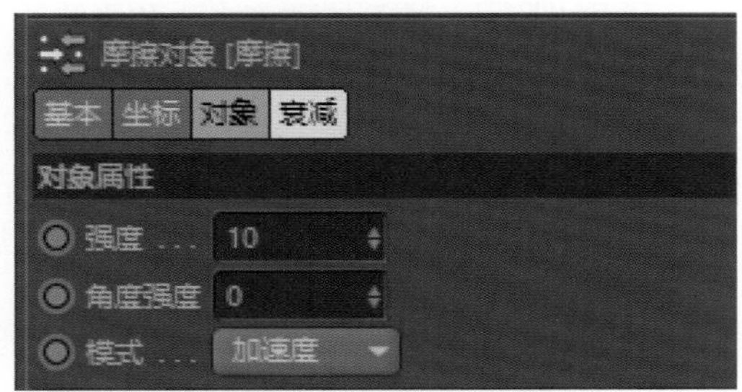


图9-2-19

**强度**：对粒子运动的阻滞力，当为负值时为驱散力。

**角度强度**：摩擦力的角度的控制。

**模式**：摩擦模式分为加速度和力，默认为加速度。

### 重力

重力场使粒子具有下落的重力特性，其属性主要有加速度大小的控制和模式的控制，模式为加速度、力以及空气动力学风，其中默认为加速度。

### 旋转

旋转场使粒子流旋转起来，其属性主要为控制角速度大小和控制模式的选择，模式分为加速度、力以及空气动力学风。

### 湍流

湍流使粒子无规则地流动，其属性如图9-2-20所示。

**强度**：湍流的力度。

**缩放**：粒子流无规则运动散开与集聚的程度。

**频率**：离子流抖动的频率。

**模式**：加速度、力以及动力学风。

### 风力

风力场使粒子向设定方向运动，其属性选项如图9-2-21所示。

**速度**：风力驱动粒子运动的速度。

**紊流**：粒子被驱动时的湍流强度。

**紊流缩放**：粒子流受湍流驱动时散开与集聚的强度。

**紊流频率**：粒子流动的频率。

**模式**：加速度、力以及空气动力学风。

### 烘焙粒子

粒子发射后的运动状态是不可逆的，通

图9-2-20

图9-2-21

过烘焙粒子，粒子的运动状态在反向滑动时间指针时是可逆显示的。烘焙粒子的起点、终点都可设定。每帧采样决定了烘焙精度。烘焙全部可以设定每次烘焙的帧数。

## ■ 9.2.3 动力学——辅助器

### 连接器

连接器是在动力学系统中建立两个或多个对象之间的联系，即作用于动力学对象，连接原本无关的对象，模拟真实连接效果。在主菜单中选择模拟>动力学>连接器，可显示其主要属性选项卡（图9-2-22）。

类型决定不同的连接运动方式，如图9-2-23所示。

**对象A/B**：两个需要连接的动力学对象。

**参考轴心A/B**：控制对象A和B连接器的参考轴心。

**忽略碰撞**：改善并解决错误碰撞效果。

**反弹**：设置反弹程度。

**角度限制**：勾选显示连接器的角度限制范围。

### 弹簧

弹簧的作用在于产生推力和拉力，从而拉长和压短两个动力学对象，使两个动力学对象产生类似于弹簧的效果，其属性如图9-2-24所示。

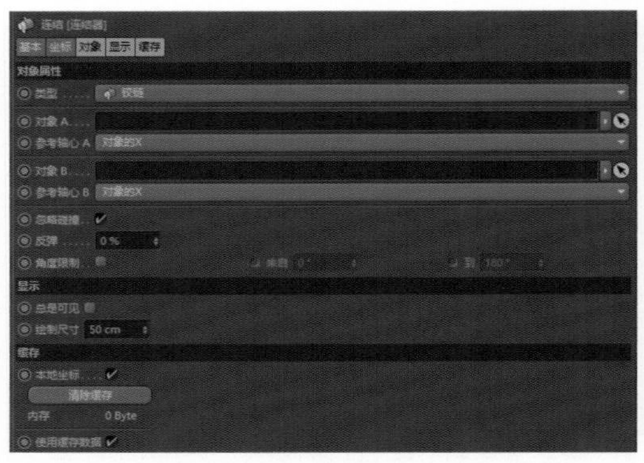

图9-2-22

图9-2-24

图9-2-25

**类型**：设置弹簧的类型，包括线性、角度以及线性和角度。

**对象A/B**：两个动力学对象。

**静止长度**：弹簧产生动力学效果后的静止长度，数值越大，弹簧静止长度越长。

**硬度/阻尼**：弹簧的硬度大小和影响弹簧数值的大小。

### 力

类似于现实世界的万有引力，在动力学对象之间产生引力或者排斥力，其属性如图9-2-25所示。

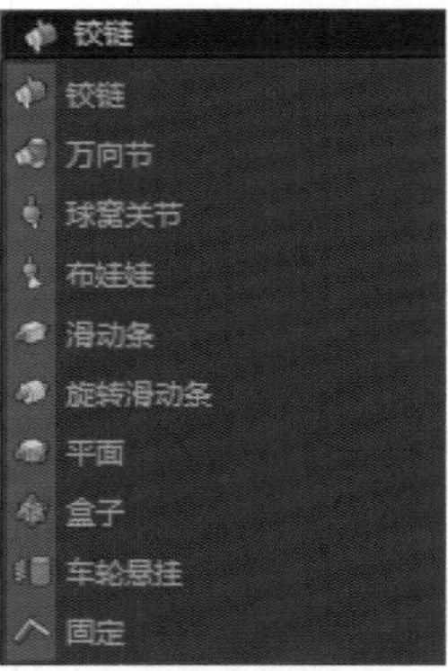


图9-2-23

**强度**：设置力的强度大小。

**阻尼**：影响力的大小。

**考虑质量**：默认勾选，对象质量不同，产生力的作用也不同，越轻则作用力越大。

**衰减**：设置力从内部距离到外部

距离的衰减方式。

**内部/外部距离**：设置产生力的作用力的内部和外部范围。

### 驱动器

驱动器可以对动力学对象施加特定角度的线性力，使对象持续驱动，直到发生与其他对象的碰撞，其属性如图9-2-26所示。

图9-2-26

**类型**：驱动器类型包含线性、角度以及线性和角度。

**对象A/B**：设定对象A和B。

**模式**：模式分为调节速度和应用力。

**角度相切速度**：设置角速度的峰值。

**扭矩**：沿着驱动器Z轴施加的线性力，随着对象质量和摩擦增大而增大。

## ■ 9.2.4 动力学——毛发

毛发是CINEMA 4D的重要功能之一，主要有毛发对象的创建、选择、编辑、操作，以及毛发的材质与标签等。

### 毛发对象

CINEMA 4D的毛发对象主要在于为一个模型添加毛发，分为毛发、羽毛以及绒毛。选择主菜单中模拟下的毛发对象，可添加毛发命令，可以为参数化对象添加毛发，也可以为多边形部分选集添加毛发，如图9-2-27、图9-2-28所示。

注意添加毛发时确定选定的对象是谁，及为哪里添加毛发。

添加毛发后选择时间轴播放▷，由于工程文件场景重力的影响，毛发带有动力学属性，会自然垂落下来，形成毛发简单飘动的效果动画。

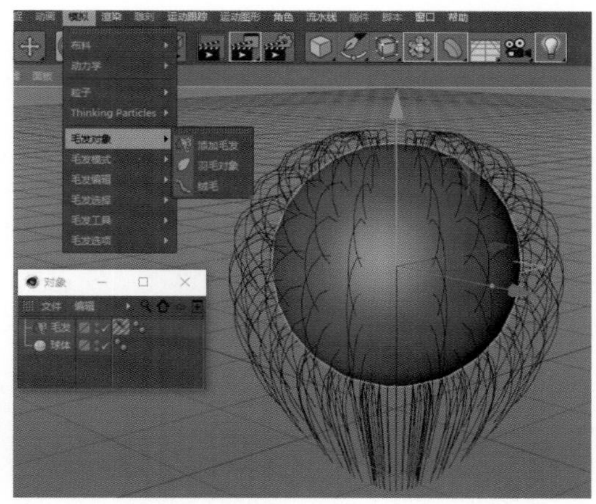

图9-2-27

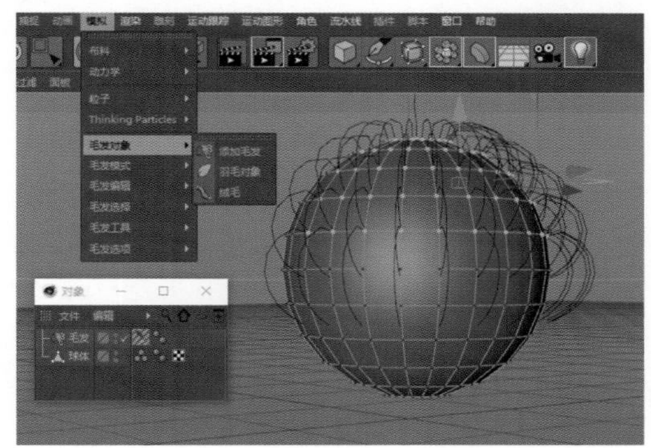

图9-2-28

### 毛发属性

毛发属性选项卡很多，主要涉及引导线、毛发、填充、编辑、生成、动力学、影响、缓存、分离、挑选、高级，涉及的属性多而杂，下面就常用的重要属性做详细介绍。

引导线选项卡如图9-2-29所示。

引导线是在场景中替代毛发显示，起到引导生长作用的线。真正的毛发需要渲染后才可看见效果。在初学时的实际创作中，我们可以将观察引导线与实时渲染功能结合起来查看效果，其中常用重要参数如下。

**链接**：是将点、线、面生成的选集拖入框内成为毛发生长区。

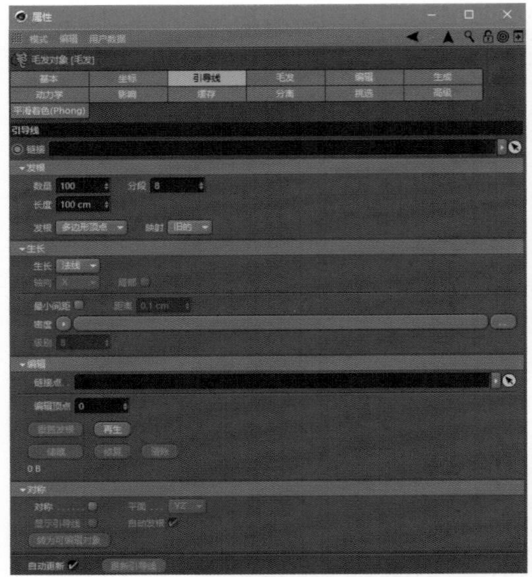

图9-2-29

**发根数量/分段/长度/模式/映射**：发根的数量、细分段数、长度、发根位置和映射方式。

**生长模式/轴向/局部/最小间距/密度**：生长方向的相关选项，最小的间距和密度控制。

**编辑链接点/顶点**：可以使用样条在点模式下编辑毛发的形状、顶点等。

**重置发根/再生/储藏/修复/清除**：设置引导线发根重置、再生等相关功能。

**对称**：自然界存在的轴对称生物很多，激活对称可以进一步编辑毛发。

在毛发选项卡中，主要控制毛发本身的相关属性，如图9-2-30、图9-2-31所示。

**毛发**：毛发的数量和分段数设置。

**发根**：发根的位置、方向、偏移值以及延伸值。

**生长**：毛发生长间隔距离、密度，勾选“约束到引导线”可以控制毛发与引导线之间的距离，可以形成一簇一簇的毛发效果。

图9-2-30

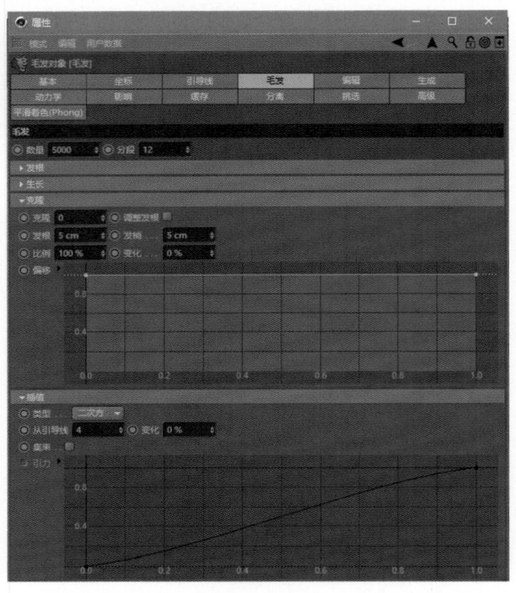

图9-2-31

**克隆**：定义每根毛发的克隆次数，克隆毛发与被克隆毛发之间的发根发梢位置偏移由参数控制，整体比例等也可以设置，偏移可以由曲线直接绘制。

**插值**：插值是引导线控制毛发渲染类型过渡的参数，引导线插值越大，毛发过渡越自然，勾选集束可控制毛发形成的团块簇形状。

在编辑选项卡中，设置的是编辑器视图中的显示，显示引导线、毛发线条、生成细节等，而生成选项卡则不同，它是设置毛发生成实体的，可以选择多种类型，有排列及封顶等高级选项，如“实例”可以替代创建的各种对象。

在动力学选项卡中，控制的是毛发动力学运动等，如图9-2-32所示。

其中，勾选启用激活毛发动力学，勾选碰撞激活“表面半径”控制碰撞的距离，勾选刚性控制毛发的柔软程度。

**属性**：播放动画时，毛发因为场景默认重力的作用下垂，从而发生相互碰撞；表面半径则是毛发碰撞时识别半径；发梢下垂时的黏滞、硬度、静止保持、弹性限制、变形等均可以调节。

**动画**：勾选激活自动计时，可以设置毛发动力学的计算时间片段，松弛可以对初始状态进行调整。

**贴图**：可以将毛发顶点标签拖入贴图框，从而影响毛发的黏滞、硬度、保持静止的弹性、质量等。

**修改**：通过曲线调节控制毛发从发根到发梢的黏滞、硬度、静止的权重。

**高级**：控制动力学影响毛发或者引导线。

在影响选项卡中，勾选“毛发与毛发间”选项，可以设置毛发与毛发间影响半径、强度和衰减方式，影响的对象拖入影响框内，可以设定包含或者排除的影响，如图9-2-33所示。

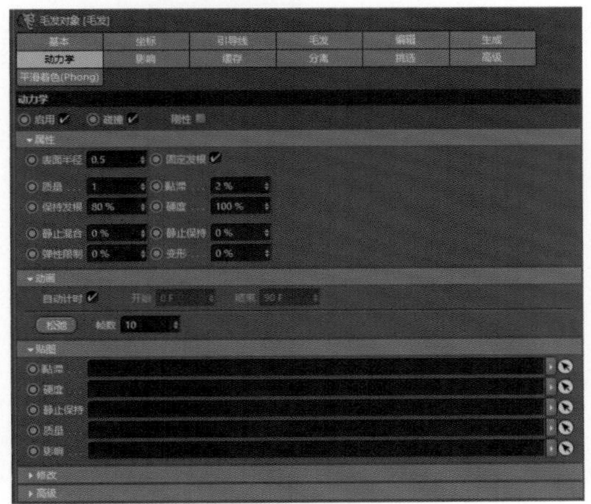

图9-2-32

在缓存选项卡中，动力学计算均需要计算缓存再渲染场景，以提高创作效率，节省系统资源。

在分离选项卡中，勾选自动分离，可以创建两个选集拖入群组框内，即毛发可以“分中线分两边”地生长。

挑选选项卡可以对视角看不见且不影响渲染结果的毛发予以剔除从而节省系统资源。

高级选项卡中的种子值即随机值，控制毛发的随机分布。

### 羽毛对象

羽毛对象用来添加羽毛效果的毛发，其属性如图9-2-34、图9-2-35所示。

**生成**：创作生成样条或羽毛，可以翻转方向，控制细分段数。

**间距**：控制羽毛轴半径、羽毛根羽的间距与长度。

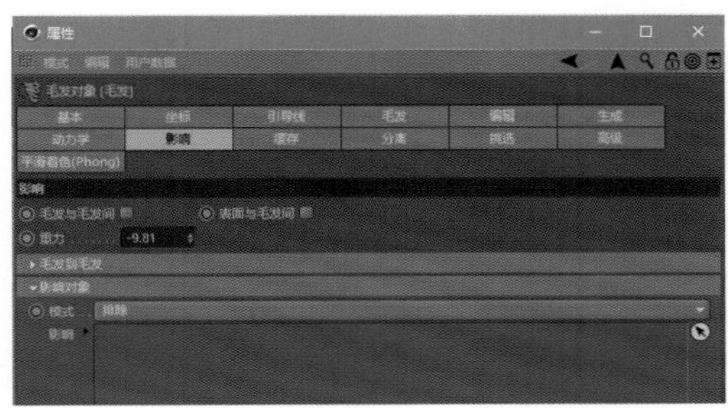

图9-2-33

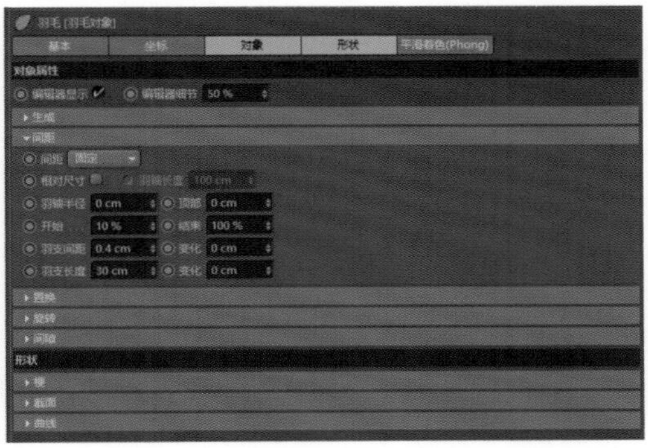

图9-2-34

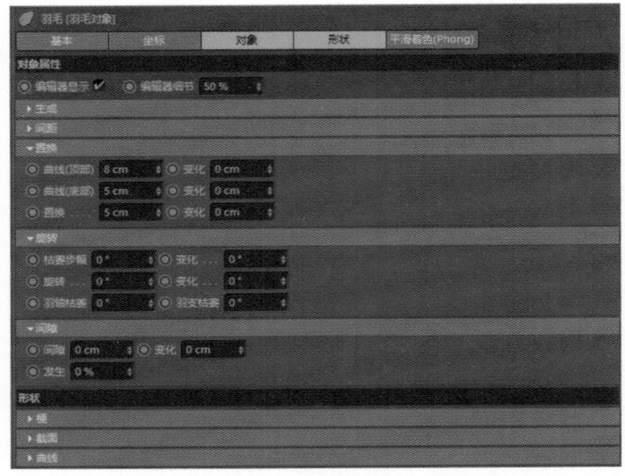

图9-2-35

**置换**：结合形状曲线来设定变化。

**旋转**：对羽毛枯萎细节进行设定。

**间隙**：羽支间的随机间隙。

**形状**：曲线控制羽毛外轮廓，分为梗、截面和曲线三部分，可由曲线绘制。

### 绒毛对象

用来为对象添加绒毛，其属性如图9-2-36所示。

该属性可以调节绒毛的数量、细分段、长度、变化、随机分布值以及密度，也可以梳理X/Y/Z轴的轴向，勾选编辑器显示可缓存所有毛发，在编辑器中可以加快速度。

### 毛发模式

毛发模式准确来说是毛发的显示模式，点击主菜单>模拟>毛发模式，有多种毛发显示模式可选择：发梢、发根、点、引导线、顶点和下/上一顶点，如图9-2-37所示。

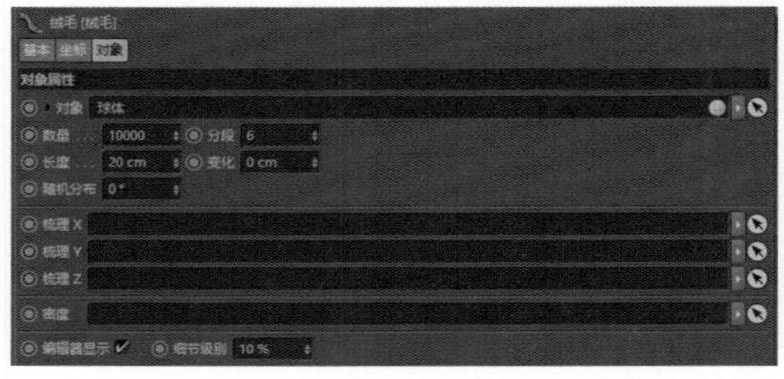

图9-2-36

### 毛发编辑

毛发编辑即对毛发引导线的一些剪切、复制、粘贴、删除等操作，其中毛发和样条线的相互转化较为常用，另外也可以对引导线进行连接、分离、平滑和动力学设置，如图9-2-38所示。

### 毛发选择

一套毛发的选择工具，和对象选择工具很类似，也可以对所选择的元素设置选集等。

### 毛发工具

毛发工具可以直接在编辑器窗口中对毛发进行移动、梳理、修整等。

### 毛发选项

可以使用软选择方式，做对称处理以及相关设置。

### 毛发材质

与前面讲到的毛发模式、选择、编辑等工具相比，毛发材质在实际创作中使用得更多。在为对象添加毛发后，材质窗口会自动添加毛发材质，如图9-2-39所示。

毛发材质与颜色材质的很多选项相似，其属性如下。

图9-2-37

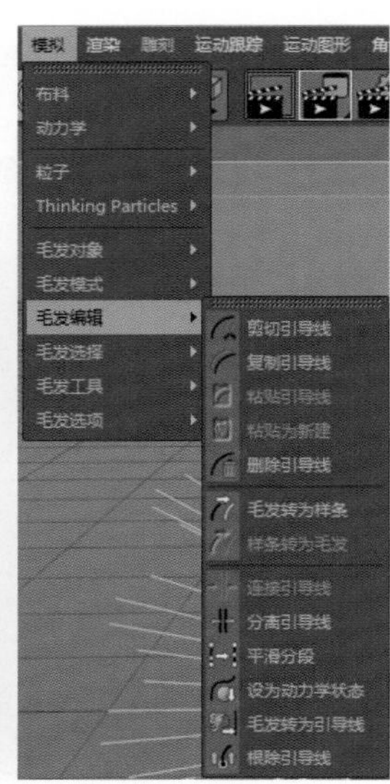


图9-2-38

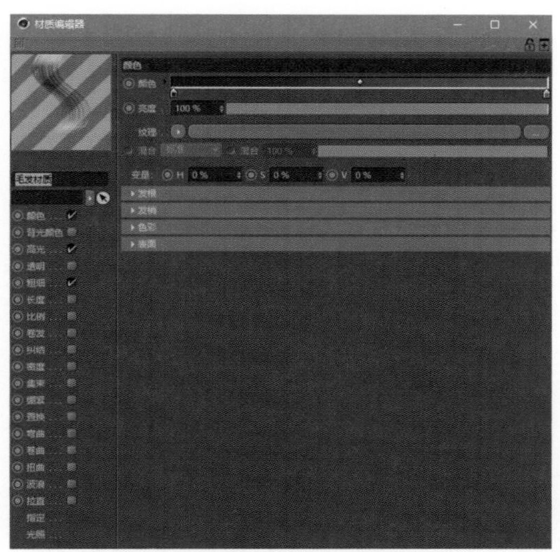

图9-2-39

**颜色**：任意设定毛发的颜色，对发根、发梢、色彩和表面均可以加入纹理和混合方式。

**背光颜色**：毛发处在背光环境中颜色的设定。

**高光**：分为主要和次要高光，可以控制颜色、强度、纹理等。

**透明**：控制发根到发梢的透明变化。

**粗细**：调整发根、发梢的粗细渐变。

**长度**：调整长度值以及随机长短。

**比例**：控制毛发整体比例和随机值。

**卷发**：卷曲状态。

**纠结**：类似于电烫小波浪，呈纠结状。

**密度**：毛发的浓密程度。

**集束**：毛发一簇一簇的集束状态。

**绷紧**：绷紧的状态。

**置换**：毛发在X/Y/Z轴上的偏移设定。

**弯曲**：引导弯曲方向，可用一个对象作引导对象。

**卷曲**：毛发整体上的卷曲度。

**扭曲**：按轴向进行扭曲角度控制。

**波浪**：毛发弯成波浪形态。

**拉直**：毛发拉直状态。

## 毛发标签

为对象添加毛发后，在对象窗口后面的标签区会自动添加毛发标签，选择对象，点击鼠标右键可以选择毛发标签，有多种标签可供选择，如图9-2-40所示。

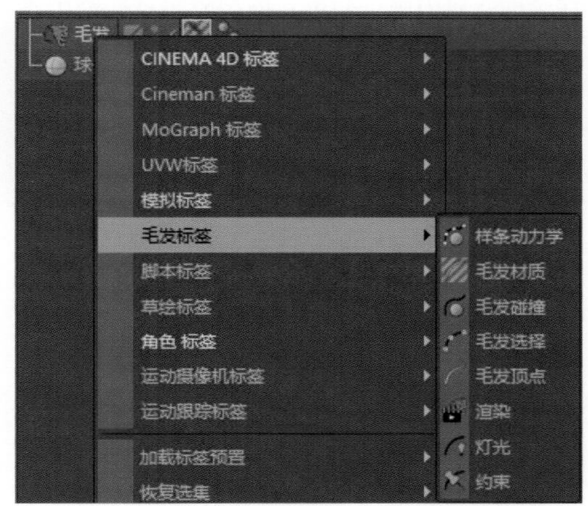


图9-2-40

**样条动力学**：为样条线添加样条动力学标签，样条便具有毛发动力学性质。

**毛发材质**：为样条对象添加毛发材质，可以把样条当作毛发渲染出来。

**毛发碰撞**：为对象添加毛发碰撞标签，可以产生模拟现实生活中毛发碰撞的效果。

**毛发选择**：当毛发在点模式下时，选择毛发添加后，可以对点进行锁定、隐藏等控制。

**毛发顶点**：毛发为顶点模式时，选择顶点后添加标签，可以当作顶点贴图使用。

**渲染**：可以为样条添加渲染，样条将渲染可见。

**灯光**：为场景中的灯光添加灯光标签，灯光将对毛发生效。

**约束**：用于对多边形或样条对毛发的约束。

## ■ 9.2.5 动力学——布料

布料系统也是CINEMA 4D动力学非常重要的内容，主要在于模拟现实生活中布料的垂坠感、飘逸感或者碰撞感，主要涉及布料的碰撞和常用属性的详解。事实上，布料是对一个平面赋予相关属性而成为布料。具体操作为，创建一个平面，按C转化为多边形对象，选择平面，点击鼠标右键，选择对象管理器主菜单中的标签>模拟标签>布料，如图9-2-41所示。

图9-2-41

同时，创建一个小球，选中小球，点击鼠标右键，选择对象管理器主菜单中的标签>模拟标签>布料碰撞器，使得小球转化为接受布料碰撞的对象。

为转化为多边形对象的平面添加布料曲面（选择主菜单中的模拟>布料>布料曲面），并作为多边形平面的父级对象，使得布料更为柔软光滑，播放动画，布料会受到场景中的重力影响而自然下落并撞到小球发生布料碰撞。需要注意的是，要记得将平面转化为多边形对象，细分段数可以稍微多一些。选择布料曲面，可以设置布料曲面属性的细分数和厚度，如图9-2-42所示。

图9-2-42

### 布料属性

单击布料标签，在属性面板中会出现布料的属性，其中标签选项卡如图9-2-43所示。

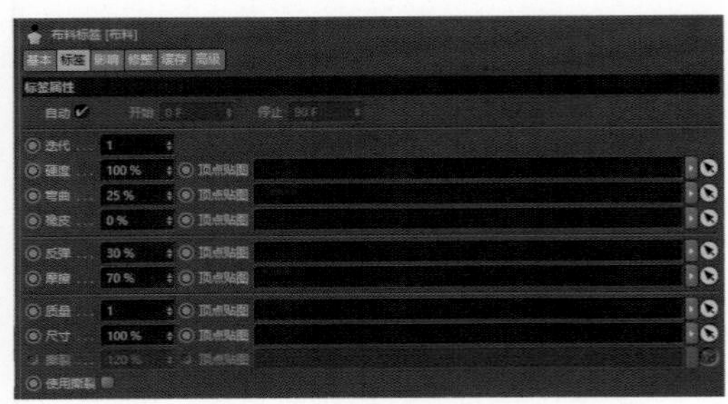

图9-2-43

**自动**：默认勾选，不勾选可在“开始”和“停止”处设置帧范围。

**迭代**：影响布料内部的整体弹性，数值大小控制布料内部的舒展程度，即数值越大，碰撞后布料越挺括，数值越小，碰撞后布料越垂坠。

**硬度**：在迭代值不变的情况下，硬度值可以小范围内影响布料的硬度；为布料绘制顶点贴图，拖入顶点贴图框内，贴图权重分布控制硬度值的影响范围和大小。

**弯曲**：弯曲值控制碰撞后的弯曲程度，即舒展程度，或者说垂坠感。

**橡皮**：橡皮是一种模拟态，增大橡皮值会使布料带有模拟橡皮的弹性拉伸。

**反弹**：反弹会增大碰撞后的反弹。

**摩擦**：摩擦值控制布料的光滑程度。

**质量**：影响布料的质量。

**尺寸**：布料的尺寸。

**使用撕裂**：勾选使用撕裂后，碰撞时会出现撕裂效果，程度由参数控制。

以上参数均可设置顶点贴图范围。

影响选项卡如图9-2-44所示。

**重力**：默认重力为−9.81，重力影响碰撞下落的速度。

**黏滞**：布料的全局碰撞状态的减缓与缓冲，包含下落速度与碰撞速度。

**风力方向X/Y/Z**：为布料添加风力场，在X/Y/Z轴三个方向上任意设置方向。

**风力强度/湍流强度/湍流速度**：控制风场的强度、湍流强度与速度。

**风力黏滞/压抗/扬力/阻力**：风力的黏滞缓冲、抗压力、升扬力和阻力。

**本体排斥**：勾选激活，可控制布料自身碰撞状态。

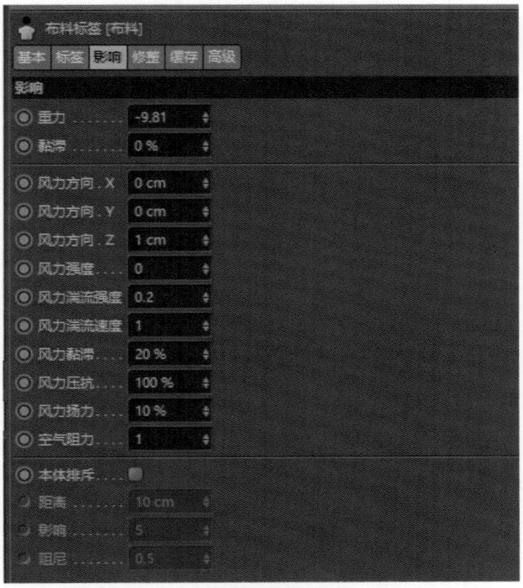

图9-2-44

修整选项卡如图9-2-45所示。

勾选修整模式激活参数，可以控制布料松弛或收缩的步数，控制布料的初始状态，还可以设置固定点与缝合面。

在缓存选项卡中，可以先计算缓存后再播放动画，场景内就不需要再次计算碰撞，而可以直接顺畅预览。缓存动力学计算可以避免计算的随机性。勾选激活缓存模式参数，可以“计算缓存”和“清除缓存”，也可以“保存”，需要调用更改可以设置“加载”，如图9-2-46所示。

在高级选项卡中，“子采样”控制布料引擎在每帧模拟计算的次数，次数越高越精准；勾选“本体碰撞”“全局交叉分析”缓解布料在碰撞时可能出现的交叉穿模等状况；勾选点、边、多边形碰撞后，EPS值增大时，距离碰撞位置越远的点、边与多边形受影响越大，从而控制碰撞后的形态，如撕裂、碎片、破洞等。

图9-2-45

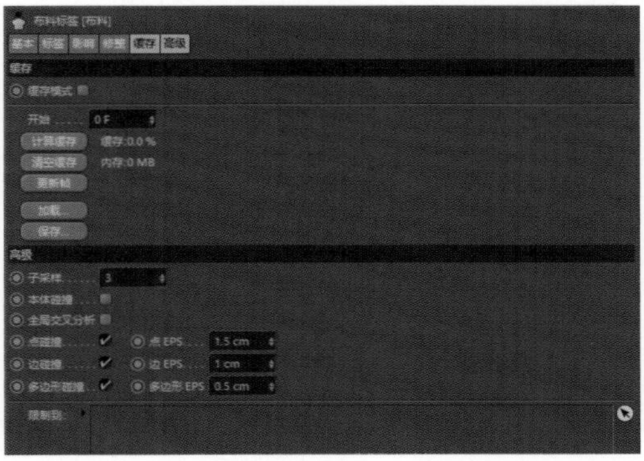

图9-2-46

# 9.3 | 动力学综合案例——浮灯

“浮灯”是动力学综合创意案例。渲染其中单帧的效果如图9-3-1所示。

图9-3-1

## 创意思路

笼统地说，动力学最大的特征在于模拟，模拟现实世界的真实运动，比如物体不同软硬程度的碰撞、下落，不同空间力场产生的物理效果，垂坠飘逸的头发和服饰等。依照这个功能的技术逻辑，其作用似乎在于尽力完善模拟现实世界，逼真仿制成为第一要义。其实不然，现实世界的真实在于真，而设计领域的真实则更多地倾向于艺术真实、艺术美。也正是因为艺术真实这一理念的存在，我们在应用动力学来进行动态图形设计时，可以部分地抛弃完全现实的真实，而向艺术真实方向思考；打开一种思路，设计基于现实物理世界的动态对象，但又有别于真实运动，适当地反其道而行之，创造一些现实中“不合理”“不存在”“不可能”的动力学物理场景。

创意案例“浮灯”利用现实世界中存在的小灯泡作为呈现主体，却又改变它的硬度、改变空间的整个力场，使得众多小灯泡扎堆，呈现出一种柔软的漂浮状态，整体呈现淡粉色，带有一种柔和、可爱、俏皮的氛围，在众多小灯泡中点亮一两盏灯，作为画面的点睛之笔。

## 制作原理

①通过变形器与基础几何体相结合的建模得到小灯泡模型，并转化为可编辑化对象，如图9-3-2所示。

②确立小灯泡的灯泡和灯泡螺口选集，为小灯泡不同选集添加材质球，以网格模式克隆小灯泡，为克隆对象添加随机效果器，如图9-3-3所示。

③为了使小灯泡群组的形状产生集聚效果，可以使其外形通过继承效果器来继承其他对象的形状，而集聚效果形状可以由矩阵工具来实现。具体操作是，创建一个球体，应用矩阵工具，以球体为对象，使用对象模式将多个小灯泡以矩阵模式排列集聚为球体，如图9-3-4所示。

④为矩阵对象添加简易效果器、随机效果器，效果不理想的话，可以继续添加简易效果器，如图9-3-5～图9-3-7所示。

⑤隐藏球体和矩阵工具，为克隆对象添加继承效果器，为其设置位置关键帧的移动关键帧动画，继承的对象为矩阵工具的功能。通过继承效果器，可以将克隆对象的位置和动画从矩阵工具转移到小灯泡群体上，勾选变体运动对象，当继承模式为直接模式时，会根据对象物体当下的变化形态直接再次发生变化，如图9-3-8所示。

图9-3-2

⑥为了产生漂浮的灯效果，按Ctrl+D打开工程设置界面，在动力学选项卡下将重力设为0，使其不同于一般现实地球上的物体运动，而产生反重力的效果。在制作运动图形中会发现，由于计算量过大导致动画效果卡顿而影响制作，所以为小灯泡创建实例对象，以实例替代小灯泡，可以节省计算资源。通过克隆得到多个实例对象，以矩阵模式克隆形成相互可以产生动力学效果的群体对象。添加随机效果器，重新控制克隆的细节运动，添加延迟效果器，可以使克隆该物体的动画产生平滑运动的效果。添加着色效果器，为效果器加载噪波纹理控制小灯泡的明暗亮度开关，如图9-3-9～图9-3-11所示。

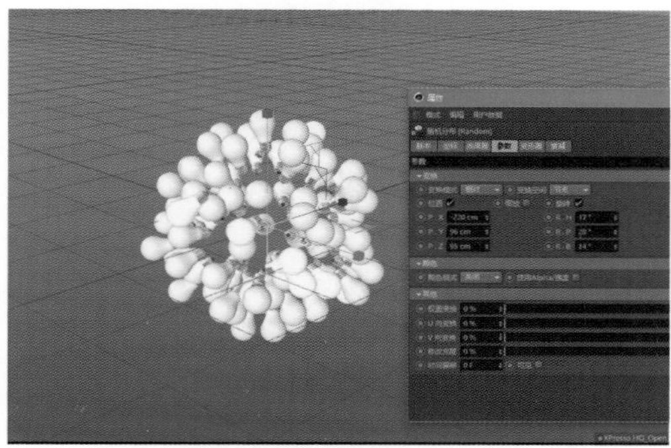

图9-3-3

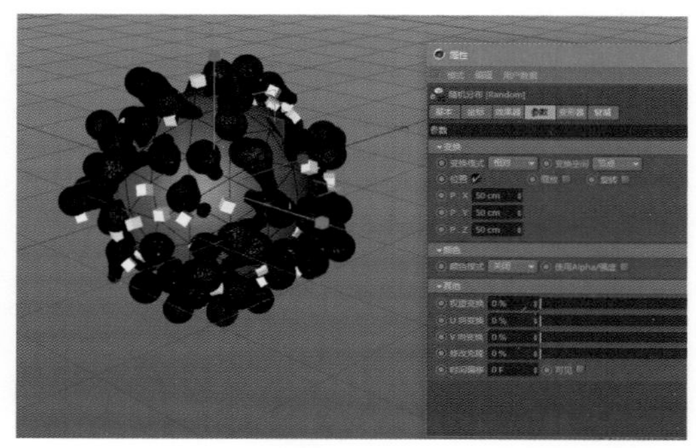

图9-3-6

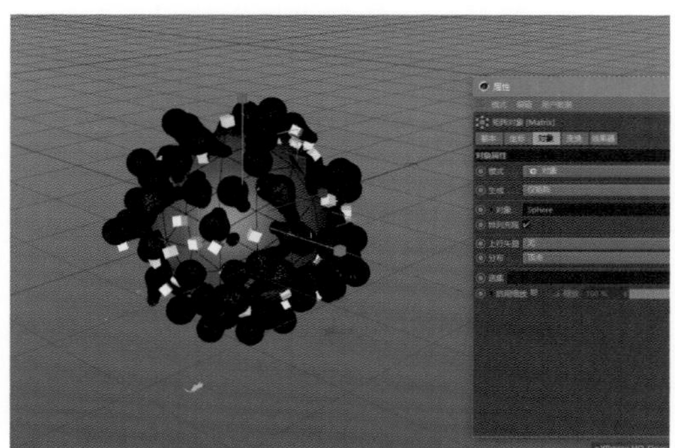

图9-3-4

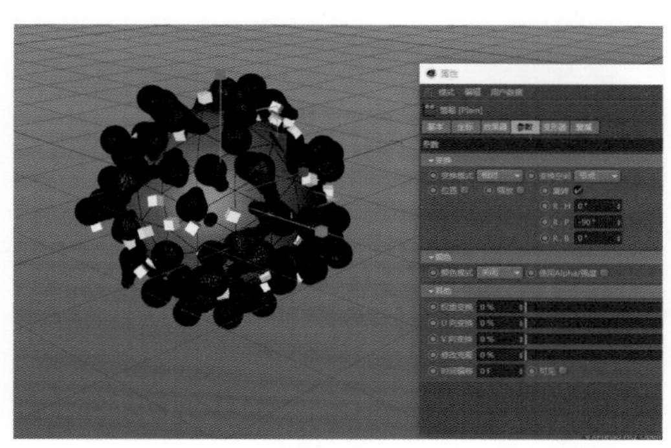

图9-3-7

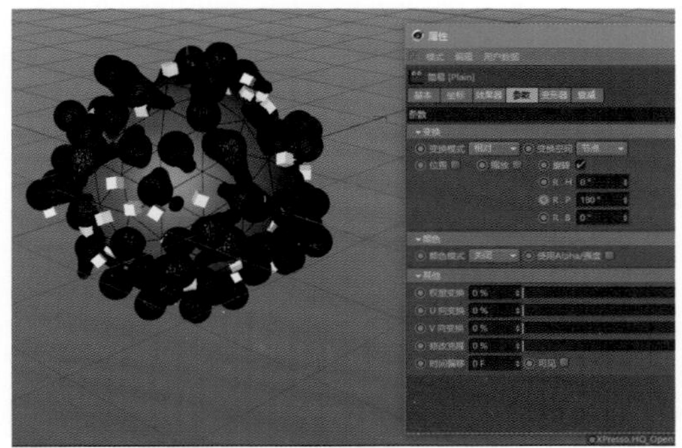

图9-3-5

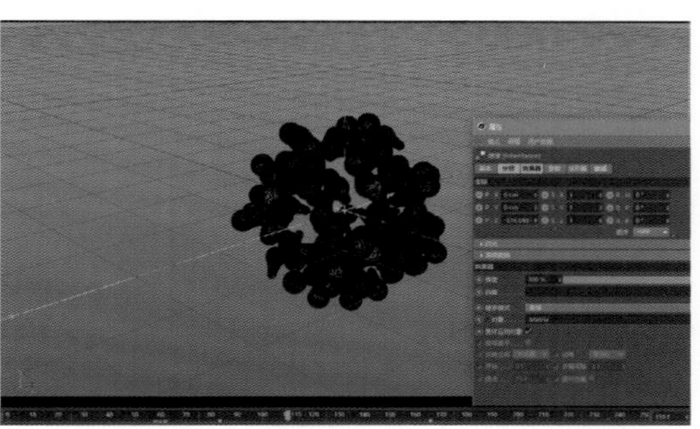

图9-3-8

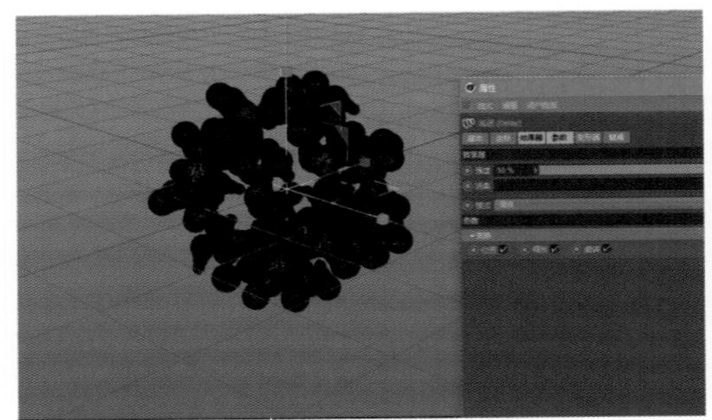

图9-3-9

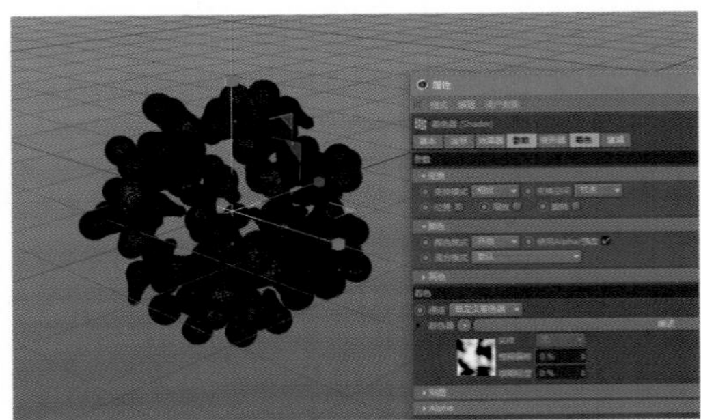

图9-3-10

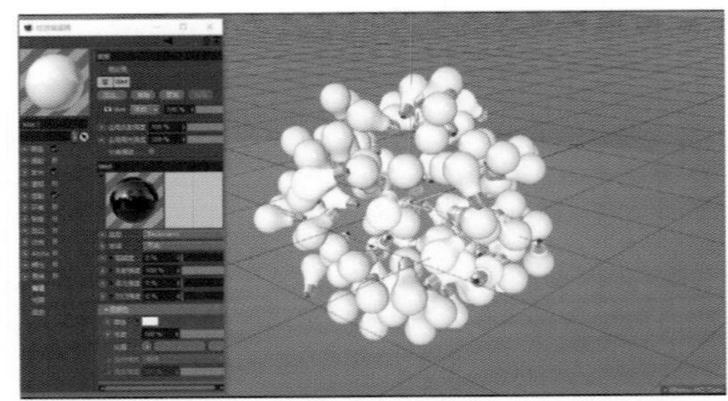

图9-3-11

⑦添加动力学模拟刚体标签，会发现克隆对动力学的最终效果产生影响，对克隆里面的单个物体的动力学会有抑制效果，尤其是对于克隆多个物体的相互碰撞产生影响，通过将克隆对象转化为可编辑化对象，使得里面所有的克隆都成为单独的个体，便于计算个体和个体之间的碰撞，如图9-3-12所示。

⑧创建一个圆盘作为底座，为其添加一个碰撞体标签，如图9-3-13所示。

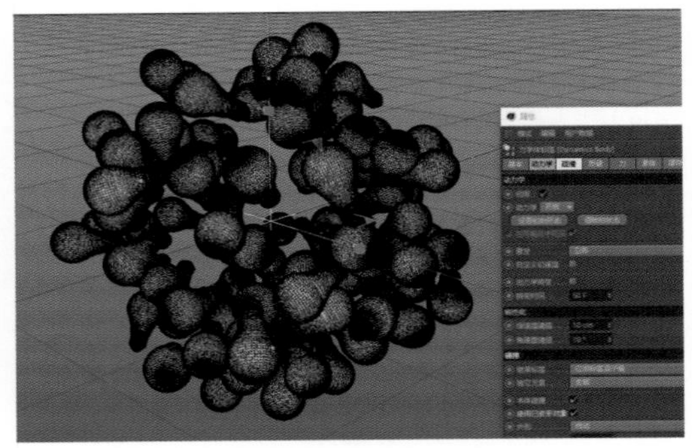

图9-3-12

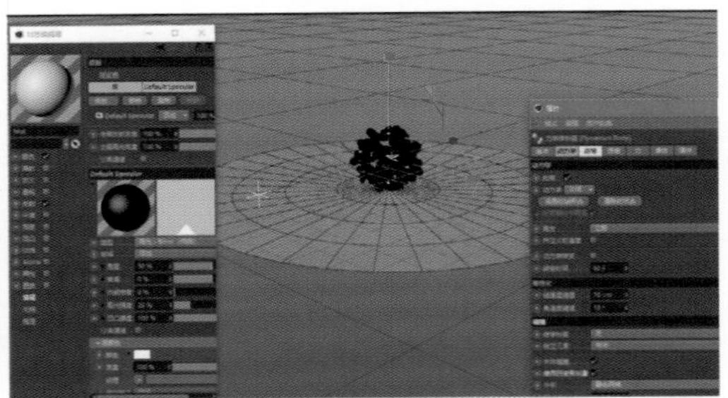

图9-3-13

⑨设置开灯和关灯小灯泡的材质球时，注意反射通道、发光通道以及法线通道的设置，如图9-3-14～图9-3-17所示。

⑩为场景添加天空、背景、灯光以及摄像机，如图9-3-18所示。

## 设计逻辑与要点

动力学的大量计算处理可以通过低面体模型来替代完成。在低面体动画中调节动力学效果可以提高效率，是非常有效的手段。比如“浮灯”中动力学和运动图形涉及大量

图9-3-14

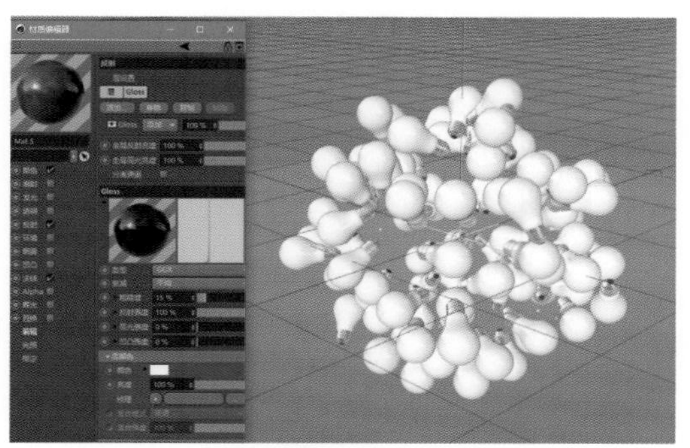
图9-3-15

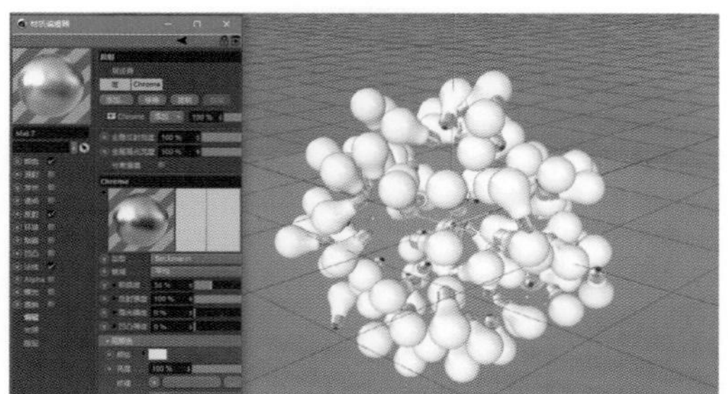
图9-3-16

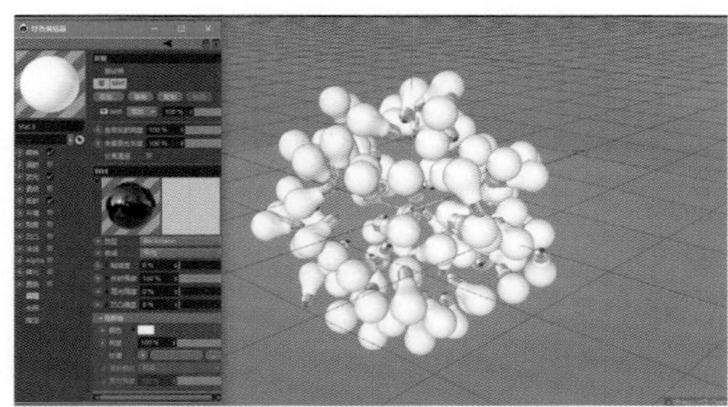
图9-3-17

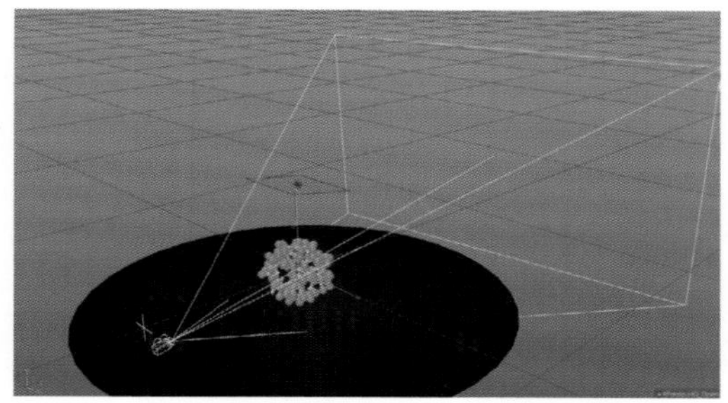
图9-3-18

的计算，为了加快速度来控制测试效果，我们可以创建一个低面体模型来节省计算资源，如图9-3-19所示。

图9-3-19

将运动图形和效果器灵活结合可以使动力学设计达到有意思的效果。动力学的设计大多基于现实物理世界的真实对象运动，但又有别于真实运动，适当地另辟蹊径，创造一些现实中“不合逻辑”的动力学场景，反而是动态图形设计的逻辑。同时，可加强对象的真实感来提高艺术的真实感，为真实对象提供不真实的、不符合现实物理效果的运动效果，来达到有创意的设计。

扫码看案例高清图

# 综合篇

# 渲染与输出

##  10.1 | 什么是渲染

渲染往往是动态图形设计中除了后期处理之外的最后一个步骤。3D元素与场景的所有设计制作环节完成之后，实时窗口显示的并不是最终效果，而是一个起到辅助观察模型作用的中间状态，它使用的只是一个简单的明暗、光影或者线条的着色方式，如图10-1-1所示。

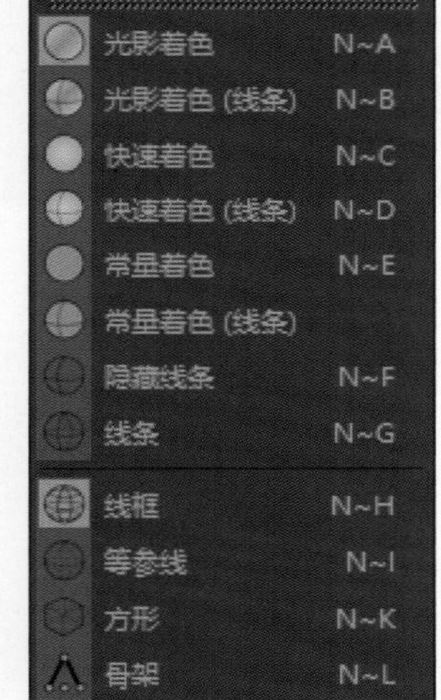


图10-1-1

这种实时显示技术受硬件的速度限制而无法实时呈现光线追踪等反射、折射、环境、光照效果，我们需要通过Render渲染程序，将模型、场景、运动、材质、灯光、摄像机等元素计算并输出成为最终图像。

渲染器主要分为CPU和GPU渲染器，其中CPU即中央处理器，是优化处理计算机串行任务的核心CORES；而GPU是由数以千计的更小、更高效的CORES核心构成的大规模并行架构，它们可以同时进行多任务处理，所以可以并行处理特定数据。GPU的浮点计算能力远超CPU，较之CPU更为高效。事实上在动态图形设计或者其他影视动画、三维建筑、CG设计等行业，GPU是专门为图形加速而设计的架构，可以优化计算效率。设计师在使用时，最直观的感受是GPU渲染器的渲染速度要快于CPU渲染器，目前，GPU是一种更高效的渲染解决方案，时间成本更有优势。

##  10.2 | CINEMA 4D渲染输出

### 10.2.1 渲染工具组

在创作中，最常用的是工具栏上的三个快捷选项；在菜单栏打开渲染菜单，会出现渲染设置的相关功能，如图10-2-1所示。

**常用的初级渲染怎么掌握？**

工具栏上常用的三个快捷选项具体如下：

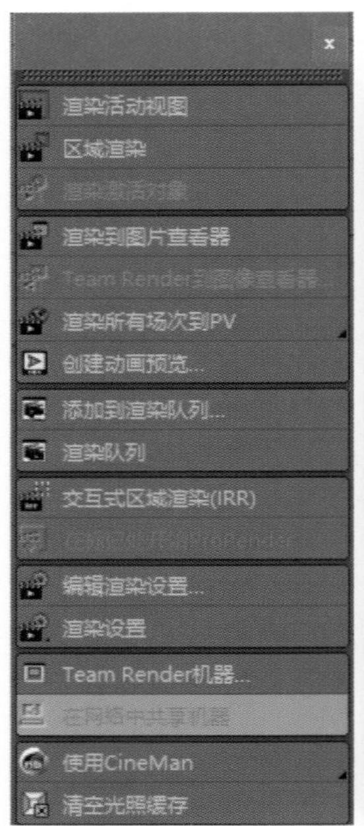


图10-2-1

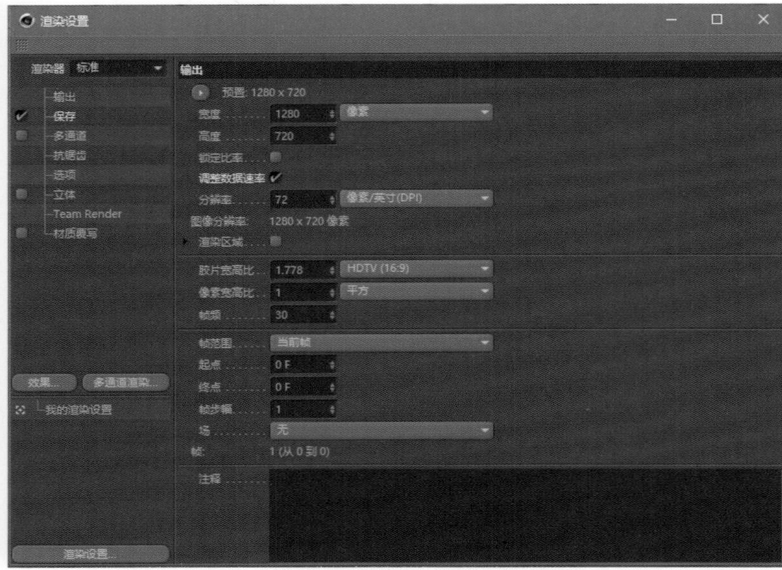


图10-2-2

渲染活动视图，快捷键为Ctrl+R，对当前被选择的窗口视图进行预览渲染，该渲染只作为效果预览，不能直接输出；渲染完成后，单击视窗任意位置将取消渲染预览效果。

渲染到图片查看器，快捷键为Shift+R，将当前场景渲染到单独的图片查看器，并且可被输出。

编辑渲染设置，快捷键为Ctrl+B，用来进一步详细设置渲染效果，如图10-2-2所示。

渲染工作组中，其他常用功能有：

区域渲染，按鼠标左键框选需要的区域，可以来查看局部的预览渲染效果。

渲染激活对象，渲染被选择的对象。

渲染所有场次到PV，渲染所有场次到图片查看器。

创建动画预览，快速生成当前场景的动画预览，用于较为复杂的创作工程，快捷键为Alt+B，如图10-2-3所示。

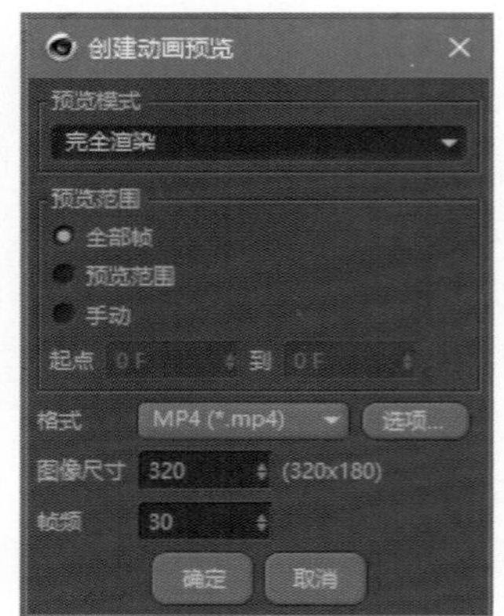


图10-2-3

添加到渲染队列，将当前的场景文件添加到渲染队列当中。

渲染队列，用于进行批渲染处理，批量渲染多个场景文件。如图10-2-4所示，添加场景文件后，窗口会显示渲染文件的信息，其中菜单栏“文件”为导入场景文件，“任务”是开始/停止渲染选项，进行渲染设置等，“显示/过滤”用于查看日志记录；中间窗口为渲染文件的队列表；下方是选择文件的基本信息、渲染进度条、场次；最下面为渲染设置、摄像机选择、输出文件以及通道文件。

图10-2-4

交互式区域渲染（IRR），快捷键为Alt+R，激活一个交互区域对当前场景进行实时渲染，区域大小可以调节，清晰度可根据区域右侧中间的小三角选择，从下至上越清晰，渲染速度越慢，在实际创作中常用来实时渲染并显示调节与更新参数后的效果。

## 10.2.2 编辑渲染设置

在编辑渲染设置窗口中，可以添加并保存多个“渲染设置”以便于直接调用，可以在渲染设置右侧最下方的注释窗口中选择记录注释，如图10-2-5所示。

### 渲染器

渲染器用于设置CINEMA 4D渲染时所选用的渲染器。

其中“标准”使用CINEMA 4D渲染引擎进行渲染，是最常用的默认方式；“物理”是基于物理学模拟的方式渲染，模拟真实的物理环境，计算速度较慢；“软件OpenGL”是软件渲染，“硬件OpenGL”是硬件渲染，点击下方“软件”和“硬件”可以设置一些

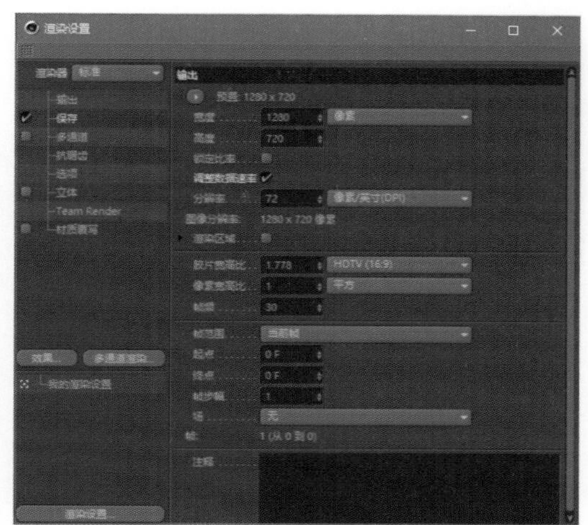


图10-2-5

渲染参数；“ProRender”是支持显卡GPU的高效高性能渲染器，同时支持AMD和NVDIA显卡；CineMan需要安装相应的渲染引擎。

### 输出

输出是关于尺寸、分辨率、渲染帧范围的选项，“预置”里是一些预置好的宽、高，“宽”“高”指渲染图像的尺寸，“分辨率”指位图图像中的细节精细度，即英寸内像素数，分辨率越高则图像质量越好，一般杂志印刷的质量要求为300dpi。

勾选“渲染区域”后可以自定义大小，“胶片宽高比”设置的是渲染图像的宽度和高度的比率，“像素宽高比”是像素的宽度和高度的比率；“帧频”是渲染的帧频率，一般为25帧/秒；“帧范围”用于设置渲染范围；“场”是广播视频扫描的方式，是两个交换显示的垂直扫描场，分为奇数场和偶数场。

### 保存

用于保存设置的常规参数，如图10-2-6所示。

勾选“保存”后，渲染到“图片查看器”的文件将自动保存，单击“文件”可以指定渲染文件，“格式”是保存的各种格式，“深度”是定义每个颜色通道的色彩深度，“名

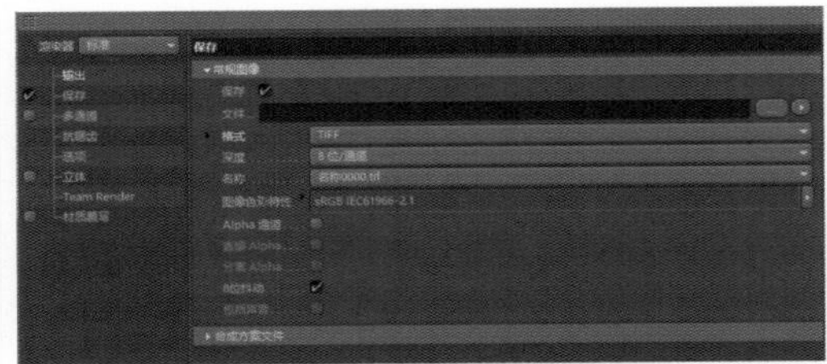

图10-2-6

称”为提供的几种命名格式，“图像色彩特性”是载入的色彩特性。

勾选“Alpha通道”将计算Alpha通道。在Alpha通道中，像素显示为亮度信息，白色有黑色无，勾选“直接Alpha”后支持合成，可以避免黑色缝隙；勾选“分离Alpha”后可将Alpha通道与渲染图像分开保存；勾选“8位抖动”可提高图像品质，同时增加文件大小；勾选“包括声音”后声音被单独整合。

### 多通道

勾选“多通道”后，可以在“多通道渲染”中加入属性，分离为单独图层做后期处理，也就是我们常说的“分层渲染”。“多通道渲染”可以选择单独图层渲染，也可以删除通道，还可以将多个通道混合，如图10-2-7所示。

“分离灯光”即分离为单独图层的光源，其中“无”指不会被分离为单独图层，“全部”是场景中所有光源都将被分离为单独图层，“选取对象”是将选取的通道分离为单独图层。

“模式”分为，1通道：漫射+高光+投影，指每个光源的漫射、高光和投影为一个混合图层；2通道：漫射+高光，投影，指每个光源的漫射和高光为一个混合图层，投影为一个图层；3通道：漫射，高光，投影，指每个光源各一个图层。

“投影修正”，勾选后可以修复开启投影并渲染多通道时，由抗锯齿引起的轻微痕迹。

### 抗锯齿

抗锯齿用来消除渲染出的图形锯齿边缘，如图10-2-8所示。

“抗锯齿”分为：“无”，关闭抗锯齿快速渲染；“几何体”为默认较为光滑的边缘；“最佳”，开启色彩抗锯齿，阴影边缘柔化，平滑对象边缘。“最大/最小级别”是最大和最小的抗锯齿选项。阈值指范围百分比。勾选“使用对象属性”为默认勾选使用。“考虑多通道”默认不勾选。

“过滤”为设置抗锯齿模糊或锐化的模式，其中“立方（静帧）”默认锐化静帧图片；“高斯（动画）”模糊边缘锯齿产生平滑效果；“Mitchell”选择激活“剪辑负成分”；“Sinc”优化计算方式，时间比“立方”长；“方形”计算像素附近区域的抗锯齿程度；“三角”也是一种计算方式，使用较少；“Catmull”使用较少，效果较低；“PAL/NTSC”为柔和抗锯齿效果。

图10-2-7

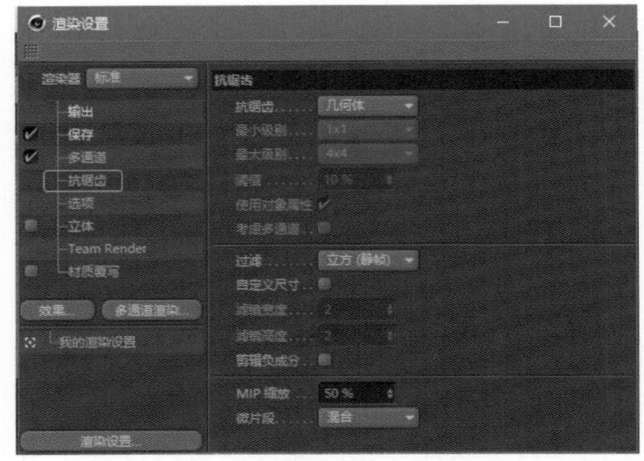


图10-2-8

勾选“自定义尺寸”后可以自定义宽度与高度；“MIP缩放”缩放MIP/SAT的全局强度。“微片段”分为“混合”“仅扫描线”“仅光线最终”三种模式。

### 选项

选项包含一些参数的勾选设置，如图10-2-9所示。

**透明/折射率/反射/投影**：分别控制渲染图像关于材质是否包含透明、折射、反射以及投影的显示。其中，反射还包含后面选项中的“反射深度”，下面选项中的“限制反射仅为地板/天空”；投影控制“限制投影为柔和”“缓存投影贴图”以及“投影深度”。

**光线阈值**：用来控制渲染时间达到优化的目的，即当光线亮度低于设定的光线阈值数值时，光线在摄像机中停止运动。

**跟踪深度**：控制透明物体渲染时可被光线穿透的深度，不能穿透的区域即没有光线，显示为黑色，数值越高，计算渲染耗时越长，数值过低，则不能计算真实好看的透明效果，最高深度为500。

**反射深度**：用于控制反射的程度。现实生活中两面相对的镜子会发生光线来回的反射，光的能量在来回反射中逐渐消耗或转移流失，但在计算模拟的三维世界中，与这种消耗不同，光线跟踪器会一直跟踪无穷反射的光线而导致无法完成渲染，因而需要控制

图10-2-9

反射的深度，深度越高渲染耗时越长。

**投射深度**：对类似于反射深度的无穷跟踪进行限制。

**限制反射为地板/天空**：勾选后光线跟踪器将只计算反射在地板和天空上的光线。

**细节级别**：设置场景中所有对象显示的细节程度，100%为所有细节。

**模糊**：勾选后“反射”和“透明”材质通道将应用模糊效果。

**全局亮度**：控制场景中所有光源的全局亮度，数值为在原基础上的百分比。

**限制投影为柔和**：勾选后只有柔和投影才会被渲染，即投影设置中的“阴影贴图（软阴影）”。

**运动比例**：渲染多通道矢量运动时，用于设置矢量运动的长度，数值过低纹理会被剪切，过高结果也不精确。

**缓存投影贴图**：勾选后会默认加快渲染速度。

**仅激活对象**：勾选后只有选中的物体被渲染。

**默认灯光**：场景未添加任何光源时，默认使用默认的光源。

**纹理**：设置纹理在渲染时是否使用。

**显示纹理错误**：若纹理在渲染时丢失，勾选该项后，在“资源错误”提示窗口可以看到，点击“确定”将中断渲染，取消勾选则会放弃丢失纹理继续渲染。

**测定体积光照**：勾选后体积光能够投射阴影，不过会减慢渲染速度。

**使用显示标签细节级别**：勾选后，渲染时将使用“显示”标签的细节级别。

**渲染HUD/草绘**：勾选渲染时将同时渲染HUD，按鼠标右键点击属性面板中的某

项属性，选择“添加到HUD”，可将该属性信息作为标签像提示信息一样添加到视图窗口中，或者长按鼠标左键拖动到视图中，勾选“渲染HUD”的同时，在视图中选中该信息，用鼠标左键选择“显示>渲染”，便可以一同渲染，如图10-2-10、图10-2-11所示。

按快捷键Shift+V可调出HUD参数面板，按住Ctrl用鼠标拖动标签可以移动其位置。同理，勾选“渲染草绘”，涂鸦效果将显示渲染输出。

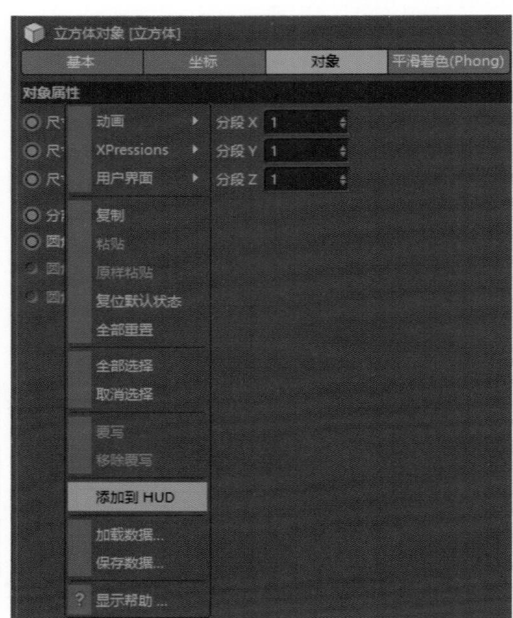


图10-2-10

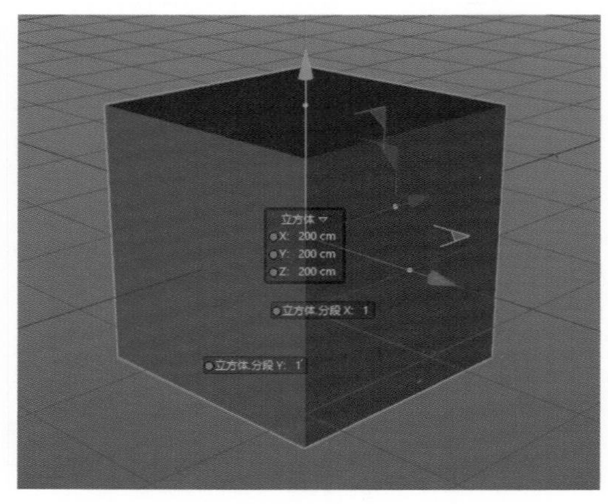


图10-2-11

**次多边形置换**：控制次多边形置换是否显示。

**后期效果**：控制全局后期效果是否显示。

**同等噪点分布**：勾选是否将噪点分布同等均匀。

**次表面散射**：勾选次表面是否散射。

**区块顺序/自动尺寸**：对渲染区块的渲染顺序和尺寸进行设置。

### 效果

在渲染设置窗口中单击效果，在弹出菜单中可以选择一些特殊效果，添加效果后，在该效果的参数面板可以进行进一步的参数设置，如图10-2-12所示。

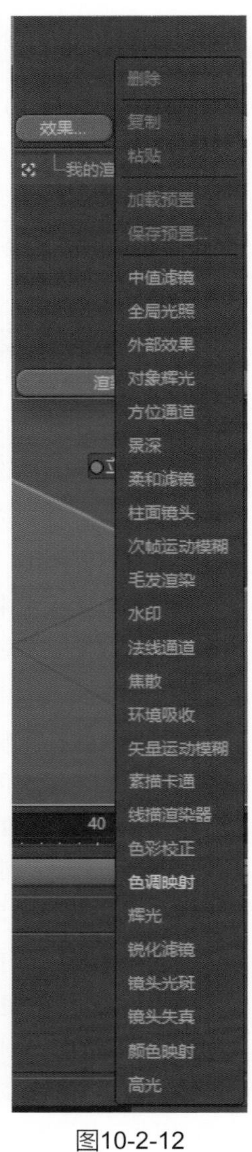


图10-2-12

### 渲染设置

“渲染设置”窗口会弹出参数设置框，可进行进一步设置，如图10-2-13所示。

**新建**：新建一个“我的渲染设置”。

**新建子级**：新建一个选定的“我的渲染设置”的子级。

**删除**：删除当前选择的“我的渲染设置”。

**设置激活**：当前选择的“我的渲染设置”为激活状态，也可以单击激活前方

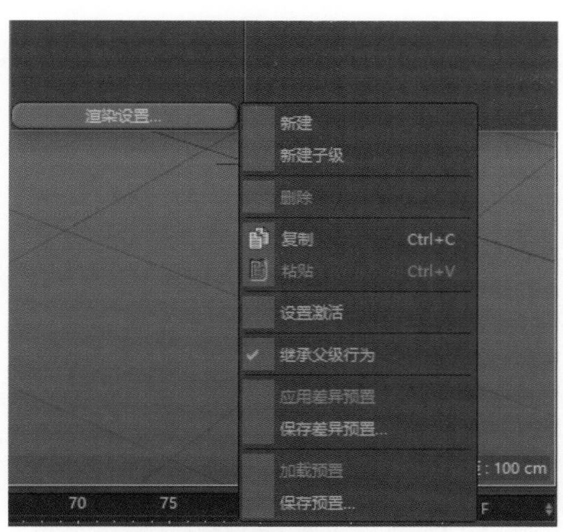


图10-2-13

的小黑框为小白框。

**继承父级行为**：默认勾选，禁用时“我的渲染设置”变为粗体。

**应用差异预置/保存差异预置/加载预置/保存预置**：应用和加载用于载入之前保存过的设置，而保存差异和保存预置用于保存自定义设置，新建的设置如果没有被保存，再次打开软件时将不再保存。

### 全局光照GI

三维创造的世界来自于对真实世界的模仿，而在真实世界中，光源（太阳）经由（空气）到物体（地球地面）之间会发生无数次的反射和折射，这在三维软件中难以复刻，尤其是光能传递的间接照明效果不理想，为了更好地实现真实渲染场景，我们往往在最后渲染时加入全局光照，当然这会需要更长的渲染耗时。

全局光照简称GI，来自Global Illumination，是一种高级照明方式，模拟真实世界光线的反弹现象。其主要原则是，一束光线发生n条反弹光信息，同时照亮其他物体，再被发散而继续传递光能，如此循环达成全局光照。全局光照参数分为常规、辐照缓存、缓存文件、选项。

常规选项卡如图10-2-14所示。

图10-2-14

**预设**：预设下提供多种GI参数组合，根据不同情况选择不同预设以使最终效果和渲染耗时达到平衡。“室内”为少、小规模、小范围光源，在一个有边界、有限制的范围内产生照明，其中高品质-高漫射深度效果较为常用，耗时较长；“室外”是建立在一个开放天空环境下，从一个较大表面发射出的均匀光线，其中物理天空和HDR图像较为常用；“对象可视化”一般针对光线聚集的构造；“进程式”渲染专门为物理渲染器的进程式采样器设置。

**首次反弹算法/二次反弹算法**：首次是用来计算摄像机视野范围内所看到的直射光照明对象表面的亮度，二次则针对摄像机视野范围以外的区域。

**Gamma**：调整渲染过程中的画面亮度。

**采样/半球采样/离散面积采样/离散天空采样**：采样程度和精度的设置，以及半球、离散面积和离散天空设置的勾选与进一步设置。

“辐照缓存”选项卡如图10-2-15示。

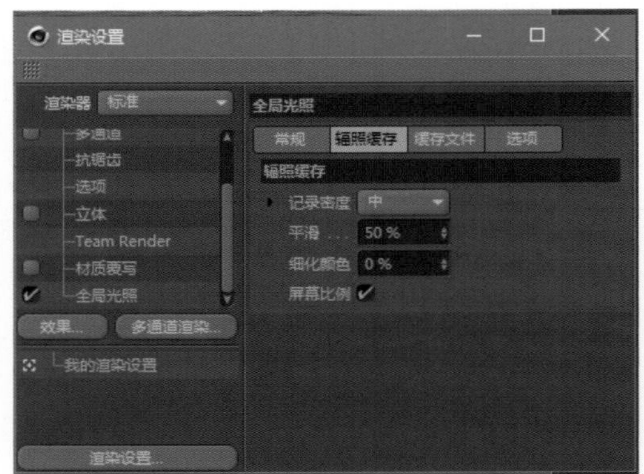


图10-2-15

CINEMA 4D的辐照缓存计算方法在GI照明下可以大幅度提高细节渲染品质，耗时较短。其中，“记录密度”默认为中级，可以进一步打开黑色小三角进行微调，同时可以控制“平滑”“细化颜色”的程度数值。

“缓存文件”选项卡如图10-2-16所示。

图10-2-16

缓存文件用于保存上一次GI计算的大量数据，在下一次重新渲染时，可直接调用从而节省渲染时间。其中，“清空缓存”是删除所有之前保存的缓存数据；勾选“仅进行预解算”后渲染只会显示出预解算的结果；“跳过预解算”，渲染时跳过预渲染的计算步骤，直接进行全局光照结果的输出；“自动载入”，如果缓存文件已经使用自动保存功能，勾选后将加载该文件；“全动画模式”，场景包含动画时需要勾选；“自定义区域位置”可以将GI缓存到一个特定的位置。

选项包含一些选项设置，可以进一步确认是否勾选，如图10-2-17所示。

图10-2-17

可以设置调试报告级别、玻璃/镜反射优化程度，以及是否勾选折射焦散、反射焦散、仅漫射照明、隐藏预解算与显示采样点。

### 环境吸收AO

环境吸收简称AO，其主要作用简单来说是增加阴影的真实感，使画面效果更好。如图10-2-18所示，基本选项中有一些数值可进一步设置：颜色、最小/最大光线长度、散射和精度的程度、最大和最小取样值，以及对比程度；可以选择是否勾选使用天空环境、评估透

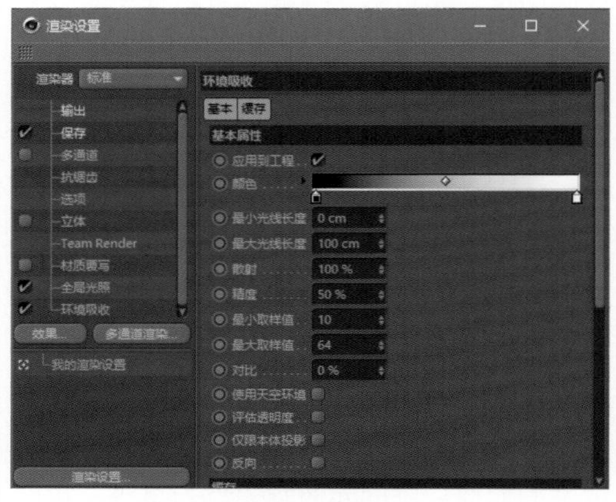


图10-2-18

明度，以及是否仅限本体投影和是否反向。

### 景深

景深是摄像机摄取有限距离的景物时，构成清晰影像的物距范围，聚焦后焦点前后都能成像，前后的距离即为景深；景深效果的产生需要在场景中添加一个摄像机，同时打开摄像机的前景模糊或背景模糊，景深参数主要分为基本、镜头光晕与色调。

基本选项卡如图10-2-19所示。

图10-2-19

勾选使用距离、背景、径向的模糊强度以及自动聚焦是否打开及其强度设置；勾选使用渐变可以调整前景和背景的模糊程度。

镜头光晕以及色调选项卡如图10-2-20所示。

控制镜头光晕的锐度、强度、形状以及光晕旋转的进一步设置；勾选色调则激活下面的前景、远景颜色选择，勾选使用范围则激活摄像机的范围设置。

### 焦散

焦散指当光线穿过一个透明物体时，对象表面的凹凸使得光线不发生平行折射而是漫折射，从而投影到表面发生反射而出现光子分散现象。焦散使得场景更加真实，画面更加精美，其基本属性如图10-2-21所示。

图10-2-20

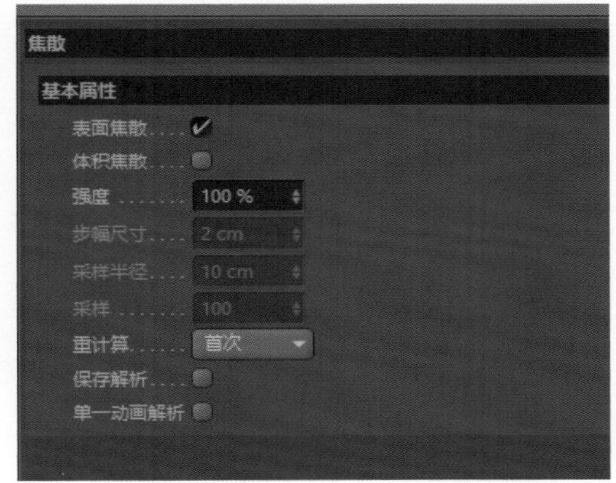


图10-2-21

**表面/体积焦散**：勾选开启表面/体积焦散，取消勾选将不会显示表面/体积焦散效果。

**强度**：设置焦散效果的强度。

**步幅尺寸/采样半径/采样**：激活体积焦散后设置其步幅和采样。

**重计算**：重新计算的模式。

**保持解析/单一动画解析**：解析模式的勾选。

## 10.2.3 图片查看器

图片查看器是CINEMA 4D的输出窗口，快捷键为Shift+R，只有在图片查看器中渲染的图像文件才能被直接保存为外部文件，如

图10-2-22所示。

主要分为菜单栏、工具栏、显示窗口、导航窗口以及选项卡窗口，除了常用的易理解功能之外，其中较为重要的一些参数和功能

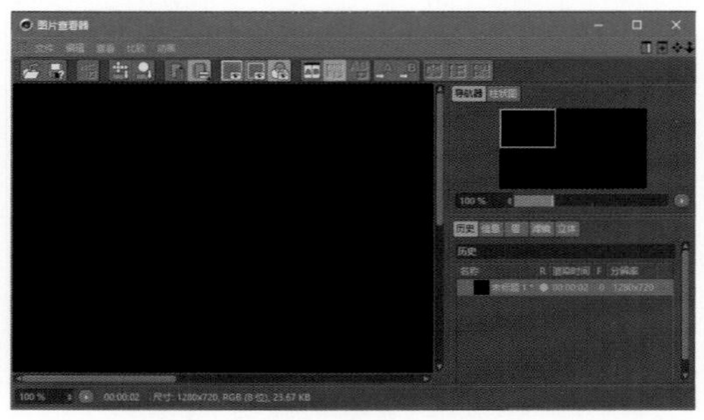

图10-2-22

如下：

将图像转换成为十字形的HDR高清图像。

将图像转换成为球形的HDR高清图像。

如果设置多通道渲染，可以选择单独的通道。

选择后转换为多通道模式。

设置AB两种图像文件后，可以进行对比观察等。

在选项卡窗口可以设置滤镜和立体选项，滤镜可以进行简单的校色处理，立体可以渲染场景中声音的信息显示。

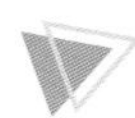

## 10.3 | 常用的辅助渲染器

### Prorender

CINEMA 4D版本在不断更新中，在R19版本增加了GPU渲染器——Prorender渲染器，当时尚处于起步阶段。从R20版本开始，Prorender展现了越来越重要的应用效果，其优势在于对于现行的两种显卡——AMD和NAVIDA的同时支持，较之Octane和Redshift等，GPU渲染器支持NAVIDA的适用范围更为广泛。

简单地说，AMD卡与NAVIDA卡的不同还是在于GPU中处理数据的方式，NAVIDA卡的GPU中每个流处理器都具有完整的算术逻辑单元功能，每条操作指令都能充分利用每个流处理器进行计算工作；而AMD卡GPU的每个流处理器中，5个流处理单元是固定的且无法拆开重组，闲置的流处理器单元无法加入其他组合来共同工作。简单地说，一个计算数据，NAVIDA卡需要1台“机器”独立完成工作;而AMD卡则需要5台“机器”，其余4台“机器”因为不具有完整的算数逻辑单元功能，不能执行函数运算、浮点运算和其他多重运算。AMD卡中ATI的设计正是因为浮点运算能力强大，才更适宜2D平面画质的显示，而NAVIDA卡更注重3D计算性能和速度。

### Redshift

是全球最先完全基于GPU加速的有偏差渲染器，采用插值技术和近似法，在少样本情况下实现无噪点渲染，同时在同等输出效果下，速度非常快。从渲染效果来说，Redshift可以渲染输出电影级品质的图像。

### Blender Cycles

采用光线追踪算法，可提供超写实渲染的无偏差渲染引擎，Cycles作为Blender的一部分，也可以成为独立渲染器，对大规模集群渲染和云服务商来说，可以独立渲染，完美解决渲染耗时的问题。其优点在于设置参数比较简单，结果准确，渲染时间少。

### NVIDIA Iray

高度互动且直观显示的物理效果渲染技

术，通过模拟实际材质与真实世界光线，实现交互设计，创建极复杂的场景，从而得到非常逼真的影像。不同于传统的制作渲染器，Iray可产生反映现实世界行为的结果。设计师并不需要具备计算机图形技术的专家级知识，即可快速取得照片般逼真的结果。

## OctaneRender

是全球首个GPU加速快、基于物理的无偏差渲染器，可以获得超快的逼真渲染结果，由于其Octane并行计算能力，使得设计师花更少的时间就能创造非常出色的效果，是当前应用非常广泛的渲染器。

## V-Ray RT

是Chaos Group交互式渲染引擎，既可以利用GPU，又可以使CPU硬件加速，并实时追踪物体、光线、材质等进行场景变化，可自动更新动态着色预览图。

## Indigo Renderer

一款基于物理的全局光渲染器，模拟光线的物理表现来实现接近现实世界的逼真画面。通过先进的物理摄像机模型、超真实的材质系统和Metropolis Light Transport对复杂光线环境进行模拟。Indigo Renderer可以充分满足建筑和产品可视化方面对逼真度的高标准需求。

## Arnold

是一款高级的、跨平台的渲染API，是基于物理算法的电影级别渲染引擎，目前被越来越多的好莱坞电影公司以及工作室作为首席渲染器使用，能完美地实现运动模糊、节点拓扑化效果，同时支持即时渲染，节省内存损耗。

# 动态图形全局设计

## 11.1 | 信息流程设计

动态图形设计除了形式美、韵律美、动态美之外，还有信息传递的重要作用。信息的发送和接收是一个可以被设计、安排甚至谋划的流程。动态图形设计的信息内容，是基础元素的动态表达。这些作为基础元素的图形、图像、文字、声音，在设计空间中按照一定的动态图形设计语言和逻辑一一组织，最后呈现出来。观众对其所传递的意义的获取和理解，来自不同的信息传递设计，因而信息流程设计是动态图形设计的基础，也是关键。

### 流程时间线

流程时间线事实上是屏幕画面空间的依序展示，每一帧画面呈现的内容都是空间设计，也就是说，每一个信息节点就好像一个情节镜头，有序地出现在一个一个的时间节点上，先给观众看什么，后给观众看什么，有没有运动预设，有没有镜头悬念，这些需要在思考后一一反映到最终的流程时间线上。

### 原则

同一时间凝练原则：在同一时间内的信息内容应尽量凝练，控制受众在一段时间内接受信息的体量。

突出信息合理复现原则：突出的信息应相对合理地安排重复出现的次数。

核心重点强调原则：重点核心一定要强调出现。

提示性信息悬念原则：在重点核心前应安排提示性的悬念镜头或者信息。

运动节奏一致性原则：运动图形的运动节奏应保持一致性。

风格统一性原则：画面各个元素的设计风格应保持统一性。

### 次序类型

顺序式：设计内容按顺序式排列，或者由少至多，或者按序排列，或者由表及里等。

逆序式：反顺序而行之，按照设计内容的重要性从重到轻排列，开篇点题。

递进式：在顺序的基础上，后面的信息量较开始时更大，相比顺序式的匀速信息设计，递进式为加速式的信息传递。

悬念式：前面部分都是最终重要信息的铺垫，适合单一重点内容的动态图形设计。

复合式：多种方式的综合运用。

### 核心因素

如果说信息设计是动态图形的内容呈现，那么设计的整体风格便是形式的呈现，应保持动态图形设计的整体风格相对一致。形式承载内容，内容展现形式，既不要过于强调形式而致使形式大于内容，也不要过于忽视形式而导致内容掩盖形式。形式包含运动方式的考量、基础元素的美术设计、声音的节奏与旋律等。

## 11.2 | CINEMA 4D拓展

和绝大多数设计软件类似，CINEMA 4D同样提供了一些非常方便有效的拓展性开发功能，比如预设、脚本以及插件等。

### 预设

预设在CINEMA 4D安装文件夹下的library\browser文件夹里，以.lib4d为文件格式。CINEMA 4D提供的官方预设主要在软件的文档浏览器中可以查询到，如图11-2-1所示。

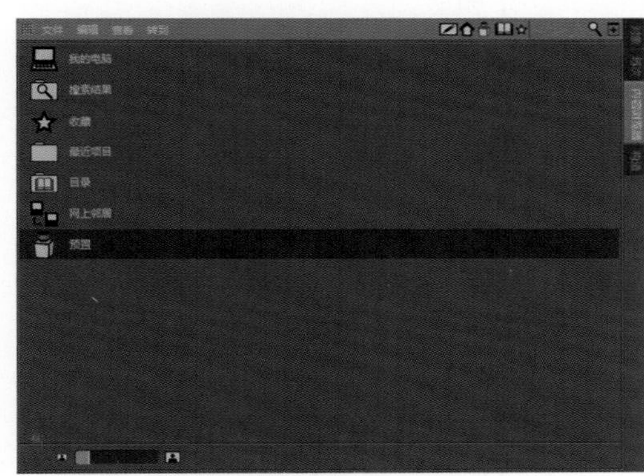

图11-2-1

预设是非常有效的提高效率的手段，主要是用来加载一些纹理贴图、HDR效果图以及灯光效果图等外置好的预设文件。我们可以通过安装设计师提供的各种预设来提高工作效率和设计创意。

### 脚本

脚本与预设类似，也是用来提高工作和设计效率的手段，是设计师编写、提供的一些简化操作和完善功能的脚本文件，主要安装在CINEMA 4D安装文件夹下的library\scripts文件夹中。在软件中的主菜单下可以直接调用、编写脚本，如图11-2-2所示。

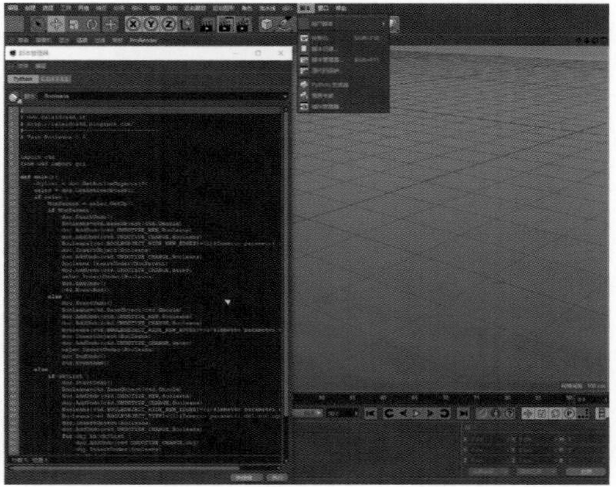

图11-2-2

设置好的脚本可以像普通功能一样在用户界面和面板进行设置，方便调用。

### 插件

插件也是依托CINEMA 4D安装的一些功能性小软件，同样可以简化操作或者完成软件本身难以完成的一些操作，安装在CINEMA 4D安装文件夹下的plugins文件夹中。在软件中，可直接在主菜单的插件选项菜单中调用和控制插件。

### 其他

Xpresso，添加方式为点击鼠标右键为对象添加CINEMA 4D标签>Xpresso，双击标签可以打开Xpresso窗口，使用节点方式进行更复杂多元的设计与创作，不同的节点具有不同的功能。如图11-2-3所示，将对象窗口中的小方块和右边列表中的“噪波”拖入中间窗口，选择连接“噪波”与小方块的“位置”参数，为小方块添加基于“位置”变化上不同于关键帧运动的噪波运动。

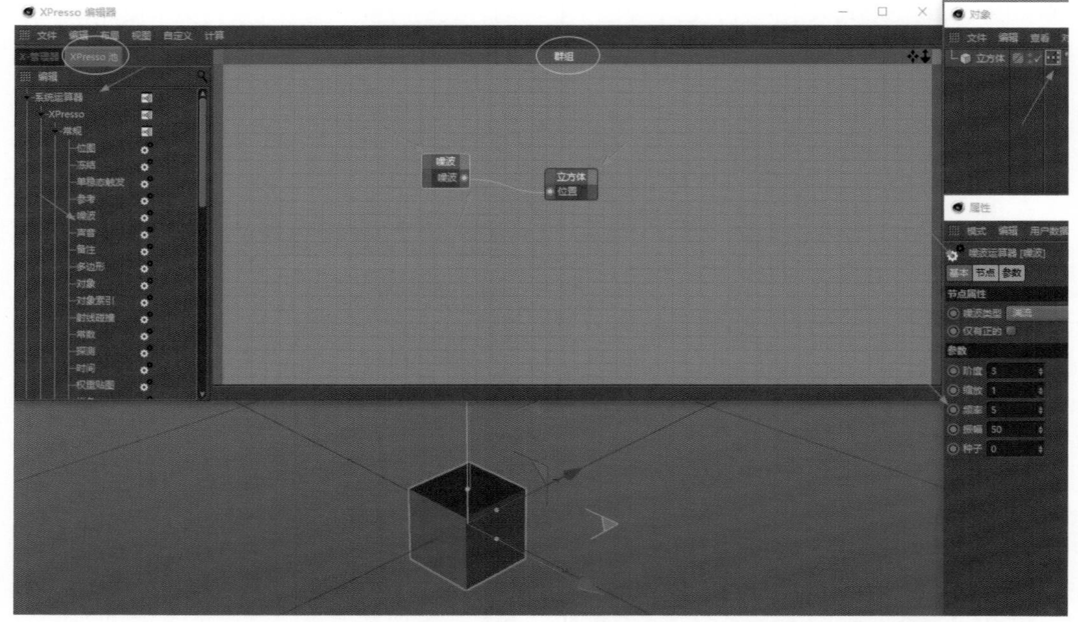


图11-2-3

Xpresso窗口主要分为两大块，左侧为Xpresso池，包含系统提供的各种使用节点，右侧为群组窗口，使所有节点在群组窗口中完成连接。在群组窗口中，节点连接可以直接进行，也可新建多个群组来分开需要单独连接的节点。

对于创建好的节点，左上角和右上角默认会有蓝色和红色的色块，其中蓝色色块可以添加输入属性，即被控属性；红色色块可以添加输出属性，即控制其他对象的属性。

两者可以在菜单栏的布局菜单中调换。

## 11.3 | 综合案例——福

创意动态图形设计“福”的单帧渲染效果图如图11-3-1所示。

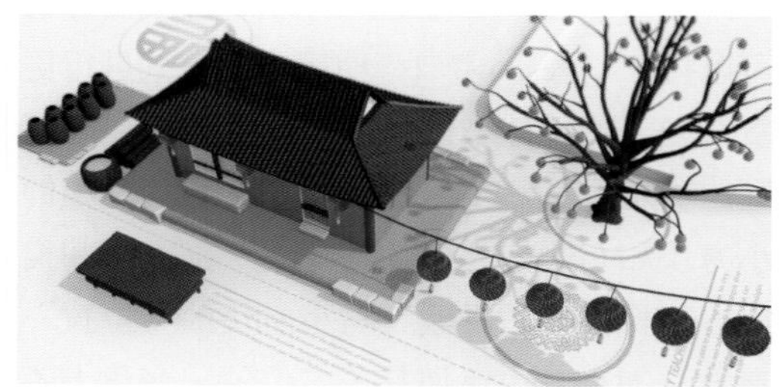

图11-3-1

### 创意思路

艺术创作是形式与内容关系的博弈呈现。用怎样的形式良好传达所想表达的内容，是所有艺术行业从业者每天都在面临的问题。而设计的特征来自风格的塑造，风格塑造表现到动态图形设计之中，直观呈现在建模对象的造型、材质的色彩、附加的装饰、文字与图样上。

在创意动态图形设计作品“福”中，中间的小建筑是中国北方常见的小院子，主体建筑是一个传统的歇山顶建筑，门窗是传统的木质感小栅栏式的，屋檐下挂着红灯笼，角落处垒着小石墩，屋后整齐地放着柴火、水缸、菜坛子，营造出浓郁的生活气息；另一侧种着象征吉祥的柿子树，累累柿子花在树上颇为点睛；画面中斜挂着一串红灯笼，整个绳索随风飘荡，一直拉出设计空间之外，拉开了画面的空间纵深感；地面上旋转的福字和纹样又营造出平面设计感，洋溢着现代而时尚的气息；白色的箭头简约又灵动，从画框外的远处延伸来，入画又出画，呈现出时间的流动感，就像祥和安宁的气息从过去到未来，一直萦绕，福聚福至。具体制作流程：建模，设置中式风格装饰材质，添加运动设计，最后设置灯光、摄像机，完成渲染。

## 制作原理

①为场景创建地面与房子底座，注意圆角属性的勾选，为其添加一个浅棕色的材质球，为地面创建一个浅白色材质球，如图11-3-2所示。

②创建立方体作为房子的主体，再创建两个小方块，通过布尔工具相减得到门和窗，也可以用插件MeshBoolean做超级布尔运算来圆滑边缘，分别添加棕黄色和灰白色材质球，如图11-3-3所示。

③创建窗户处的小方块做栏杆和栅栏，通过克隆得到栅栏，创建圆角小方块做石墩，分别添加乳白色、深棕色和灰色的材质球。同理，制作出门，如图11-3-4所示。

④创建圆柱体作为柱子，复制4个分别放在4个角落；创建圆角小方块，将其转化为可编辑化对象，进入点模式、面模式或线模式调整小石块的形状，为其赋予深红色材质球与石头材质球，如图11-3-5所示。

⑤创建一个平面并转化为可编辑化对象，进入前视图和右视图，在点、线模式下调整并绘制房顶正面，同理，再创作侧面，得到四分之一边房顶；进入线模式，选择侧面顶棱，提取样条，以小圆环扫描得到的房顶棱和房侧棱的样条，得到房顶棱和房侧棱，连接房顶和棱，将其转化为可编辑化对象，应用对称，得到一侧房顶，再次应

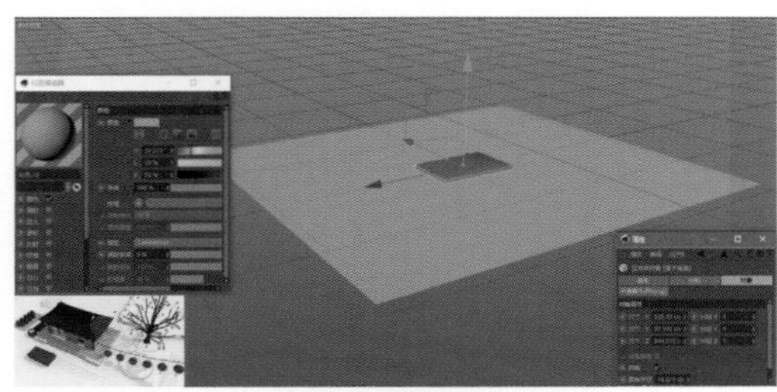

图11-3-2

图11-3-4

图11-3-3

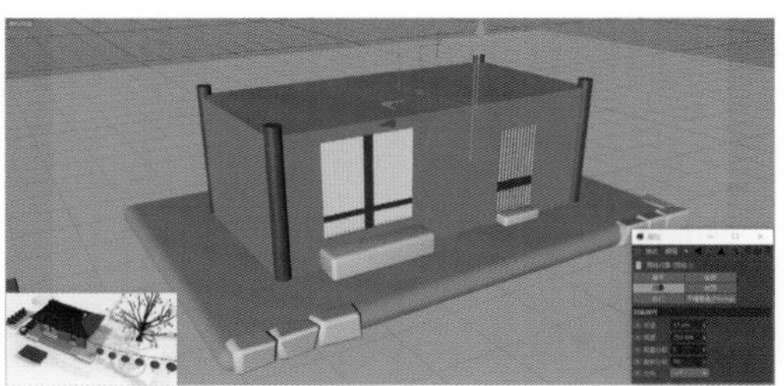

图11-3-5

图11-3-6

图11-3-7

图11-3-8

用对称，得到完整房顶，为其添加一个深蓝色的材质球，如图11-3-6～图11-3-8所示。

⑥同样，制作底座和石块，创建圆柱体作为柴火，注意设置旋转分段为5，复制多个放置；进入侧视图绘制水缸样条线，旋转得到水缸，创建一个圆盘作为水面；同理，绘制旋转得到酒坛子，为酒坛创建实例对象，复制多个放置，如图11-3-9～图11-3-12所示。

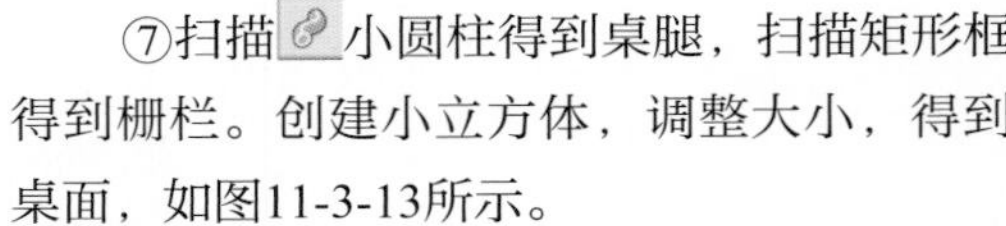

⑦扫描小圆柱得到桌腿，扫描矩形框得到栅栏。创建小立方体，调整大小，得到桌面，如图11-3-13所示。

⑧可以通过扫描绘制树木，然后调整其生长和粗细的曲线，也可以直接通过插件

图11-3-9

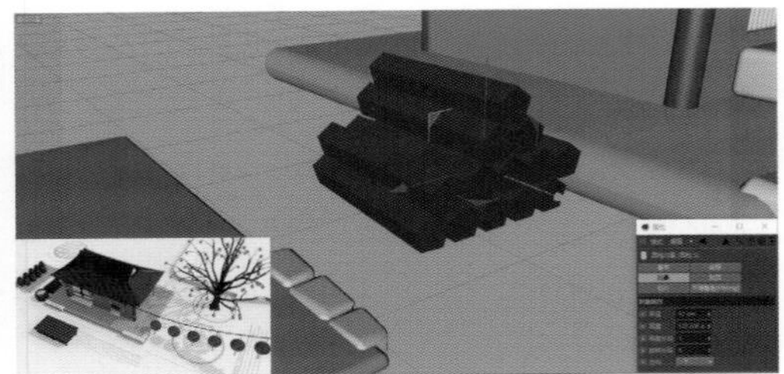

图11-3-10

图11-3-11

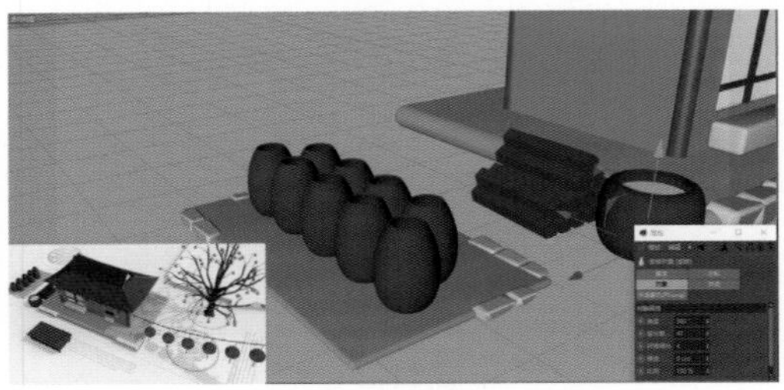

图11-3-12

图11-3-13

图11-3-14

图11-3-15

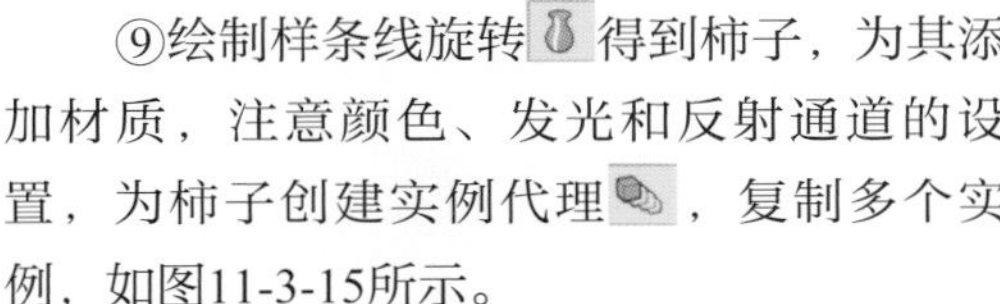
Forester创建树木，调整全局和参数等属性，如图11-3-14所示。

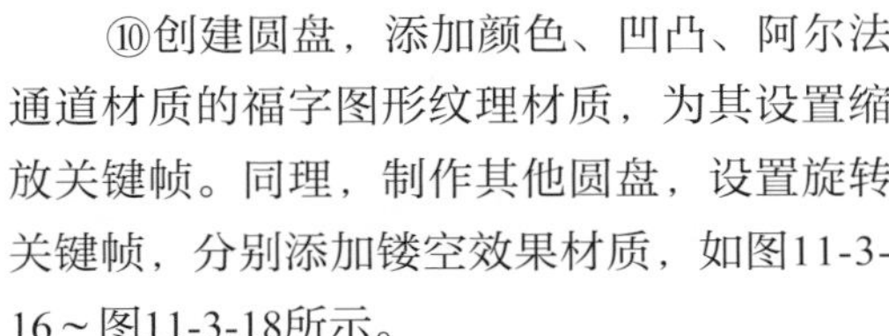
⑨绘制样条线旋转得到柿子，为其添加材质，注意颜色、发光和反射通道的设置，为柿子创建实例代理，复制多个实例，如图11-3-15所示。

⑩创建圆盘，添加颜色、凹凸、阿尔法通道材质的福字图形纹理材质，为其设置缩放关键帧。同理，制作其他圆盘，设置旋转关键帧，分别添加镂空效果材质，如图11-3-16～图11-3-18所示。

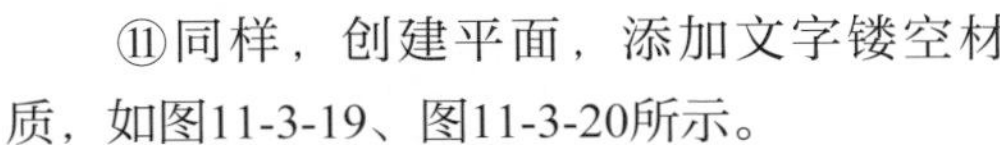
⑪同样，创建平面，添加文字镂空材质，如图11-3-19、图11-3-20所示。

⑫绘制箭头样条，挤压得到箭头。

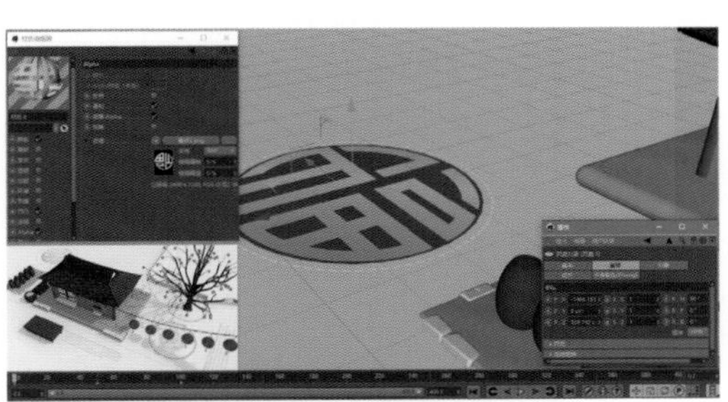
图11-3-16

图11-3-17

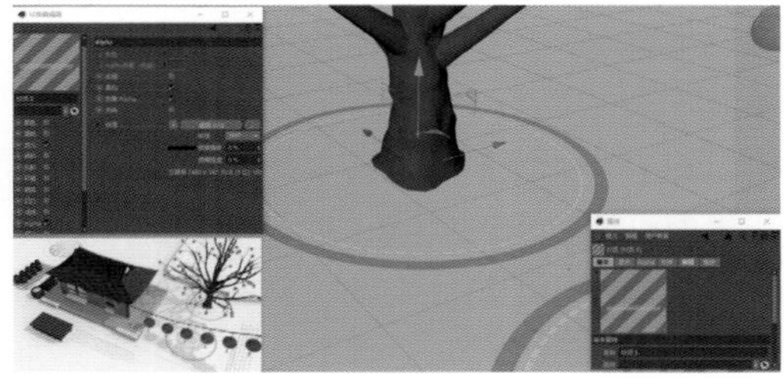
图11-3-18

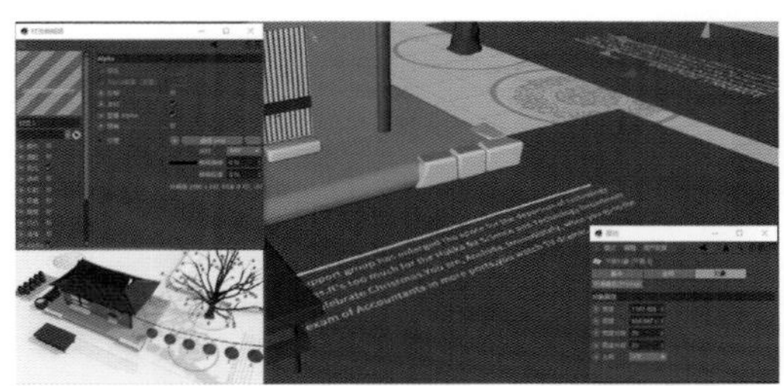
图11-3-19

图11-3-20

图11-3-21

绘制样条路径作为箭头运动路径。创建样条约束工具，将样条作为约束对象，为样条约束偏移属性设置关键帧，如图11-3-21所示。

⑬通过几何体、扫描、旋转等建模方法建模得到灯笼，为其添加材质；绘制样条线，扫描样条线得到挂灯笼的绳子，点击右键为其添加CINEMA 4D标签下的Xpresso标签与毛发标签下的样条动力学标签，设置动力学属性；再绘制样条作为总长绳，以样条为对象克隆多个灯笼，考虑到克隆与动力学的运动计算量及其相互影响抑制，将其转化为可编辑化对象，使每个灯笼单独成为一个独立的小组，关闭克隆对象显示器与渲染器可见，将每个灯笼编为一组，为组添加Xpresso标签，如图11-3-22～图11-3-26所示。

⑭为长绳添加标签下的约束动力学标签和样条动力学标签，设置约束对象和属性，如图11-3-27、图11-3-28所示，控制长绳的运动。

图11-3-22

图11-3-23

图11-3-24

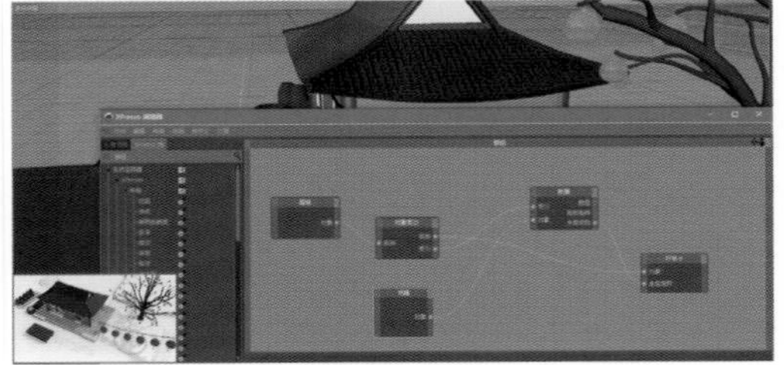

图11-3-25

图11-3-26

图11-3-27

图11-3-28

图11-3-29

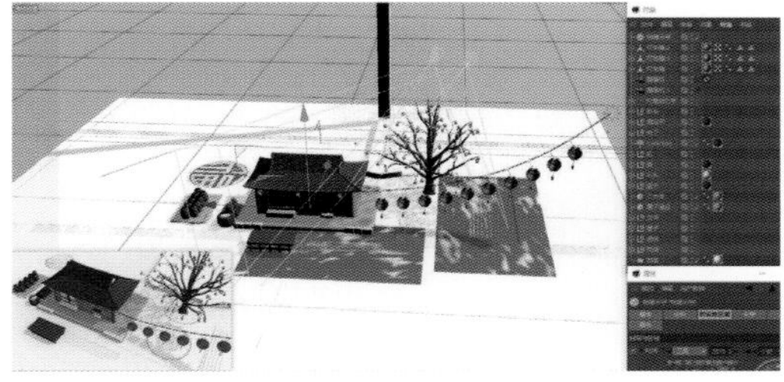
图11-3-30

⑮在房屋前面添加几个灯笼，为场景添加摄像机和物理天空，如图11-3-29、图11-3-30所示。

## 设计逻辑与要点

创作一个动态图形设计作品时的思考逻辑与要点，如图11-3-31所示。

首先，在预设计环节要考虑：想要传递什么样的内容、适宜哪些风格、基础对象是谁、有怎样的运动方式，这四点是我们设计一个动态图形元素的首要因素。

其次，考虑清楚承载内容与运动的基础对象是谁，如何建模，采用什么方式建模最高效，建模之后要为其添加什么样的材质效果、使用哪些贴图与通道、搭载什么纹理，可以综合达到最佳的效果，建好的模型在制作运动时会不会因不稳定而发生变化等。

再次，考虑信息内容如何传达，通过什么样的时间线安排传达，将其确切地按步骤落实到时间线与场景之中。这个过程其实就是运动方式的制作过程，要考虑是采用关键帧动画、变形器动画、运动图形、动力学、EXpresso、骨骼IK中的哪种运动方式。制作运动时，要牢记功能之间是否相互兼容，是否产生相互抑制从而相互影响，需不需要降低计算量而使用替代代理来测试运动，等等。

而后，考虑场景中的灯光、环境设置以及摄像机如何运动拍摄，使用什么样的渲染设置，用不用使用其他的渲染器，渲染单帧、三维模型元素、序列帧或者视频。

最后，考虑是否结合其他软件进行后期、剪辑以及音频等处理。

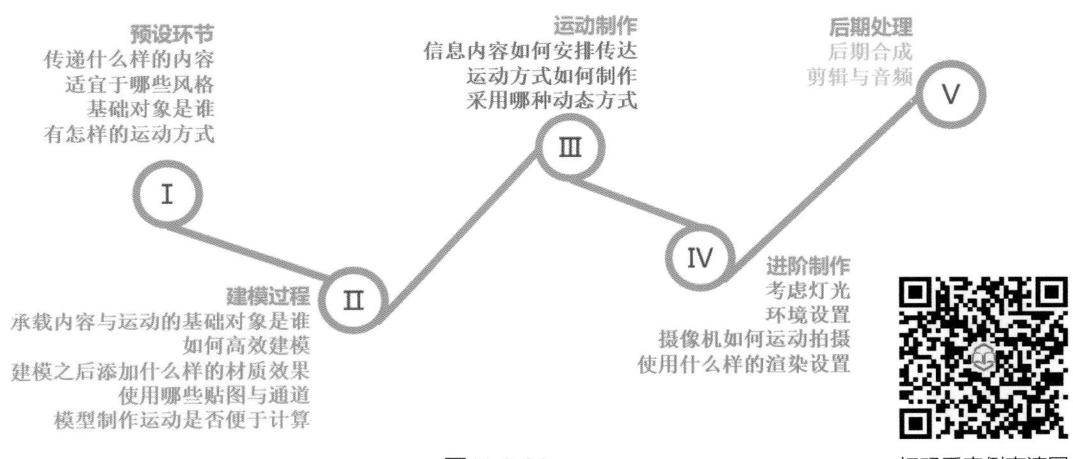

图11-3-31

扫码看案例高清图

# 参考文献
References


[1] Jon Krasner.Motion Graphic Design:Applied History and Aesthetics.New York：Routledge,2013.

[2] Ian Crook,Peter Beare.Motion Graphics：Principles and Practices from the Ground up.London,New York：Fairchild Books,2016.

[3] László Moholy-Nagy.Vision in Motion.Chicago：Paul Theobald & Company,1947.

[4] 李渝 . 动态图形设计 . 重庆：西南师范大学出版社 ,2017.

[5] 王发花，黄裕成 . 动态图形设计 . 北京：中国传媒大学出版社 ,2015.